高等学校通识教育教材　中国轻工业"十三五"规划教材

Tea Art
Versus
Tea Ceremony

茶艺与茶道

主编／丁以寿

U0259784

中国轻工业出版社

图书在版编目（CIP）数据

茶艺与茶道 / 丁以寿主编. —北京：中国轻工业出版社，
2024.1

中国轻工业"十三五"规划教材　高等学校通识教育选修课
教材

ISBN 978-7-5184-2266-1

Ⅰ.① 茶… Ⅱ.① 丁… Ⅲ.① 茶文化—中国—高等学校—教
材 Ⅳ.① TS971.21

中国版本图书馆CIP数据核字（2019）第108097号

责任编辑：贾　磊　　责任终审：孟寿萱　　整体设计：锋尚设计
策划编辑：贾　磊　　责任校对：吴大朋　　责任监印：张京华

出版发行：中国轻工业出版社（北京鲁谷东街5号，邮编：100040）

印　　刷：北京博海升彩色印刷有限公司

经　　销：各地新华书店

版　　次：2024年1月第1版第5次印刷

开　　本：787×1092　1/16　印张：17.25

字　　数：300千字

书　　号：ISBN 978-7-5184-2266-1　定价：49.00元

邮购电话：010-85119873

发行电话：010-85119832　010-85119912

网　　址：http://www.chlip.com.cn

Email：club@chlip.com.cn

如发现图书残缺请与我社邮购联系调换

232118J1C105ZBW

中国是茶的故乡，茶深深地融入中国人的生活之中。中国人最先发现茶树并对其加以利用，人工栽培茶树、制茶也始于中国。中国人最早发明饮茶，茶艺、茶道、茶文化皆由中国人率先创造出来。

随着茶文化的流传，饮茶之风传遍全世界。从古代的丝绸之路，到今天的"一带一路"，茶穿越历史、跨越国界，深受世界各国人民的喜爱。当今全世界有60多个国家和地区种茶，160多个国家和地区的30亿人饮茶，形成了蔚为大观的世界茶文化。中国茶文化是世界茶文化之源，是中华民族对人类文明的重大贡献。

安徽农业大学茶学专业是国家级特色专业，茶学教学团队是国家级教学团队，茶学学科是国家重点（培育）学科，教改基础良好。茶文化教学团队已编写出版多种版本的茶文化类教材和专著，教材应用效果良好，被全国许多高校选用。"茶文化系列教材建设及其在人才培养中的应用"于2015年获安徽省教学成果二等奖。《茶艺与茶道》就是在茶文化教学团队已经出版的相关教材基础上，充分吸收国内已出版的茶艺、茶道、茶文化教材在结构、体系、内容、写作上的优点，综合创新，以适应高等院校非茶学专业学生开展通识和文化素质教育的一种特色教材。

本教材的内容以茶艺和茶道为中心，向前延伸到茶叶常识性知识，向后延伸到茶文化简史以及茶的对外传播。内容并非面面俱到，而是重点突出中国茶文化的基础（茶艺）和核心（茶道）。教材除绪论外，共设四章，结构合理、循序渐进、详略得当，语言简炼、文字晓畅，知识深入浅出，图文并茂。教材内容和章节的前后顺序安排符合教学规律和认知规律，充分贯彻素质教育思想，有利于培养大学生的创新能力和提升大学生人文素养，有利于传承和弘扬中华优秀传统文化。

本教材由安徽农业大学茶文化教学团队的教师合作编写。具体编写分工如下：绪论，第三章第一、二节和第四节四、第四章第一至三节由丁以寿编写；第一章由蒋文倩编写；第二章由宋丽编写；第三章第三节、第四节一至三、第五节及第四章第四节由章传政编写。丁以寿负责统稿。全书图片由丁以寿、宋丽提供。安徽农业大学2016级茶学（茶文化方向）研究生李林、2018级茶学（茶文化方向）研究生钱濛担任茶艺示范。

本教材的编写出版得到安徽农业大学教材中心的大力支持，在此致以衷心的感谢！

由于编者水平有限，欢迎广大师生和读者批评指正！

编者

目 录

绪
论

一、茶文化的概念

（一）茶文化从名词到概念

尽管中国茶文化在中唐时期已经形成，但"茶文化"这一名词的出现和被接受却是当代的事。

在"茶文化"正式被确立之前，王泽农、庄晚芳等已经使用"茶叶文化""饮茶文化"的相近表述，我国台湾茶人则使用"茶艺文化"。

在我国台湾，1982年娄子匡在为许明华、许明显编著的《中国茶艺》一书的代序——"茶的新闻"里，首先使用"茶文化"一词。1988年，范增平等在中国台湾发起成立"中华茶文化学会"。

在大陆地区，庄晚芳最早使用"茶文化"。1984年，庄晚芳先生发表论文《中国茶文化的发展和传播》，首倡"中国茶文化"。

20世纪80年代，"茶文化"名词在海峡两岸同时出现，并逐渐走进大众的视野，但是还未被普遍接受。1989年9月，在北京民族文化宫举行的国际性大型茶文化活动仍称"茶与中国文化"。1990年，春风文艺出版社出版的孔宪乐主编的《茶与文化》一书，也是称"茶与文化"。不过，此时"茶文化"已成潮流，势不可当。尽管"茶与中国文化展示周"活动没有采用"茶文化"的说法，但它在社会上产生了广泛的影响，客观上促进了"茶文化"的传播和流行，这是主办者所始料不及的。

1990年10月，在浙江杭州举办了首届"国际茶文化研讨会"，研讨会主题是"茶文化的历史与传播"。"国际茶文化研讨会组织委员会"开始筹备成立"中国国际茶文化研究会"。同年，在江西南昌成立了《中国茶文化大观》编辑委员会，着手编辑《茶文化论丛》《茶文化文丛》。至此，"茶文化"新名词算是正式确立，并被社会接受。

从一个新名词发展到新概念，需要有一定的过程和时间。不过，"茶文化"由名词发展到概念的时间很短，这也反映出茶文化发展迅猛。

1991年4月，王冰泉、余悦主编的《茶文化论》出版，该书收入余悦（彭勃）撰写的《中国茶文化学论纲》，对构建中国茶文化学的理论体系进行了全面探讨。认为中国茶文化是一门独立的学科，提出中国茶文化结构体系的六种构想，茶文化学必须研究和解决的六大问题。

1991年5月，姚国坤、王存礼、程启坤编著的《中国茶文化》出版，这是第一本以"中国茶文化"为名称的著作，筚路蓝缕。

1991年，江西省社会科学院主办、陈文华主编的《农业考古》杂志推出"中国茶文化专号"，每年两期，为国内唯一公开发行的茶文化研究中文核心期刊。

1992年，王玲所著的《中国茶文化》、朱世英主编的《中国茶文化辞典》、王家扬主编的《茶文化的传播及其社会影响—第二届国际茶文化研讨会论文选集》相继出版。可以说，到1992年，"茶文化"方作为一个新概念被正式确立。但是作为一个新概念，对其内涵和外延的界定一时难以统一，后来不断有人通过论文、著作对茶文化的概念进行阐释。

（二）茶文化的内涵界定

陈文华在《中华茶文化基础知识》一书中指出："广义的茶文化是指整个茶叶发展历程中有关物质和精神财富的总和。狭义的茶文化则是专指其'精神财富'部分。"

韩国朴权钦在《二十一世纪与茶文化》一文中指出："茶文化的定义是指人类社会历史实践过程中所创造的与茶有关的物质财富和精神财富的总和。茶文化从广义上讲，包括茶的自然科学和茶的人文科学两个层面。"

按照文化的层次论，广义茶文化又可划分为以下四个层次。

物质文化层：是人的物质生产活动及其产品的总和，是可感知的、具有物质实体的事物。对茶文化而言，是指有关茶叶生产活动方式和产品、茶叶消费使用过程中各种器物的总和，包括各种茶叶生产技术、生产机械和设备、茶叶产品以及饮茶中所涉的器物和建筑等。

制度文化层：是处理人与人之间相互关系的规范，表现为各种制度，建立各种组织。对茶文化而言，是关于茶叶生产和流通过程中所形成的生产制度、经济制度等，如历史上的茶政、茶法、榷茶、纳贡、赋税、茶马交易等以及现代的茶业经济、贸易制度等。

行为文化层：是在人际交往中约定俗成的习惯性定势，它以民风民俗的形式出现，见之于日常生活中，具有鲜明的地域与民族特色。对茶文化而言，主要是指各地区、各民族形成的茶俗等。

精神文化层：由价值观念、审美情趣、思维方式等构成。对茶文化而言，是指在茶事活动中所形成的价值观念、审美情趣、文学艺术等。

广义茶文化是指人类社会历史实践过程中所创造的与茶有关的物质和精神财富的总和，可谓包罗万象。茶文化从广义上讲与茶学的概念相当，茶学包含茶的自然科学、社会科学和人文科学。

广义茶文化内涵太泛，狭义茶文化——精神财富又嫌内涵狭隘。因此，我们既不不主张广义茶文化概念（以免与茶学概念重叠），也不主张狭义茶文化概念，而是主张一种中义茶文化概念——介于广义和狭义的茶文化之间，从而为茶文化确定一个合理的内涵和外延。

中义茶文化包括精神文化层、行为文化层的全部，物态文化层的部分（名茶及饮茶的器物和建筑等）。物态文化层的茶叶生产活动和生产技术、生产机械等，制度文化层中的茶叶经济和贸易制度等不属于茶文化之列。茶文化是茶的人文科学加上部分茶的社会科学，属于茶学的一部分。茶文化、茶经贸、茶科技三足鼎立，共同构成茶学。

茶文化在本质上是饮茶文化，是作为饮料的茶所形成的各种文化现象的集合。具体说来，中义茶文化主要包括饮茶的历史、发展和传播，茶俗、茶艺和茶道，茶文学与艺术，茶具，茶馆，茶著，茶与宗教、哲学、美学、社会学等。茶文化的基础是茶俗、茶艺，核心是茶道，主体是茶文学与艺术。

二、茶艺的概念

（一）茶艺一词的渊源

中国茶艺古已有之，但是在直到20世纪70年代的很长时间里，中国茶艺有实无名。中国古代虽无"茶艺"一词，但有一些与茶艺相近的名词或表述。

"楚人陆鸿渐为《茶论》，说茶之功效，并煎茶炙茶之法。造茶具二十四事，以都统笼贮之。远近倾慕，好事者家藏一副。有常伯熊者，又因鸿渐之《论》广润色之。于是茶道大行，王公朝士无不饮者"（封演《封氏闻见记》卷六：饮茶）。封演的"茶道"，当属"饮茶之道"，也即"饮茶之艺"。

"造时精，藏时燥，泡时洁，精、燥、洁，茶道尽矣"（张源《茶录·茶道》）。张源的"茶道"义即"茶之艺"，乃造茶、藏茶、泡茶之艺。

"茶艺"一词的最先发明，是胡浩川在为傅宏镇所辑《中外茶业艺文志》一书所作的前序里。其"序"称："幼文先生即其所见，并其所知，辑成此书，津梁茶艺。其大裨助乎吾人者，约有三端：今之有志茶艺者，每苦阅读凭藉之太少，昧然求之，又复漫无着落。……茶之艺事，既已遍及海外。科学应用，又复日精月微，分工尤以愈细。吾人研究，专其一事，则求所供应，亦可问途于此。……吾国物艺，每多绝学。……"胡浩川先生这里所说的"茶艺"，是中国诸多"物艺"的一种，实即"茶之艺事"，是包括茶树种植、茶叶加工，乃至茶叶品评在内的茶之艺——有关茶的各种技艺。胡浩川此"序"作于1940年。

从1974年秋天开始，一年多时间里，郁愚在《台湾新闻报》"家庭"副刊发表30多篇茶文，最后整理汇集成《茶事茶话》一书。其中有《遵古炮制论茶艺》，文章标题涉及"茶艺"。

1978年9月4日，台北市中国功夫茶馆在台湾的《"中央"日报》刊出整版广告。其中《识茶入门》由林馥泉撰写，其中写到："中国自然有其'茶道'。茶祖师陆羽（公元727—804）著《茶经》，可以说是中国第一部'茶道'之书。中国称'茶道'为'茶艺'，是单纯在讲究饮茶之养生和茶之享用方法。"

1979年7月，陈丁茂编著的《人生与茶》出版。作者自序："穷三年多的时间，将所搜得有关茶的科学资料、民间品茗心得和自己的体验等，加以整理汇成本集，期能唤起国人品茗以及研究茶艺的兴趣，进而使我们均能移奢风之俗于返璞归真，琢磨刚强之根性于柔韧，启迪蒙蔽之灵智于颖睿，并藉以弘扬我国久待倡导发扬的茶艺（茶道），终而臻至民贤国强之域。"

蔡荣章在担任中国功夫茶馆经理期间，依循林馥泉"发扬喝茶艺术必从识茶起"的观点，以笔名香羽在《民生报》开辟"茶艺"专栏。中国功夫茶馆关闭后，蔡荣章在天仁茶业董事长李瑞河的支持下，于1980年12月25日在台北市衡阳路成立"陆羽茶艺中心"，主要致力茶艺文化的宣传，开设茶艺讲座，系统地传授茶艺知识，定期出版《茶艺月刊》杂志等。

"1977年，以中国民俗学会理事长娄子匡教授为主的一批茶的爱好者，倡议弘扬茶文化，为了恢复弘扬品饮茗茶的民俗，有人提出'茶道'这个词；但是，有人提出'茶道'虽然建立于中国，但已被日本专美于前，如果现在援用'茶道'恐怕引起误会，以为是把日本茶道搬到我国台湾来；另一个顾虑，是怕'茶道'这个名词过于严肃，中国人对于'道'字是特别敬重的，感觉高高在上的，要人们很快就普遍接受可能不容易。于是提出'茶艺'这个词，经过一番讨论，大家同意后定案。'茶艺'就这么产生了"（范增平《中华茶艺学》）。

在20世纪70年代后期，特别是经林馥泉、娄子匡、蔡荣章等人的推动，终于使得"茶艺"一词被正式确立和传播开来。

（二）茶艺的定义

20世纪40年代初，胡浩川创立"茶艺"一词，但成空谷足音。直到20世纪70年代台湾茶人再倡"茶艺"，始受重视。但因为茶艺是新名词、新概念，后来就引发了关于茶艺如何界定的问题。

"什么是'茶艺'呢？它的界说分成广义和狭义的两种界定。""广义的茶艺是，研究茶叶的生产、制造、经营、饮用的方法和探讨茶业原理、原则，以达到物质和精神全面满足的学问。""狭义的界说，是研究如何泡好一壶茶的技艺和如何享受一杯茶的艺术。""从这里，我们知道：茶艺的范围包含很广，凡是有关茶叶的产、制、销、用等一系列的过程，都是茶艺的范围。举凡：茶山之旅、参观制茶过程、认识茶叶、如何选购茶叶、如何泡好一壶茶、茶与壶的关系、如何享用一杯茶、如何喝出茶的品位来、茶文化史、茶业经营、茶艺美学等，都是属于茶艺活动的范围。""所谓茶艺学，简单的定义就是研究茶的科学。""茶艺内容的综合表现就是茶文化"（范增平《中华茶艺学》）。范增平的茶艺概念范围很广，几乎成了茶文化以至茶学的同义词。

"'茶艺'是指饮茶的艺术而言，……如果讲究茶叶的品质、冲泡的技艺、茶具的玩赏、品茗的环境以及人际间的关系，那就广泛地深入到'茶艺'的境界了"（蔡荣章《现代茶艺》）。编者认为"所谓茶艺，是指备器、选水、取火、候汤、习茶的一套技艺。""依我之见，所谓广义茶艺中'研究茶叶生产、制造、经营'等方面，早已形成相当成熟的'茶叶科学'和'茶叶贸易学'等学科，有着一整套的严格科学概念，远非'茶艺'一词所能概括，也无须用'茶艺'一词去涵盖，正如日本的'茶道'一词并不涵盖种茶、制茶和售茶等内容一样。因此茶艺应该就是专指泡茶的技艺和品茶的艺术。""应该让茶艺的内涵明确起来，不再和茶道、制茶、售茶等概念混同在一起。

它不必去承担'茶道'的哲学重负，更不必扩大到茶学的范围中，去负担种茶、制茶和售茶的重任，而是专心一意地将泡茶技艺发展为一门艺术"（陈文华《论当前茶艺表演中的一些问题》）。蔡荣章、丁以寿、陈文华等都认为茶艺只是饮茶之艺。

当前海峡两岸茶文化界对茶艺理解主要有广义和狭义两种，广义的理解缘于将"茶艺"理解为"茶之艺"，主张茶艺包括茶的种植、制造、品饮之艺，有的将其内涵扩大到与茶文化同义，甚至扩大到整个茶学领域；狭义的理解是将"茶艺"理解为"饮茶之艺"，将茶艺限制在品饮及品饮前的准备——备器、择水、取火、候汤、习茶的范围内，因而种茶、采茶、制茶不在茶艺之列。

中国的茶学教育和学科建设处于世界领先地位，全国有30多所高等院校设有茶学本科专业，茶学学科能授予学士、硕士和博士学位，已形成了茶树栽培学、茶树育种学、茶树生态学、茶树病虫防治学、制茶学、茶叶生物化学、茶叶商品学、茶叶市场学、茶叶贸易学、茶叶经营管理学、茶叶审评与检验等比较成熟、完善的茶学分支学科。上述各茶学分支学科，有着完善的体系和科学的概念，横跨自然科学和社会科学领域，远非"茶艺"所能涵盖。茶艺以及茶道、茶文化应在已有的茶学分支学科之外去另辟新境，开拓新领域，不应与已有的茶学分支学科重复、交叉，更不必去涵盖茶学已有的广泛领域。

因此，茶艺的定义：饮茶的艺术，包括备器、择水、取火、候汤、习茶的一系列程序和技艺。

三、茶艺、茶道与茶文化的关系

（一）茶艺与茶道

茶道是养生修心的饮茶艺术，包含茶艺、茶礼、茶境、茶修四大要素。

茶艺是饮茶的艺术，是茶道的基础和必要条件，茶艺可以独立于茶道而存在。茶道以茶艺为载体，依存于茶艺，茶道不能离开茶艺而独立存在。茶艺重点在"艺"，讲究技艺，追求品饮情趣，以获得美感享受；茶道的重点在"道"，旨在通过茶艺修身养性、参悟大道。茶艺的内涵小于茶道，茶艺的外延大于茶道。茶艺、茶道的内涵、外延均不相同。

（二）茶艺、茶道与茶文化

茶艺是茶文化的基础，茶道是茶文化的核心。茶艺、茶道都是茶文化的重要构成部分，无论内涵还是外延都小于茶文化（图0-1）。

在中华茶文化中，茶道是核心、灵魂，是茶文化精神价值的集中体现。掌握了茶道，也就掌握了茶文化的精髓。

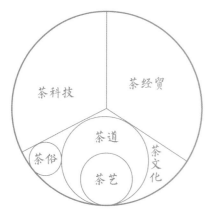
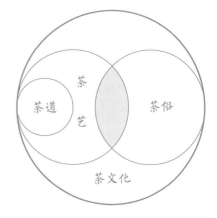

（1）茶艺、茶道、茶文化、茶学内涵关系图　　　（2）茶艺、茶道、茶俗、茶文化外延关系图

图 0-1　茶艺、茶道与茶文化的关系

四、茶文化与大学生文化素质教育

（一）茶文化是传承中华文化的重要载体

文化是民族的血脉，是人民的精神家园。在五千多年文明发展中孕育的中华优秀传统文化，积淀着中华民族最深沉的精神追求，代表着中华民族独特的精神标识，是中华民族生生不息、发展壮大的丰厚滋养，是中国社会植根的文化沃土，对延续和发展中华文明、促进人类文明进步，发挥着重要作用。

中国是茶的祖国，茶文化的发祥地。在中国，茶不仅是一种饮品，更是崇尚道法自然、天人合一、内省外修的东方智慧。翻开中华民族五千年的文明画卷，每一幅都飘出清幽茶香，每一卷都洋溢着茶诗茶韵。数千年来，中华民族创造、积淀、形成了悠久、丰厚的茶文化，成为中华民族重要的文化遗产，是中华优秀传统文化不可或缺的组成部分，也是中国文化的一个代表方面。中华茶文化在自身发展过程中，也在不断丰富着中国文化。

"喝茶当于瓦屋纸窗之下，清泉绿茶，用素雅的陶瓷茶具，同二三人同饮，得半日之闲，可抵上十年尘梦"（周作人《喝茶》）。饮茶本是日常生活中的平常之事，属于开门七件事之一。但是中国人却把它发展成一门生活艺术，极大地美化了我们的生活。使得日常生活艺术化，充满诗情画意。使得中华优秀传统文化内涵融入日常生活之中，转化为不可或缺的日常组成部分。茶文化本质上是饮茶文化，是传承中华文化的重要载体。

（二）茶文化教育是文化素质教育的良好形式

"一杯之后，再试一二杯，令人释躁平矜，怡情悦性"（袁枚《随园食单·茶酒单·武夷茶》）。饮茶能陶冶人的性情。

"夫予论茶四妙：曰湛，曰幽，曰灵，曰远。用以澡吾根器，美吾智意，改吾闻见，导吾杳冥"（杜浚《茶喜》诗序言）。茶具有四个美妙的特性。"湛"者深湛，"幽"者幽静，"灵"者灵智，"远"者玄远、旷远。湛、幽、灵、远实际上是审美艺术境界，这四者都与饮茶时物质的需求无关。"澡吾根器"是说茶可以清心、爽神，"美吾智意"是说茶可以美化智识、情志，"改吾闻见"是说茶可以开阔视野、改善气质。"杳冥"原指幽暗之境，这里是指不可思议的境界。"导吾杳冥"则是说茶可以使人彻悟人生真谛而进入一个玄妙空灵的境界。

中华茶文化集中国宗教、哲学、美学、文学、琴棋书画、插花、建筑等于一体，融合了中国传统文化艺术的诸多方面，是综合性的文化体。茶艺是中国人的生活艺术，茶道是中国人的人生艺术。中华茶道精神表现为清、淡、静、和、真，浓缩了中国传统的审美理想和价值追求。通过学习茶文化，能使我们了解中华民族的优秀传统文化，有助于提高人文素质、综合素质。茶文化教育是拓展大学生文化素质教育的良好形式，也是有效形式。

第一章

茶叶入门

茶树是多年生、木本、常绿植物，它的起源距今有6000万至7000万年历史。大量的历史资料和近代调查研究材料不仅确认中国是茶树的原产地，而且已经明确中国的西南地区是茶树原产地的中心。大量栽培型的茶树种名一般称为*Camellia sinensis*，也有人称为*Thea sinensis*，还有的称*Camellia theifera*。1950年，中国植物学家钱崇澍根据国际命名和茶树特性研究，确定茶树学名为*Camellia sinensis* (L.) O.Kuntze，迄今未再更改。*sinensis*是拉丁文中国的意思，*Camellia*是山茶属，所以茶树的学名表示茶树是原产中国的一种山茶属植物。

茶树在中国的地理分布广阔，范围在北纬18~38°、东经94~122°；地跨中热带、边缘热带、南亚热带、中亚热带、北亚热带和暖日温带。结合地带、气候、土壤特点，中国茶区被划分为西南茶区、华南茶区、江南茶区和江北茶区。

西南茶区是中国最古老的茶区，是茶树的原产地，包括黔、川、渝、滇中北和藏东南。西南茶区茶树资源较多，由于气候条件较好，适宜茶树生长。主要出产绿茶、红茶、普洱茶、边销茶和花茶等。

华南茶区包括闽中南、粤中南、桂南、滇南、海南和台湾地区。该地区水热资源丰富，在有森林覆盖下的茶园，土壤肥沃，有机质含量高。华南茶区汇集了中国的许多大叶种（乔木型或小乔木型）茶树，适宜加工红茶、绿茶、黑茶、青茶（乌龙茶）和花茶等。

江南茶区是中国的重点茶区，包括粤北、桂北、闽中北、湘、浙、赣、鄂南、皖南、苏南等地。江南茶区大多处于低丘、低山地区，也有海拔在1000m以上的高山，如浙江的天目山、福建的武夷山、江西的庐山、安徽的黄山等。该茶区产茶历史悠久，历史名茶很多，是发展绿茶、红茶、乌龙茶（青茶）、黑茶、黄茶、白茶、花茶、名特茶的适宜区域。

江北茶区包括甘南、陕南、鄂北、豫南、皖北、苏北、鲁东南等地，是中国最北的茶区。该茶区降水量偏少，个别地方更少。江北茶区的不少地方，因昼夜温度差异大，茶树自然品质形成好。茶树大多为灌木型中叶种和小叶种，以适制绿茶为主。

第一节
基本茶类：绿茶、黄茶、黑茶

中国茶叶种类丰富多彩，历史上贡茶、名茶层出不穷。唐代，陆羽《茶经·六之饮》记载："饮有粗、散、末、饼"。宋代，据《宋史·食货志》记载："曰片茶，曰散茶"。明代，根据鲜叶老嫩度不同，将散茶分为"芽茶"和"叶茶"两类。清代，已经有绿茶、黄茶、黑茶、白茶、青茶、红茶之分。

近代以来，中国茶叶分类曾因分类目的不同而有不同的分类方法。这些茶叶分类大多是针对茶叶的初级产品而制定的，茶叶生产、外贸、海关、商检等行业只能各自采用符合本专业的分类方法来进行管理，造成了茶叶生产管理上的诸多麻烦和矛盾，也未能从理论上阐述分类原理。

当代茶学家陈椽教授在《茶业通报》1979年1-2期合刊上发表了《茶叶分类的理论与实际》一文，提出并探讨科学系统的茶叶分类理论。他认为茶叶分类应以制茶的方法为基础，茶叶种类的发展是根据制法的演变；其次结合茶叶品质的系统性，综合考虑内质、色泽、外形等因素参照习惯上的分类，按照黄烷醇含量的次序，可分为绿茶、黄茶、黑茶、白茶、乌龙茶（青茶）、红茶六大类。这样既保留了劳动人民创造的俗名，容易区别茶类性质，而且符合茶叶内在变化由简到繁、由少到多的逐步发展的规律，加强了分类的系统性和科学性。

据此，中国茶叶分类如图1-1所示。

一、绿茶

绿茶是世界上最早加工的茶类，其历史悠久。绿茶是中国产量最多的一类茶叶，其花色品种之多居世界首位。中国绿茶出口占世界茶叶市场绿茶贸易量的80%左右。绿茶属于不发酵茶类，其制作工艺一般经过杀青、揉捻、干燥的过程。在杀青工序中，采用高温快速杀青，破坏酶的活力，制止多酚类化合物的酶性氧化，保持绿叶清汤的品质特点。

（一）绿茶的演变

最初对茶的利用，是直接取用茶树鲜叶。先秦时期，人们开始收集茶树的鲜叶，晒干或烘干，然后收藏起来，这是晒青茶工艺的萌芽。在当时的运输条件下，散茶不便贮藏和运输，于是两晋南北朝至初唐时期，人们将茶叶制成茶饼，这是最初的晒青饼茶。初步加

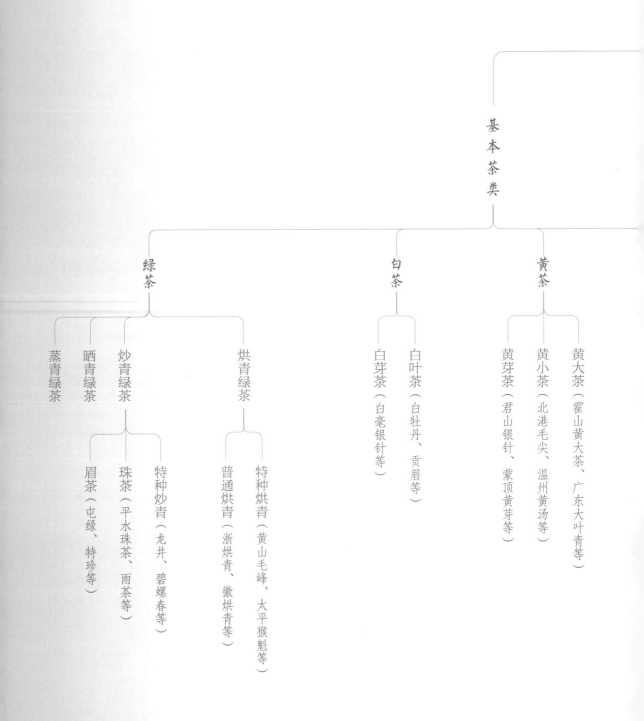

基本茶类

绿茶
　蒸青绿茶
　晒青绿茶
　炒青绿茶
　　眉茶（屯绿、特珍等）
　　珠茶（平水珠茶、雨茶等）
　　特种炒青（龙井、碧螺春等）
　烘青绿茶
　　普通烘青（浙烘青、徽烘青等）
　　特种烘青（黄山毛峰、太平猴魁等）

白茶
　白叶茶（白牡丹、贡眉等）
　白芽茶（白毫银针等）

黄茶
　黄芽茶（君山银针、蒙顶黄芽等）
　黄小茶（北港毛尖、温州黄汤等）
　黄大茶（霍山黄大茶、广东大叶青等）

中国茶类

再加工茶类
- 花茶（茉莉花茶、珠兰花茶等）
- 紧压茶（黑砖、茯砖、饼茶、沱茶等）
- 萃取茶（速溶茶、浓缩茶等）
- 茶饮料（茶可乐、柠檬红茶等）

乌龙茶（青茶）
- 闽北乌龙（水仙、肉桂等）
- 闽南乌龙（铁观音、黄金桂等）
- 广东乌龙（凤凰单丛、凤凰水仙等）
- 台湾乌龙（冻顶乌龙、文山包种等）

红茶
- 小种红茶（正山小种等）
- 工夫红茶（祁红、闽红等）
- 红碎茶（叶茶、片茶等）

黑茶
- 湖南黑茶（安化黑茶等）
- 湖北老青茶（蒲圻老青茶等）
- 四川边茶（南路边茶、西路边茶等）
- 滇桂黑茶（普洱茶、六堡茶等）

图1-1 中国茶叶分类

工的晒青饼茶仍有很浓的青草味，经反复实践，发明了蒸青制茶法。即将鲜叶蒸后捣碎，制饼烘干。

蒸青饼茶工艺在中唐已经完善，陆羽《茶经·三之造》记述："采之，蒸之，捣之，拍之，焙之，穿之，封之。"蒸青饼茶虽去青气，但仍具苦涩味，于是又通过洗涤鲜叶，压榨去汁以制饼，使茶叶苦涩味降低，这是宋代龙凤团茶的加工技术。据宋代赵汝砺《北苑别录》记述，龙凤团茶的制造工艺，有洗茶、蒸茶、榨茶、研茶、造茶、过黄、烘茶。茶芽采回后，先用清水淋洗，挑选匀整芽叶进行蒸杀，蒸后用水淋冲冷却，然后小榨去水，大榨去汁，去汁后置瓦盆内兑水研细，再入龙凤模压饼，最后烘干。

龙凤团茶的加工工艺中，冷水淋冲可保持茶叶绿色，提高茶叶品质，但压榨去汁的做法，会失去茶的真味，使茶的味、香受到损失，且整个制作过程耗时费工，从而促使了蒸青散茶的出现。为了改善茶叶味香，逐渐采用蒸后不压，直接烘干的做法，将蒸青团茶改造为蒸青散茶，保持茶的味香本色。这种改革出现在宋代，《宋史·食货志》载："茶有二，曰片茶，曰散茶"，片茶即饼茶。元代王桢《农书》对当时蒸青散茶工序有具体记载："采讫，一甑微蒸，生熟得所。蒸已，用筐箔薄摊，乘湿揉之，入焙，匀布火，烘令干，勿使焦"。

由宋代至元代，蒸青饼茶和散茶同时并存。到了明代初期，由于明太祖朱元璋于1391年下诏，废龙团贡茶而改贡散茶，使得蒸青散茶在明朝前期大为流行。相比于饼茶，茶叶的香气在蒸青散茶中得到了更好的保留。然而，使用蒸青方法，依然存在香气不够浓郁的缺点，于是出现了利用干热杀青发挥茶叶香气的炒青技术。明代，锅炒杀青制茶法日趋完善，在张源《茶录》、许次纾《茶疏》、罗廪《茶解》中均有详细记载。其制法大体为：高温杀青、揉捻、复炒、烘焙至干，这种工艺与现代烘青绿茶制法已经非常相似。清代，炒青绿茶、烘青绿茶一统江湖。

新中国成立以后，茶产业开始逐步恢复和发展。绿茶制法继承和发扬了传统炒制技术，由手工方式，逐步实现了机械化生产；历史上名优绿茶在原有基础上有了新的发展，还创造了不少新名茶。1984年后，茶叶成为市场经济商品，茶产业快速发展，绿茶产品花色也更为丰富；除制茶工艺逐步优化外，还利用特殊茶树品种，如安吉白茶、云南紫鹃茶树品种，开发出安吉白茶、紫鹃茶等创新绿茶产品。

按杀青、干燥方式的不同，目前市场上常见的绿茶种类主要有蒸青绿茶、炒青绿茶、烘青绿茶和晒青绿茶。

（二）蒸青绿茶

中国绿茶最早是蒸青制法，其关键工序如下：蒸汽杀青，即利用蒸汽破坏鲜叶中酶活力。中国绿茶制法传播至日本、朝鲜半岛等地，也以蒸青为最早。这些国家的绿茶直到现在，主要仍然沿用蒸青制法制茶，如日本玉露茶。中国自明代发明锅炒杀青制法后，除了台湾、湖北等省少量茶叶仍采用蒸青制法外，大部分已被炒青制法所代替。近年来，由于外销的需要，引进了设备、改进了技术，产量有所增加，品质有所提高，中国蒸青绿茶又得到了一定程度的发展。

中国目前生产的蒸青绿茶，主要是煎茶和玉露茶两种。主要产区为浙江、台湾、江西、福建以及湖北和四川等省。除了湖北、四川等地所产的玉露茶仍以手工采制为主外，煎茶生产已全部应用机械。

1. 恩施玉露

恩施玉露产于湖北省恩施市东南部。恩施玉露的加工工艺为蒸青、扇干水汽、铲头毛火、揉捻、铲二毛火、整形上光、烘焙、拣选等工序，其外形条索紧圆光滑，纤细挺直如针，色泽苍翠绿润，因而被称为"松针"。汤色嫩绿明亮，如玉似露，香气清爽，滋味醇和。

2. 煎茶

蒸青绿茶的一种主要产品。产于浙江、江西、安徽、福建等省，主要用于出口日本。煎茶具有干茶翠绿、汤色碧绿、叶底青绿的三绿品质特征。高档煎茶外形紧细圆整，挺直呈针形（似松针），匀称而有尖锋，色泽翠绿油润；香气清高鲜爽，汤色嫩绿明亮，滋味鲜醇回甘，叶底青绿。中低档煎茶外形紧结略扁，挺直，较长，欠匀整，茎梗较多，色绿或青绿；内质香气清纯，汤色绿明，滋味平和而略有青涩，叶底青绿。

（三）炒青绿茶

明代是中国茶叶加工的快速发展时期，在这个时期绿茶制茶技术的变革，主要表现在杀青加工工序由蒸青转变为炒青为主，对于茶叶生产的发展、茶类的全面兴起以及提高茶的色香味品质都有积极意义。在炒制烘青绿茶的实践中，认为烘干香气不如炒干。通过炒干的实践，发明了炒青绿茶的制法。制茶技术逐步变革，新的发明创造也随之不断出现，茶叶花色越来越多，如松萝、珠茶、龙井等炒青名茶相继先后出现，各有特点。炒青绿茶按其炒干后的形状可以分为眉茶、珠茶、扁炒青和特种炒青。

1. 眉茶

眉茶主产于安徽、浙江、江西三省，是中国产区最广、产量最多的一类绿茶。主要用于出口，是中国出口数量最大的绿茶产品之一，拥有摩洛哥、阿尔及利亚、马里、利比亚等五大洲80余个国家的市场，为中国进入国际市场的一个重要绿茶品种。

眉茶以中、小叶茶树品种，采摘标准为一芽二、三叶，经初制与精制加工而成。毛茶产品统称长炒青，长炒青经精制后的产品统称眉茶。精制工艺包括分筛、抖筛、撩筛、风选、拣剔、复烘等，精制后按照各级眉茶品质要求将各筛号茶按一定比例拼配成品。品质特征为条索弯曲，色泽润绿，辉白起霜。眉茶按产地分有安徽的屯绿、舒绿、芜绿，浙江的杭绿、温绿、遂绿，江西的婺绿、饶绿，湖南的湘绿、贵州的黔绿、四川的川绿等。

（1）**屯绿**　产于皖南。因当时皖南的长炒青毛茶集中在屯溪加工，而得名"屯绿"，在国际市场上颇负盛名。外形条索整齐壮实，色泽带灰泛光，香高持久，有熟板栗香，汤色绿而明亮，滋味浓厚爽口、回味甘，叶底嫩绿柔软。

（2）**婺绿**　产于江西省婺源县，外形条索粗壮匀整，色泽深绿泛光，滋味厚实，香高。

眉茶成品分为特珍、珍眉、雨茶、贡熙、秀眉等，各具不同的品质特征，以特珍、珍眉品质最佳。其内质表现为香高持久、汤色绿而明亮、滋味醇厚。

（3）**珍眉**　条案细紧挺直或其形如仕女之秀眉，色泽绿润起霜，香气高鲜，滋味浓爽，汤色、1叶底绿而微黄明亮。

（4）**贡熙**　是长炒青中的圆形茶，精制后称贡熙。外形颗粒近似珠茶，叶底尚嫩匀。

（5）**雨茶**　原系由珠茶中分离出来的长形茶，现在雨茶大部分从眉茶中获取，外形条案细短、尚紧，色泽绿匀，香气纯正，滋味尚浓，汤色黄绿，叶底尚嫩匀。

2. 珠茶

珠茶原产于浙江绍兴、嵊州、新昌一带，现主产区扩至宁波、金华等地市，浙江周边诸省、中国台湾省也有生产。产品主销非、欧、亚、美等50多个国家，为中国重要出口绿茶产品之一。

珠茶是中国最早为国际市场所接受的茶品之一，并被冠以"绿色珍珠"的美名。珠茶原料主要取自中小叶茶树品种。一般开采于4月中、下旬，鲜叶标准为一芽二、三叶。品质特征是外形圆紧，乌绿油润，呈颗粒状，身骨重实，尤似珍珠。

珠茶因产地和采制方法不同，又分为平水珠茶和涌溪火青等。

（1）**平水珠茶**　产于浙江嵊州、新昌、上虞等县市。因历史上毛茶集中在绍兴平水镇精制和集散，成品茶外形细圆紧结似珍珠，故称"平水珠茶"，毛茶则称平炒青。为方便与眉茶毛茶区分，又称"圆炒青"或"圆茶"。

（2）**涌溪火青**　产于安徽泾县廊桥镇涌溪村。其外形呈腰圆状、颗粒紧实油润，墨绿显毫，汤色清澈明亮，香气馥郁清高，滋味醇厚回甘，叶底嫩绿、匀整明亮。

3. 扁炒青

扁炒青因造型扁平而得名，其中以大方和龙井最为著名。

（1）**大方**　产于安徽省歙县和浙江临安、淳安毗邻地区，以歙县老竹大方最为著名。于谷雨前采制，要求一芽二叶初展新梢。外形扁平匀齐、挺秀光滑，色泽暗绿微黄、芽藏不露、披满金色茸毫，汤色清澈微黄，香气高长有板栗香，滋味浓醇爽口，叶底嫩匀、芽显、叶肥壮。

（2）**龙井**　产于浙江省杭州市西湖西南丘陵地带，原料选用龙井群体种、龙井43和龙井长叶茶树品种，开采于3月份中下旬，在特制的龙井锅中炒制而成。高级西湖龙井外形扁平、光滑，挺秀尖削，长短大小均匀整齐，芽锋显露，色泽绿中稍带黄，呈嫩绿色，香郁味醇，回味甘爽。叶底嫩匀成朵。西湖龙井茶以"色翠、香郁、味醇、形美"四大特点驰名中外。

4. 特种炒青

在炒青绿茶中，因其制茶方法不同，又有特种炒青绿茶。为了保持叶形完整，最后工序常进行烘干。茶叶名品有洞庭碧螺春、信阳毛尖、南京雨花茶、惠明茶、高桥银峰、安化松针、古丈毛尖、江华毛尖、桂平西山茶等。

（1）**洞庭碧螺春**　产于江苏省苏州市吴中区太湖洞庭山，为历史名茶。其炒制工艺为杀青、炒揉、搓团、焙干四道工序，在同一锅内一气呵成。炒制特点是炒揉并举，关键在提毫，即搓团、焙干工序。碧螺春茶外形条索纤细，卷曲成螺，满披茸毛，色泽碧绿；汤绿水澈，香气清高持久，味醇，叶底细而匀嫩。

（2）**信阳毛尖**　产于河南省信阳市西南山区，于清明节后开始采摘。制茶工艺分生锅、熟锅、初烘、摊凉、复烘、拣剔、再复烘等工序。信阳毛尖茶外形条索细、圆、紧、直，色泽翠绿，白毫显露；内质汤色嫩绿明亮，熟板栗香高长、鲜浓，滋味鲜爽，余味回甘，叶底嫩绿匀整。

（四）烘青绿茶

烘青是用烘笼进行烘干的，中低级烘青毛茶经再加工精制后多作熏制花茶的茶坯，少数烘青名茶品质特优。以其外形也可分为条形茶、尖形茶、片形茶、针形茶等。条形烘青，全国主要产茶区都有生产。尖形、片形烘青绿茶主要产于安徽、浙江等省。其中特种烘青，主要有黄山毛峰、六安瓜片、太平猴魁、安吉白茶、敬亭绿雪、天山绿茶、顾渚紫笋、江山绿牡丹、峡州碧峰、南糯白毫等。

1. 黄山毛峰

黄山毛峰主产于安徽黄山市徽州区、黄山区、歙县和黄山风景区，创制于清代末期。特级黄山毛峰形似雀舌，匀齐壮实，峰显毫露，色如象牙，鱼叶金黄；清香高长，汤色清澈，滋味鲜浓、醇厚、甘甜，叶底嫩黄，肥壮成朵。其中"金黄片"和"象牙色"是不同于其他毛峰的两大明显特征。

2. 六安瓜片

六安瓜片产于安徽省六安市裕安区、金安区、金寨县和霍山县，创制于1905年前后。茶树品种主要为六安双锋山中叶群体种，俗称大瓜子种。六安瓜片采制方法的独特之处：一是鲜叶必须长到"开面"才采摘；二是鲜叶通过"扳片"，除去芽头和茶梗，掰开嫩片、老片；三是嫩片、老片分别杀青，生锅、热锅连续作业，杀青、失水、造型相结合；四是烘焙分三次进行，火温先低后高，特别是最后拉老火，炉火猛烈，火苗盈尺，抬篮走烘，一罩即去，交替进行。抬（烘）篮一招一步节奏紧扣，须二人配合默契，如跳

图1-2 六安瓜片干茶

古典舞一般，实为中国茶叶烘焙技术中别具一格的"火功"。六安瓜片外形单片顺直匀整、叶边背卷平展、不带芽梗、形似瓜子，干茶色泽翠绿、起霜有润；汤色清澈、香气高长、滋味鲜醇回甘、叶底黄绿匀亮（图1-2）。

3. 太平猴魁

太平猴魁产于安徽省黄山市黄山区（原太平县）新民、龙门一带，以柿大茶群体种鲜叶为主要原料，于谷雨前后开园采摘，到立夏结束，要求采摘一芽三叶新梢。太平猴魁的加工方法分杀青和烘干两道工序。杀青选用平口深锅，用木炭做燃料，要求杀青均匀，老而不焦，无黑泡白泡和焦边现象；烘干又分子烘、老烘和打老火三个过程。太平猴魁外形两叶抱芽、平扁挺直、自然舒展、白毫隐伏，有"猴魁两头尖，不散不翘不卷边"之称，芽叶肥硕、重实、匀齐，叶色苍绿匀润，叶脉绿中隐红，俗称"红丝线"，兰香高爽、滋味醇厚回甘，香味有独特的"猴韵"，汤色明澈、叶底嫩绿匀亮，芽叶成朵肥壮。

4. 安吉白茶

安吉白茶产于浙江省安吉县，选用白化茶树良种——白云一号制作的新名茶。该品种的特点是经过低温诱导的越冬芽，在第二年春茶的生长过程中，气温高于茶树新梢生长所需温度且日最高气温低于25℃，新梢会出现白化现象。

安吉白茶在4月份上旬至5月份初这一特定的时段采制，叶片呈现玉白色，叶脉翠绿色，形如凤羽。采摘一芽二叶初展的新梢，制茶工艺包括摊青、杀青、理条、初烘、焙干。成品外形呈朵状，色如翠玉，光亮油润；因氨基酸含量更高，茶汤滋味较普通绿茶更为鲜醇，香气鲜爽馥郁，汤色嫩绿鲜亮，清澈明亮，叶底多呈嫩黄绿色，明亮柔软。

（五）晒青绿茶

晒青绿茶，是指鲜叶经过锅炒杀青、揉捻以后，利用日光晒干的绿茶。由于日晒的温度较低，时间较长，较多地保留了鲜叶的天然物质，制成的茶叶滋味浓重，且带有一股日晒特有的味道。根据产地不同，晒青茶可分为滇青、川青、陕青等品种，其中云南大叶种滇青品质最佳。在茶叶品质上，晒青不如烘青、炒青，故其产品除一部分以散茶形式就地销售饮用之外，还有一部分被加工成紧压茶，如沱茶、普洱茶等。

二、黄茶

黄茶的称谓初现唐代，当时属于绿茶。真正意义上的黄茶出现在明朝，清朝是黄茶发展的重要时期，黄茶制作技术趋于成熟，但并不与绿茶明确区分。民国以后，其间因战乱与经济等多方面因素，一些地方的黄茶生产曾停顿，后经新中国茶人挽救、恢复与生产。

黄茶作为六大茶类之一，其闷黄工艺复杂并且品质稳定性差，一些厂商为谋求生存实施黄改绿，一度形成黄茶工艺丢失的状况。近年来，各黄茶产地政府加大扶持力度，市场上形成了以君山银针、莫干黄芽、蒙顶黄芽、平阳黄汤、霍山黄大茶为主的黄茶产品。

黄茶的制作工艺中，闷黄工艺是决定黄茶品质的主要因素。大多数黄茶工艺中均有杀青、闷黄、干燥等过程。其氨基酸含量较高，富含茶黄素、各种水溶性多糖，拥有较合理的酚氨比，从而其滋味甜爽醇厚，汤色金黄明亮，回甘持久。

现今市场中的黄茶又分为黄大茶、黄小茶和黄芽茶三类。

（一）黄芽茶

黄芽茶中著名的有湖南岳阳市的君山银针、四川名山县的蒙顶黄芽等。

1. 君山银针

君山银针产于湖南岳阳市的洞庭山，因洞庭山又称君山，所产之茶外形似针，且满披白毫，故称"君山银针"。君山银针于清明前3天开采，采摘标准为芽头，制成1千克成品条约需采摘5万个芽头。成品茶外形芽头肥壮、挺直、匀齐，满披茸毛，色泽金黄泛光，故有"金镶玉"之称。香气清纯，滋味甜爽，汤色橙黄明净，叶底嫩黄匀亮。

2. 蒙顶黄芽

蒙顶黄芽产于四川省名山县蒙顶山。采制品种为四川中小叶群体种，采摘标准严格。制茶工艺分：杀青、初包、二炒、复包、三炒、摊放、整形提毫、烘焙八道工序，其中包黄是形成蒙顶黄芽品质特点的关键工序。蒙顶黄芽的品质特征为：外形扁平挺直，嫩黄油润，金芽披毫，香气甜香浓郁，汤黄明亮，味甘而醇，叶底嫩黄匀齐。

（二）黄小茶

黄小茶包括湖南宁乡市的"沩山毛尖"，湖南岳阳市的"北港毛尖"，湖北远安县的"鹿苑毛尖"，浙江平阳县的"平阳黄汤"等。

1. 沩山毛尖

产于湖南省宁乡市的西大沩山。一般清明后7~8天开采，待肥厚的芽叶伸展到一芽二叶时，采下一芽二叶，留下鱼叶，俗称鸦雀嘴。加工分为杀青、闷黄、轻揉、烘焙、熏烟五道工序。外形叶缘微卷，自然开展呈朵，形似兰花，色泽黄亮光润，身披白毫，汤色橙黄鲜亮，松烟香浓厚，滋味醇甜爽口，叶底黄亮嫩匀，完整呈朵。

2. 北港毛尖

产于湖南省岳阳市康王乡北港。北港毛尖于清明后5~6天开采，鲜叶标准一芽二、三叶。制茶工艺分杀青、锅揉、拍汗、复炒、复揉和烘干工序。品质特点为外形芽壮叶肥，嫩黄似朵，毫尖显露，呈金黄色。汤色橙黄，香气高悦，滋味醇厚回甘。

3. 鹿苑毛尖

产于湖北远安县鹿苑寺。于清明前后15天采摘，其标准为一芽一、二叶。成品茶外形条索呈环状，俗称"环子脚"，白毫显露，色泽金黄而略带鱼子泡，香郁高长，滋味醇厚回甘，汤色黄净明亮，叶底嫩黄匀整。

（三）黄大茶

黄大茶是以粗老叶为原料加工而成，其加工工艺流程：杀青→揉捻→毛火（初烘）→堆积（闷黄）→烘焙（拉毛火、拉老火）。在黄茶独有的闷黄工艺基础上，增加了高温拉毛火（约120℃）和高温拉老火（130~150℃），在拉老火过程中黄大茶会形成独特的焦香味。

目前市场上常见的黄大茶主要有霍山黄大茶、广东大叶青等。

1. 霍山黄大茶

产于安徽省六安市霍山县。其采摘标准为一芽四、五叶，枝叶相连，粗壮肥大，炒制工艺流程：杀青→揉捻→毛火（初烘）→堆积（闷黄）→烘焙（拉毛火、拉老火）。其堆积时间较长（5~10天），烘焙火功较足，下烘后趁热包装，是形成霍山黄大茶品质特征的主要原因。其外形梗壮叶肥，叶片成条，梗叶相连似钓鱼钩，色泽油润。汤色深黄显褐，叶底黄中显褐，滋味浓厚甜润，香气焦香浓郁，俗称"古铜色，高火香，叶大能包盐，梗长能撑船。"

2. 广东大叶青

产于广东省韶关、肇庆、湛江等。采用大叶种茶树鲜叶制成，采摘标准严格，严防鲜叶损伤和发热红变。制茶工艺增加了萎凋工序，这与其他黄茶制法不同。杀青前的萎凋和揉捻后闷黄的主要目的是消除青气涩味，促进香味醇和纯正。外形条索肥壮，紧结、重实，老嫩均匀，叶张完整，显毫，色泽青润带黄；内质香气纯正，滋味浓醇回甘，汤色橙黄明亮，叶底淡黄。

三、黑茶

黑茶是中国特有的茶类，历史悠久，花色品种较多。黑毛茶一般采用较粗老的原料，经过杀青、揉捻、渥堆、干燥四个初制工序加工而成。渥堆是决定黑茶品质的关键工序，渥堆时间的长短、程度的轻重，会使成品茶的品质风格有明显差别。加工时堆积发酵时间较长，使叶色呈暗褐色。黑毛茶是很多紧压黑茶的原料，主要销往边疆少数民族地区，所以又称为"边销茶"，是藏、蒙古、维吾尔等兄弟民族不可缺少的日常生活必需品。

黑茶产地较广，有云南"普洱茶""湖南黑茶""湖北老青茶""广西六堡茶"四川"西路边茶"和"南路边"等品种。

（一）普洱茶（熟茶）

历史上，滇南之茶集散于普洱府，然后运销各地，故以普洱茶为名。传统普洱茶是以云南大叶种茶树鲜叶加工成的晒青茶为原料，由于长时间的运输和存放过程中经过自然后发酵形成的茶叶。

1974年秋，昆明茶厂开始对照港澳地区自然发酵形成的普洱茶陈茶茶样，用人工快速发酵加工普洱茶（熟茶）获得成功，并于1975年在昆明茶厂、勐海茶厂、下关茶厂等相继开始了人工快速发酵加工普洱茶（熟茶）的生产。形成了一系列现代普洱茶（熟茶）的产品——用现代人工快速发酵的方法加工形成的普洱散茶和由其蒸压形成的紧压茶（图1-3）。

图1-3　普洱饼茶

1. 普洱散茶

普洱散茶采用云南大叶种制成的滇青为原料，经毛茶付制，泼水堆积发酵（潮水渥堆）、晾干、筛制、拣剔、拼配加工而成。其外形成条索状，肥硕，重实，色泽褐红，呈猪肝色或带灰白色；内质汤色红浓明亮，香气有独特的陈香，滋味醇厚回甜，叶底厚实呈褐红色。普洱散茶除部分作为商品销售外，大部分作为紧压茶的原料蒸压成各种各样的紧压茶。

2. 普洱砖茶

普洱砖茶又名"普洱茶砖"。以云南澜沧江流域的云南大叶种加工的晒青毛茶为原料，经过后发酵加工压制而成。成品茶为长方形，规格为14厘米×9厘米×2.5厘米，重250克。外形端正、边缘清晰，砖面色泽红褐，内质汤色红浓明亮，陈香明显，滋味醇厚、滑口回甘。

3. 七子饼茶

七子饼茶又称七子圆茶，因包装以七饼捆扎为一筒，故得名。选用3~8级的滇青为原料，制成的单个圆饼质量大约350克（7市两）左右，一件合旧制5市斤。其外形圆整、周正，洒面均匀有毫，色泽棕褐尚润；陈香，汤色红深，滋味醇和，叶底黑褐色。

（二）六堡茶

六堡茶产于广西苍梧县六堡乡一带，采用中叶种或大叶种的茶树鲜叶制成，鲜叶原料多为一芽三、四叶。初制分为杀青、初揉、渥堆、复揉、干燥五道工序。六堡茶精制工艺，按产品类型分为两种。紧压六堡茶传统工艺流程：毛茶→筛、风、拣→拼配→初蒸、沤堆→复蒸压笠→凉置陈化→检验出厂。六堡散茶工艺流程：毛茶→筛、风、拣→沤堆→拼配装仓→产品检验出厂。渥堆和陈化是形成六堡茶独特品质风格的关键工序。

图1-4　六堡散茶

六堡毛茶外形条索粗壮，色泽黑褐光润；内质香气醇厚并带有松烟香，滋味浓醇爽口，汤色红黄，叶底黄褐色。成品茶外形色泽黑褐光润，间有金黄花，汤色红浓，香气醇陈似槟榔香，滋味甘醇爽滑，清凉甘永，含有特殊烟味，叶底红褐色（图1-4）。六堡茶以红、浓、陈、醇四绝著称。

（三）茯砖茶

茯砖茶为砖块形的蒸压黑茶，最早是由湖南安化县生产的黑毛茶，用足踩踏成90千克重的篾篓大包，运至陕西省泾阳县压制加工成为茯砖茶。后经中国茶业公司安化砖茶厂经过反复试验，195年终于在安化县就地加工茯砖茶获得成功。目前茯砖茶在湖南、陕西两省均有生产。

图1-5　茯砖茶

茯砖的压制方法分毛茶拼配筛制、汽蒸、压制定型、发花干燥和成品包装等工序。特制茯砖全部是用黑毛茶三级制成，普通茯砖以黑毛茶四级为主，少量为三级。其加工工艺为：原料处理→压制定形→发花→干燥。

茯砖茶外形长方形，棱角清晰，四角分明，砖面平整，规格为 35厘米×18.5厘米×5厘米，色泽褐润；内质菌香浓，汤色橙黄，滋味醇和，叶底褐色（图1-5）。由于茯砖茶的加工过程中有一个特殊的工序——发花，使得茯砖茶的品质具有茂盛的金黄色冠突散囊菌落，俗称"金花"。金花生长得越多，代表茯砖茶的品质越好。

（四）康砖茶

康砖茶产于四川省荥经、雅安、天全、名山、邛崃等地。康砖是蒸压而成的砖形茶，其原料有做庄茶、级外晒青茶、条茶、茶梗、茶果等。毛茶以四川省雅安地区、乐山地区为主产区。康砖主要运销西藏、青海和四川甘孜藏族自治州，深受藏区同胞喜爱。

毛茶原料需进行杀青、渥堆、初干等工序制作而成，干燥后再经筛分、切铡整形、风选、拣剔等工序加以整理归堆，按标准合理配料，经过称量、汽蒸、筑压、干燥等工序加工而成。康砖为圆角长方形，大小规格为17厘米×9厘米×6厘米，每块净重0.5千克，外形表面平整、紧实，洒面均匀明显，无起层脱落，色泽棕褐，砖内无黑霉、白霉、青霉等霉菌。其品质特征为：香气纯正，具有老茶的香气。汤色红褐、尚明，滋味纯尚浓，叶底棕褐。

（五）花砖茶（花卷茶）

花砖茶由历史上的"花卷茶"演化而来，花卷茶因一卷茶净重合老秤1000两，又名"千两茶"。新中国成立前，花卷茶是由优质的湖南黑毛茶为原料，用棍锤筑制在长筒形的篾篓中，筑造成圆柱形，高147厘米，直径20厘米。便于在牲口背的两边驮运。后来由于交通方式的改变，花卷加工成本高、饮用不方便等缺点显示出来。1958年安化白沙溪茶厂经过试验，将花卷茶改制成长方形砖形茶，规格为35厘米×18厘米×3.5厘米，质量为2.0千克。又因砖面四边有花纹，因为得名"花砖"。

花砖茶形状虽然与花卷不同，但内质基本相同。压制花砖茶的原料大部分是三级湖南黑毛茶及少量降级的二级湖南黑毛茶，总含梗量不超过15%。这些不同级别的毛茶进厂后，要进行筛分、风选、破碎、拼配等工序，制成半成品茶。半成品茶再经过蒸压、烘焙与包装等工序，制成成品黑砖茶。花砖茶正面边有花纹，砖面色泽黑褐，内质香气纯正，滋味浓厚微涩，汤色红黄微暗，叶底暗褐尚匀。

（六）青砖茶

清乾隆年间已开始生产青砖茶产品，到咸丰末年已形成大批量生产。由于主产品都带有"川"字标记（压印），又俗称"川字茶"。

青砖茶以鄂南优质老青茶为原料，通过传统加工工艺精制而成。原料采割季节为小满至白露之间，鲜叶梗长控制在20厘米内。原料经拣杂后，高温杀青、揉捻、渥堆、干燥。在杀青后经二揉二炒后进行渥堆，渥堆时将复揉叶堆成小堆，堆紧压实，使其在高温高湿条件下发生生化变化。当堆温达到60℃左右时，进行翻堆，里外翻拌均匀，再继续渥堆，渥堆时间长达7~8天。当茶堆出现水珠，青草气消失，叶色呈乌绿或紫铜色，并且均匀一致时，即为适度，再进行翻堆干燥，干燥之后制得黑毛茶。毛茶原料还要进行后期发酵，随后脱梗、复制成半成品，再进行蒸制、压制、定型、烘制和包装。大小规格为34厘米×14厘米×4厘米，质量2.0千克。其砖面平整、棱角整齐；内质香气纯正、滋味醇和、汤色黄红尚亮、叶底暗褐粗老。

第二节
基本茶类：白茶、乌龙茶（青茶）、红茶

一、白茶

白茶属"轻微发酵茶"，是中国六大茶类之一。传统白茶制法独特，不炒不揉。白茶产区小，产量少，主产于福建，产品主销港澳地区，东南亚和西欧各国也有一定销量。其主要品种有白毫银针、白牡丹、贡眉和寿眉等。目前除散茶外，市面上也有白茶经蒸压制成茶饼。

（一）白毫银针

白毫银针产于福建省福鼎市与政和县，创制于清代后期，系采自菜茶群体种茶树的芽头制成。由于地理位置不同，早时将福鼎所产的茶称北路银针，政和县产的茶称南路

银针，两者在采制的茶树品种、采摘方法及加工技术上略有不同。1885年开始，改用大白茶品种肥壮芽头制银针，芽壮毫显，洁白如银。1891年（清光绪十六年）已有出口，历销德国、法国、爱尔兰等国家。

白毫银针选用福鼎大白毫、政和大白茶的春季茶树嫩芽制作而成。茶树新芽抽出时，留下鱼叶，摘下肥壮单芽付制，也有采一芽一叶置室内"剥针"。采摘标准要求严格，凡雨露水芽，风伤、虫蛀芽，开心、空心芽，病、弱、紫色芽均不采用。

图1-6　白毫银针

其初制工艺流程分萎凋与干燥两道工序，加工时以晴天，尤其是凉爽干燥的气候所制的银针品质最佳。白毫银针外形芽针肥壮，满披白毫，色泽银亮。内质香气清鲜，毫香鲜甜，滋味鲜爽微甜，汤色清澈晶亮，呈浅杏黄色，叶底芽头肥壮，明亮匀整（图1-6）。

（二）白牡丹

白牡丹产于福建政和、建阳、松溪、福鼎等县，始于20世纪20年代。因冲泡后，绿叶托着嫩芽，宛若牡丹花蓓蕾初开，故名"白牡丹"。白牡丹选用政和大白茶、福鼎大白毫和水仙品种的一芽二叶制成，一年可采三季。春茶于清明前后开采，夏茶于芒种前后开采，秋茶于大暑至处暑开采，品质以春茶为优。鲜叶要求三白，即芽、第一、二叶均披白色茸毛，芽梢肥壮，嫩度好。初制分萎凋与干燥两道工序，工序间无明显界限，不炒不揉，鲜叶随着萎凋过程失水，外形与内含物产生缓慢而有控制的变化，逐步形成白茶特有的品质。由于自然萎凋时间长，萎凋中环境条件多变，要严格控制开筛、并筛程序，以形成芽叶连梗。

图1-7　白牡丹

白牡丹形态自然素雅，呈花朵形，满披白毫，色泽银白灰绿，汤色杏黄、清淡明亮，香味清和、毫味显，叶底叶质肥嫩、色泽浅灰、叶脉微红（图1-7）。

（三）贡眉

贡眉主产于福建南平市建阳区。贡眉多用菜茶芽叶采制而成，其采摘标准为一芽二叶或一芽二到三叶。成品贡眉毫心显而多，色泽翠绿，汤色橙黄或深黄，叶底匀整、柔软、鲜亮，叶脉泛红，味醇爽，香鲜纯。

二、乌龙茶（青茶）

乌龙茶，始于清初。乌龙茶属于半发酵茶，其发酵程度介于绿茶（不发酵）和红茶（全发酵）之间，所以其既有绿茶的鲜爽之味，又有红茶的甜醇之美。乌龙茶一般经过萎凋、做青、杀青、揉捻、干燥等工序。典型的乌龙茶，叶缘呈红色，叶片中旬呈绿色，因而有"绿叶红镶边"之称。

乌龙茶发源于闽北武夷山，后传播到闽南、广东、台湾等地。按地域分布，可将乌龙茶分为闽北乌龙、闽南乌龙、广东乌龙和台湾乌龙四类。

（一）闽北乌龙

闽北乌龙主产区分布于闽北建瓯市、南平市等地，以采摘乌龙等茶树良种的鲜叶加工而成，采摘标准以顶芽形成驻芽后采三、四叶为宜。大部分闽北乌龙初制工艺流程：晒青→摇青→杀青→揉捻→烘干。成品茶外形条索紧结重实，叶端扭曲，色泽乌润。内质香气清高细长，滋味醇厚带鲜爽，汤色清澈呈橙黄色，叶底柔软，肥厚匀整，绿叶=红边。

闽北乌龙以武夷岩茶（四大名丛、金锁匙、半天腰、肉桂、水仙、奇兰、奇种等）为代表。武夷山多岩石，茶树生长在岩缝中，岩岩有茶，故称"武夷岩茶"。主产区位于慧苑坑、牛栏坑、大坑、流香涧、悟源涧一带。选择优良茶树单独采制成的岩茶称为"单丛"，单丛加工品质特优的称为"名丛"，如"大红袍"（图1-8）"铁罗汉""白鸡冠""水金龟"被称作四大名丛。用水仙品种制成的为"武夷水仙"，以菜茶或其他品种采制的称为"武夷奇种"。

武夷茶区春茶于立夏前3~5天开采，采摘鲜叶以中开面至大开面二、三叶为宜，采摘优质名丛有特殊要求，雨天不采，露水叶不采，烈日不采，前一天下大雨不采。当天最佳采摘时间在上午9：00-11：00时，下午14：00-17：00次之。鲜叶要严格分开，不同名丛、不同品种、不同岩、不同批均需分开，分别付制，不得混淆。

传统手工制作工艺较为精细：萎凋（日光、加温）→凉青→摇青与做手→炒青→初揉→复炒→复揉→走水焙→扇簸→凉索（摊凉）→毛拣→足火→团包→炖火。成茶外形条索肥壮紧结匀整，带扭曲条形，叶背起蛙皮状砂粒，色泽油润带宝

图1-8 武夷山九龙窠大红袍母树

光。内质香气馥郁隽永，具有特殊的"岩韵"。滋味醇厚回甘，润滑爽口，汤色橙黄，清澈艳丽，叶底柔软匀亮，边缘朱红或起红点，中央叶肉浅黄绿色，叶脉浅黄色。

武夷水仙外形肥壮，色泽绿褐而带宝色，部分叶背呈现沙粒，叶基主脉宽扁明显。香浓锐，具特有的"兰花香"。味浓醇而厚，口甘清爽。汤色浓艳呈深橙黄色。叶底软亮，叶缘朱砂红点鲜明；武夷肉桂外形紧结，色泽青褐鲜润，香辛锐，桂皮香明显，味鲜滑甘润，汤色橙黄清澈，叶底黄亮，红点鲜明。

（二）闽南乌龙

闽南乌龙以安溪铁观音、黄金桂以及闽南水仙等为代表。

1. 铁观音

铁观音产于福建省安溪县，选用铁观音茶树品种的鲜叶制作而成。从4月底至5月份初开采春茶，10月份上旬采秋茶。采摘驻芽三叶，俗称"开面采"。初制工艺流程：鲜叶→晒青（图1-9）→晾青（或静置）→摇青→炒青→揉捻→初烘→初包揉→复烘→复包揉→足干。干茶外形紧结沉重，色泽砂绿油润。内质香气馥郁、芬芳高长，滋味醇厚甘鲜，汤色金黄明亮（图1-10）。具有独特的风格，俗称"观音韵"。

图1-9　晒青

图1-10　铁观音干茶

2. 黄金桂

黄金桂产于福建省安溪县，选用黄棪茶树品种的鲜叶制作而成。春茶开采于4月份上中旬，采摘标准为中开面二至四叶。初制工艺流程：鲜叶→晾青→晒青→晾青→摇青→炒青→揉捻→初烘→包揉→复烘→复包揉→足干。干茶条索紧结卷曲，色泽黄绿油润。内质香气高强清长，俗称"透天香"。滋味清醇鲜爽，汤色金黄明亮，叶底柔软、黄绿明亮。

3. 闽南水仙

闽南水仙产于福建省永春、南安、漳平等地。选用水仙茶树品种的鲜叶为原料，采摘中开面二、三叶为主，做到嫩度适中，匀净新鲜。初制工艺流程：晒青→晾青→摇青→杀青→揉捻→初烘→复烘与包揉→烘干。成品茶外形条索肥壮，紧结略卷曲，色泽砂绿油润间蜜黄。内质香气清高，兰花香显露，滋味醇厚甘滑，汤色金黄，清澈明亮，叶底肥厚软亮，红边鲜明。

（三）广东乌龙

广东乌龙以潮州凤凰单丛、岭头单丛和凤凰水仙等为代表。

1. 凤凰单丛

凤凰单丛产于广东省潮安县，选用凤凰水仙种的优异单株鲜叶制成。采摘标准以新梢形成对夹二、三叶为宜，采茶要求严格，清晨不采，雨天不采，太阳过强不采，一般是在晴天下午2：00-5：00采。加工分晒青、晾青、碰青、杀青、揉捻、干燥等工序。干茶较挺直，肥硕油润，清高浓郁的自然花香气，醇厚、爽口、回甘，特殊山韵蜜味的滋味，橙黄清澈明亮的汤色，青蒂绿腹红镶边的叶底，构成凤凰单丛茶特有的色、香、味内质特点。

2. 岭头单丛

岭头单丛产于广东省饶平县岭头村，采用岭头单丛种的鲜叶制成。当顶芽形成驻芽后3天采三、四叶嫩梢，适当嫩采。加工分晒青、晾青、做青、杀青、揉捻、烘干等工序。外形紧结尚直，色泽黄褐油润。自然花蜜香气清高持久，滋味醇爽回甘，汤色橙黄清澈明亮，叶底黄绿腹朱边，柔软明亮。

（四）台湾乌龙

台湾乌龙以冻顶乌龙、文山包种、白毫乌龙、金萱、翠玉等为代表。

1. 冻顶乌龙

冻顶乌龙产于台湾省南投县鹿谷冻顶山。制造冻顶乌龙的茶树品种以青心乌龙最优，台茶十二号（金萱）、台茶十三号（翠玉）等品质亦佳。一般于谷雨前后采摘春茶，一年中可采四五次。春茶醇厚；冬茶香气扬，品质上乘；秋茶次之。加工过程包括日光萎凋（晒青）、室内静置及搅拌（晾青及做青）、炒青、揉捻、初干、布球揉捻（团揉）、干燥等工序，发酵程度15%～20%。干茶外观紧结成半球形，色泽墨绿。汤色金黄亮丽，香气浓郁，滋味醇厚甘润。

2. 文山包种

文山包种产于台湾省北部邻近乌来风景区的山区。文山包种茶的品种以青心乌龙最优，台茶十二号（金萱）、台茶十三号（翠玉）、台茶十四号（白文）等品质亦佳，一般于谷雨前后采摘春茶，一年中可采四五次，以春、冬茶品质较佳。采摘第一叶长至第二叶1/3至2/3面积的对夹二、三叶为标准，近年来因市场消费趋势而偏嫩采（一芽二、三叶）。加工过程分日光萎凋（晒青）、室内静置及搅拌（晾青及作青）、炒青、揉捻、干燥等工序。发酵程度8%~10%。所制成的茶叶外形呈条索状，紧结自然弯曲，汤色蜜绿明亮，香气清雅带花香，滋味甘醇滑润。

3. 白毫乌龙

白毫乌龙又称椪风乌龙、膨风茶、香槟乌龙、东方美人茶。主要产于台湾省新竹县北埔、峨眉及苗栗县。采摘经茶小绿叶蝉吸食的青心大冇茶树嫩芽一芽一、二叶，加工工序为日光萎凋、室内静置及搅拌、炒青、覆湿布回润、揉捻、干燥等（发酵程度50%~60%）。此茶以芽尖带白毫越多越高级，所以又称为"白毫乌龙"（图1-11）。白毫显露，枝叶连理，白、绿、红、黄、褐相间。汤色呈琥珀色，具熟果香、蜜糖香，滋味圆柔醇厚。

图1-11 白毫乌龙干茶

白毫乌龙茶创制于20世纪20年代，当时有一年茶小绿叶蝉严重为害新竹北埔、峨眉茶区，受到为害的茶青难以制作高品质的传统乌龙茶。然而，有位勤俭的茶农仍然采摘受到茶小绿叶蝉为害的茶青，依当时推行的改良法制造重发酵的乌龙茶。成品具有特殊的蜜糖香，滋味圆柔醇厚，风味特殊。他将制造的少量成品拿到台北茶行贩卖，竟然高价（高达一般茶价的13倍）售出。乡人不信，认为他在吹牛"椪（膨）风茶"之名也因此广为流传。椪风茶外销英国后，英国王室十分赞赏如此形美、色艳、香醇、圆柔的佳茗，也因此赢得"东方美人茶"的美名。

4. 金萱

金萱产地分布于台湾省各产茶地区，是以台茶12号（俗名金萱）品种名称命名的茶。台茶12号茶树品种是前台湾省茶业改良场场长吴振铎所领导的育种小组，自1950年经30年的杂交选育，于1981年审查通过命名的茶树新品种。该品种萌芽早、采摘期长，既可生产早春茶又可采冬片。制成的乌龙茶，外观紧结重实成半球形，色泽翠绿，汤色金黄亮丽，滋味甘醇，香气浓郁，具有独特的奶香。

三、红茶

最早的红茶是福建崇安武夷山的小种红茶，自星村小种红茶出现后，逐渐演变产生了工夫红茶。20世纪20年代，印度将茶叶切碎加工而成红碎茶，中国于20世纪50年代也开始试制红碎茶。不同种类红茶的工艺技术各有其侧重点，但都要经过萎凋、揉捻（切）、发酵和干燥四个基本工序。

红茶是国际茶叶市场的大宗产品，近200年来全世界已有40多个国家生产红茶，年产量200万吨，主销欧、美、澳及中东国家。代表性的红茶有中国祁红、滇红、闽红、宁红、印度红茶、斯里兰卡红茶及肯尼亚红茶等。

中国红茶主要有小种红茶、工夫红茶和红碎茶三大类。

（一）小种红茶

小种红茶是福建特有的一种外销茶，约在18世纪后期创制。以武夷山市星村镇桐木关为中心，东全大土宫，西近九子岗，南达先锋岭，北延桐木关，崇安（今武夷山市）、建阳、光泽三县交界处的高地茶园所产的小种红茶为正山小种。历史上因星村为正山小种集散地，故又称星村小种。

正山小种春茶于立夏开采，夏茶小暑前后采摘，一年采两季，春茶约占全年总量的85%。鲜叶标准为小开面三、四叶，不带毫芽。其传统工艺流程为：鲜叶→萎凋→揉捻→发酵→过红锅→复揉→熏焙→毛茶。

正山小种外形条索壮结，紧结圆直，不带芽毫（图1-12）。色泽乌黑油润，香高持久，微带松烟香气；汤色红艳浓厚，滋味甜醇回甘，具桂圆汤和蜜枣味，且带醇馥的烟香，活泼爽口；叶底肥厚红亮，带紫铜色。

图1-12 正山小种红茶干茶

（二）工夫红茶

工夫红茶是中国特有的红茶品种，品类多、产地广。

◗ 1. 祁门工夫红茶

祁门工夫红茶，是中国传统工夫红茶的珍品，创制于晚清。主产安徽省祁门县，与其毗邻的石台、东至、黟县及贵池等县也有生产。

祁门工夫红茶以槠叶群体种鲜叶为主要原料，采摘一芽二、三叶及同等嫩度的对夹叶加工而成。加工分萎凋、揉捻、发酵、烘干等工序，初制成的红毛茶经过精制再销售或出口。该红茶条索紧秀，锋苗好，色泽乌黑泛光，俗称"宝光"（图1-13）。香气浓郁高长，似蜜糖香，又蕴有兰花香。汤色红艳，滋味醇厚，回味隽永，叶底嫩软红亮。祁门工夫红茶品质超群，以其清鲜持久、似花似果似蜜的独特的"祁门香"享誉全球，被公认为是与印度的大吉岭红茶和斯里兰卡的乌瓦红茶齐名的世界三大高香红茶之一。

图1-13 祁红工夫干茶

2. 滇红工夫茶

滇红工夫茶主产云南的临沧、保山等地，是工夫红茶的后起之秀。滇红工夫茶外形条索紧结，肥硕雄壮，干茶色泽乌润，金毫特显，内质汤色艳亮，香气鲜郁高长，滋味浓厚鲜爽，富有刺激性。叶底红匀嫩亮。

茸毫显露：其毫色可分淡黄、菊黄、金黄等类。凤庆、云县、昌宁等地工夫红茶，毫色多呈菊黄；勐海、双江、临沧、普文等地工夫红茶，毫色多呈金黄。同一茶园春季采制的一般毫色较浅，多呈淡黄，夏茶毫色多呈菊黄，唯秋茶多呈金黄色。

香郁味浓：香气以滇西茶区的云县、凤庆、昌宁为好，尤其是云县部分地区所产的工夫红茶，香气高长，且带有花香。滇南茶区工夫红茶滋味浓厚，刺激性较强；滇西茶区工夫茶滋味醇厚，刺激性稍弱，但回味鲜爽。

3. 闽红工夫茶

闽红工夫茶系政和工夫、坦洋工夫和白琳工夫的统称，三种工夫红茶产地不同、品种不同、品质风格不同。

（1）**政和工夫** 政和工夫按品种分为大茶、小茶两种。大茶系采用政和大白茶制成，是闽红三大工夫茶的上品，外形条索紧结肥壮多毫，色泽乌润，内质汤色红浓，香气高而鲜甜，滋味浓厚，叶底肥壮尚红。小茶系用小叶种制成条索细紧，香似祁红，但欠持久，汤稍浅，味醇和，叶底红匀。政和工夫以大茶为主体，扬其毫多味浓之优点，又适当拼以高香之小茶，因此高级政和工夫体态特别匀称，毫心显露，香味俱佳。

（2）**坦洋工夫** 坦洋工夫分布较广，主产福安、柘荣、寿宁、周宁、霞浦及屏南北部等地。坦洋工夫外形细长匀整，带白毫，色泽乌黑有光。香味清鲜甜和，汤鲜艳呈金黄色，叶底红匀光滑。其中坦洋、寿宁、周宁山区所产工夫茶，香味醇厚，条索较为肥壮，东南临海的霞浦一带所产工夫茶色泽鲜亮，条形秀丽。

（3）白琳工夫　19世纪50年代，闽、粤茶商在福鼎经营、加工工夫红茶，广收白琳、翠郊、蹯溪、黄岗、湖林及浙江的平阳、泰顺等地的红条茶，集中在白琳加工，白琳工夫由此而生。20世纪初，福鼎"合茂智"茶号，充分发挥福鼎大白茶的鲜叶特点，精选细嫩芽叶，制成工夫红茶，条索紧结纤秀，含有大量的橙黄白毫，具有鲜爽愉快的毫香，汤色、叶底艳丽红亮，取名为"橘红"，意为橘子般红艳的工夫红茶，风格独特，在国际市场上很受欢迎。

4. 宁红工夫茶

红茶发源于武夷山区，清代后期传到江西省修水县。历史上修水所在地区称为"宁州"，因此所产红茶称"宁红"。宁红工夫茶外形紧结圆直，锋苗显露，色泽乌润。内质香高持久，滋味醇厚甜和，汤色红艳明亮。宁红工夫茶曾是国内拼配红茶中的重要原料。如果没有"宁红"原料参拼，中国红茶的优良品质便难以体现，于是在香港口岸曾有"宁红不到庄，茶叶不开箱"之说。美国威廉·乌克斯著的《茶叶全书》称："宁红外形秀丽、紧结、色乌，汤色红艳引人，在拼配茶中极有价值。"

5. 英德红茶

英德红茶产于广东省英德市，为新创名茶。采用云南大叶种、英红九号等品种的鲜叶制成，采摘标准为一芽二、三叶。外形条索肥嫩紧实，色泽乌黑油润，金毫显露；内质香气鲜浓持久，滋味浓厚，收敛性强，汤色红艳明亮，叶底红匀明亮。

金毫茶是英德红茶中的珍品，采用无污染生态茶园的英红九号、云南大叶种等品种的鲜叶制成，采摘标准为一芽一叶初展，要求鲜叶鲜嫩匀净。金毫茶外形条索紧结，色泽红润，满披金毫；香气清高，滋味浓醇鲜爽，汤色红艳。

（三）红碎茶

红碎茶是国际茶叶市场上的大宗产品。因在制茶过程中，需要将条形茶切成短细的碎茶，所以称为红碎茶。分为传统制法（揉捻机揉捻）红碎茶、非传统制法（洛托凡转子机、CTC和LTP）红碎茶。依据加工后外形不同，还可分为叶茶、碎茶、片茶和末茶四类。红碎茶多被加工成袋泡茶，以海南、广东、广西的红碎茶品质最好。

南海CTC红碎茶：产于海南省安定县南海农场，创制于20世纪70年代。以云南大叶种和海南当地大叶种鲜叶为原料，采摘一芽二、三叶和同等嫩度对夹叶，经过萎凋、揉切、发酵、烘干和捡梗等工序加工而成。由于在揉切工序中采用肯尼亚CTC生产线，先经过洛托凡挤揉，再通过3对CTC齿辊连切，使鲜叶迅速破碎，因而得名CTC红碎茶。南海CTC红碎茶色泽乌润、颗粒均匀，香气高锐持久，汤色红艳明亮、金圈明显，滋味鲜爽、浓厚、强烈，叶底红匀鲜艳。

第三节
再加工茶类

再加工茶是指在六大茶类的基础上，对加工成的茶叶进行后续加工而形成的茶制品。根据加工方式和形成产品品质风格的不同，再加工茶又分为花茶、紧压茶、袋泡茶、茶饮料、速溶茶、超微茶粉、茶提取物（儿茶素、茶多酚、茶多糖、茶皂素、茶色素、茶氨酸等）、茶浓缩汁等。

近半个世纪以来，随着食品科技的发展和人们生活水平的提高，对茶叶产品的消费也出现了多样化的趋势，再加工茶在20世纪80年代后得到空前繁荣。如其中的袋泡茶，目前已经有红茶、绿茶、乌龙茶、花茶、果味茶等多种茶袋泡茶产品。茶饮料则主要有红茶饮料、绿茶饮料、乌龙茶饮料、花茶饮料、调味茶饮料等产品。袋泡茶和茶饮料具有茶叶品质特色，并以其方便、快捷受到消费者欢迎。

一、花茶

花茶又名窨花茶、熏花茶、香片茶，是将素茶和以鲜花窨制而成的香型茶。花茶的窨制是利用鲜花吐香和茶坯吸香，在一吐一吸的吸附过程中，发生了一系列较为复杂的理化变化。茶坯在吸附了茶香增益香味的同时，去掉涩味，使茶与花的香味结合调和，香味鲜灵可口，滋味醇和，从而提高茶叶的品质。特别是低级粗老茶，窨花后，去掉粗老味，大大改变茶味。

制作花茶的茶坯可以是绿茶、红茶或乌龙。绿茶中最常见、最大量的茶坯是烘青绿茶，炒青绿茶很少，也有部分用细嫩名优绿茶，如毛峰、大方、龙井等来窨制高档花茶。相比绿茶来说，用红茶、乌龙茶窨制花茶的数量不多。可以用来窨制花茶的鲜花很多，现代所用的主要有茉莉花、珠兰花、白兰花、代代花、柚子花、桂花、玫瑰花、栀子花等，其中茉莉花应用最多。通常花茶是以所用香花来命名的，如茉莉花茶、珠兰花茶、白兰花茶等。也有将花名与茶坯名结合起来命名的，如茉莉烘青、茉莉毛峰、茉莉水仙、珠兰大方、桂花龙井、玫瑰红茶等。各种花茶各具特色，但总的品质均要求香气鲜灵浓郁、滋味浓醇鲜爽、汤色明亮。

中国花茶生产历史悠久，产区分布较广，主要产区有福建、广东、广西、浙江、江苏、安徽、四川、重庆、湖南、台湾等省、直辖市、自治区，以茉莉花茶尤其是茉莉烘青产量最多，销量最大。花茶的内销市场主要是华北、东北地区，以山东、北京、天津、成都销量最大。北京畅销珠兰花茶，天津畅销茉莉烘青，山东一带畅销茉莉大方，福建、广东一带则畅销柚子花茶。中国花茶外销五大洲40多个国家和地区，虽然总量不大，但销路较广。

茉莉花传到中国后，因其性喜温暖湿润，主要在中国南方的福建、广东、广西、云南等地种植。北宋《欧冶遗事》《淳熙三山志》等书籍记载了当时福建福州种植茉莉的情况。至南宋末年，用茉莉花熏茶已经出现。南宋陈景沂的《全芳备祖》中已具体提到"（茉莉）或以熏茶及烹茶尤香"。南宋施岳《步月·茉莉》词中更具体描写了将摘下的茉莉花采摘后进行烘焙，然后放入茶中窨制，这应该是茉莉花茶窨制工艺的源头。

明清时期，福州、苏州成为花茶窨制中心。清代咸丰年间，茉莉花茶畅销华北各地。当时福州茉莉花茶加工工艺主要为"四窨一提"，采用烘青绿茶作茶坯，用含苞欲放的茉莉花花蕾和其拌拼窨制而成。以单瓣茉莉花提花，造就了福州茉莉花茶独有的鲜灵浓醇品质；苏州茉莉花茶采用明前碧春茶为茶坯，选用虎丘的茉莉，讲究"六窨一提"，工艺流程包括：茶坯处理→鲜花养护→拌和窨花→通花散热→收堆续窨→出花分离→湿坯复火干燥→再窨或提花。

新中国成立后，茉莉花茶产量逐年提升和扩大，形成了福州、苏州、金华三人主要茉莉花茶加工基地。从1990年开始，茉莉花茶加工中心逐渐向广西横县转移。截至目前，全国茉莉花种植面积近12339.5公顷。广西横县、四川犍为县、福建福州市和云南元江县是中国茉莉花及茉莉花茶的四大主产区。

二、紧压茶

紧压茶指将各种成品散茶用热蒸汽蒸软后放在模盒或竹篓中，压塑成各种固定形状的一类再加工茶，因所用原料茶、塑形模具、成品茶的形状等不同而有多种。一般紧压茶的原料是黑茶，也有部分绿茶、白茶、红茶、乌龙茶（青茶）。紧压茶成品茶的形状多种多样，以方形砖茶和圆形饼茶最为常见。除此之外还有心形的紧茶以及厚壁碗形的沱茶等。

部分紧压茶的代表产品已经在前文（第二节基本茶类的黑茶部分）有过介绍，下面对紧压茶类的一些其他品种予以介绍。

（一）绿茶紧压茶

以绿茶为原料制成紧压茶的茶产品较为少见，其成品多为沱茶。产品外形呈厚壁碗形，主要产地在云南和重庆。重庆生产的称为"重庆沱茶"，是以绿茶为原料加工而成。云南生产的称为"云南沱茶"，是以滇青为原料加工而成。

重庆沱茶以川东、川南地区14个产茶区栽种的云南大白茶、福鼎大白茶品种所制绿茶为原料，经蒸压精制而成。其制造工艺为：选料→原料整理→蒸热做形→低温慢烘干燥→

包装成件。重庆沱茶每个净重100克，分筒装、六角形和组合形精包装三种；其品质特征为：外形圆正如碗状、松紧适度，色泽乌黑油润，汤色澄黄明亮，香气馥郁陈香，滋味醇厚甘和，叶底较嫩匀。

（二）乌龙茶紧压茶

以乌龙茶（青茶）为原料制作的紧压茶产品中，漳平水仙茶最为知名。漳平水仙茶饼又名"纸包茶"，产于福建省漳平双洋、南洋、新桥等地。采用水仙品种的鲜叶为原料，采摘以小开面至中开面二、三叶的嫩梢为宜。水仙茶饼的工艺流程：晒青→晾青→摇青→炒青→揉捻→模压造形→烘焙。

水仙茶饼的制作综合了闽北与闽南乌龙茶的初制技术，主要特点是晒青较重，做青前期阶段使用水筛摇青，做青后期阶段使用摇青机摇青，前后各两次，炒青后采用木模压制造型、白纸定型是特有的工序，再经精细的烘焙，便形成了其独特的品质。水仙茶饼外形呈小方块，边长约为5厘米×5厘米，厚约1厘米，形似方饼，干色乌褐油润，干香纯正。内质香气高爽，具花香且香型优雅，滋味醇正甘爽且味中透香，汤色橙黄，清澈明亮，叶底肥厚黄亮，红边鲜明。

（三）白茶紧压茶

以白茶为原料制作紧压茶是21世纪以后诞生的创新技术。2015年7月，由中华全国供销合作总社提出，福建省福鼎市质量计量检测所等单位编写制定的紧压白茶的国家标准（GB/T 31751—2015《紧压白茶》）正式出台，2016年开始实施。依据该标准，凡以白茶（白毫银针、白牡丹、贡眉、寿眉）为原料，经整理、拼配、蒸压定性、干燥等工序制成的产品即为紧压白茶。此类产品根据原料要求的不同，分为紧压白毫银针、紧压白牡丹、紧压贡眉、紧压寿眉四种。

紧压白毫银针：外形端正匀称，松紧适度，表面平整、无脱层、不洒面；色泽灰白、显毫；香气清纯、毫香显；滋味浓醇毫味显；汤色杏黄明亮；叶底肥厚软嫩。

紧压白牡丹：外形端正匀称，松紧适度，表面平整、无脱层、不洒面；色泽灰绿或灰黄，带毫；香气浓纯、有毫香；滋味醇厚毫味显；汤色橙黄明亮；叶底软嫩。

紧压贡眉：外形端正匀称，松紧适度，表面较平整；色泽灰黄夹红；香气清纯；滋味浓厚；汤色深黄或微红；叶底软尚嫩，带红张。

紧压寿眉：外形端正匀称，松紧适度，表面较平整；色泽灰褐；香气浓、稍粗；滋味厚、稍粗；汤色深黄或泛红；叶底略粗、有破张、带泛红叶。

（四）红茶紧压茶

以红茶为原料制作的紧压茶产品以米砖茶为代表。米砖茶原产于湖北省咸宁市羊楼洞，是以红茶片、末为原料经蒸压而成的红砖茶。因其所用原料皆为茶末，而被称为米砖茶，又因其模具上多镂有纹样，压制出的茶砖表面也带有花纹，因而也曾被称为"花砖"。米砖茶外形要求砖面平整、棱角分明、厚薄一致、图案清晰，砖内无黑霉、白霉、青霉等霉菌；特级米砖茶乌黑油润。其内质要求香气纯正、滋味浓醇、汤色深红、叶底红匀。

米砖茶与中国出口茶中的其他茶类相比，外销市场相当集中，主要销往俄国。早在19世纪60年代，俄商率先在汉口开办茶庄（厂），收购毛茶，使用蒸汽机压制茶砖（米砖茶），运往俄国。后来，俄商到羊楼洞兴办茶庄加工米砖茶。19世纪80年代，是米砖生产和出口的全盛期。目前，米砖茶主销新疆和华北等地，并有部分出口到俄罗斯和蒙古。

三、其他茶

（一）速溶茶

速溶茶主要有红茶、绿茶两种速溶茶产品。其原料根据所加工的速溶茶品种而定。速溶茶生产工艺流程：原料（红茶、绿茶等）→浸提→过滤→净化→浓缩→干燥。速溶茶根据其溶解性可分为冷溶型速溶茶和普通速溶茶，还可添加各种调味料，制成不同风味的速溶茶。速溶茶具有茶叶品质特色，并以其方便、快捷，饮用时不留茶渣等优点，受到消费者欢迎。

（二）超微茶粉

超微茶粉主要有超微绿茶粉和超微红茶粉两类。其原料根据所加工的超微茶品种而定。超微茶粉生产工艺流程：原料（红茶、绿茶或烘干后的鲜叶）→超微粉碎（200目以下）→过筛→包装。由于超微茶粉颗粒细小，可广泛应用于各种食品和化工产品中形成别具特色的茶食品和茶化工产品，受到消费者欢迎。

（三）茶提取物

茶叶中具有多种有益人体健康的活性成分，如儿茶素、茶多酚、茶多糖、茶皂素、茶色素、茶氨酸、咖啡碱等，根据各种成分化学性质特点，采用不同的制备工艺萃取纯化而成。茶多酚产品现已商品化，其加工工艺流程：茶叶（或鲜叶）→浸提→过滤→萃取→浓缩→干燥，产品因提取工艺差异和有效成分含量的不同，色泽呈现白色、白微红、微红等多种；在茶多酚的基础上，经过进一步纯化可加工出各种儿茶素产品；茶多糖的制备工艺流程：茶叶（或鲜叶）→浸提→醇沉→脱色去杂→浓缩→干燥，产品呈灰色；咖啡碱提取工艺流程：茶叶（或鲜叶）→浸提→萃取→浓缩→干燥，粗产品色泽深暗，经过高温升华或其他精制工艺生产的纯品色泽纯白。茶皂素、茶色素、茶氨酸等产品目前市场也有少量产品销售。

第四节
茶叶评鉴与贮藏

一、茶叶评鉴

茶叶评鉴一般分干评外形和湿评内质。外形审评嫩度、条索（或条形）、色泽、净度四项，结合嗅干茶香气，手测茶叶水分；内质审评香气、滋味、汤色、叶底四项。这样，评鉴外形内质共有八项因子，评鉴时必须内外干湿兼评。

（一）外形评鉴

外形的好坏对品质高低起重要作用，根据外形审评的四项因子，嫩度、条索（或条形）、色泽、净度，就可以大致把握茶叶品质。

1. 嫩度

茶叶老嫩是决定品质的基本条件，是外形审评因子的重点。一般来说，嫩叶可溶性物质含量较多，叶质柔软，初制容易成条，条索紧结重实，芽毫显露，完整饱满。因为茶类不同，外形要求不同，嫩度要求不同，采摘标准也不同。所以审评茶叶嫩度就要有普遍性中注意特殊性，对该茶类各级标准样的嫩度要求进行详细分析。

嫩度主要看芽叶比例与叶质老嫩，有无锋苗及条索的光糙度。嫩度好的，芽与嫩叶比例大，审评时要以整盘茶去比，不能单从个数去比，因为同是芽与嫩叶，有厚薄、长短、宽狭、大小之别，凡是芽头嫩叶比例近似，芽壮身骨重，叶质厚实的品质好。所以采摘要老嫩均匀，制成毛茶外形整齐，老嫩不匀的初制难以掌握，且老叶身骨轻，外形不匀整，品质就差。

锋苗指芽叶紧卷做成条索的锐度，条索紧结、芽头完整锋利并显露，表明嫩度好，制工好。嫩度差的，制工虽好，条索完整，但不锐无锋，品质就次。芽上有毫又称茸毛，茸毛多、长而粗的好。一般炒青绿茶看芽苗，烘青看芽毫，条形红毛茶看芽头。炒青的茶叶，茸毛脱落，不易见毫，而烘制的茶叶茸毛保留，芽毫显而易见。但有些采摘细嫩的名茶，虽是炒制，因手势轻，嫩度高，芽毫仍显露。芽的多少、毫的稀密，常因地区、茶类、季节、机械或手工揉捻等而不同。同样嫩度的茶叶，春茶显毫，夏秋茶次之；高山茶显毫，平地次之；人工揉捻显毫，机揉次之；烘青比炒青显毫。

条索的光糙度，一般老叶细胞组织硬，初制时条索不易揉紧，且表面凸凹不平，条索呈皱纹，叶脉隆起，干茶外形粗糙；嫩叶柔软，果胶质多，容易揉成条，条索呈现光滑平伏。

2. 条索

条索指外形呈条，似搓紧的绳索，但茶叶揉紧的条子是不规则的。外形呈条状的有妙青、烘青、条茶、条形红毛茶、青茶等。炒青、烘青、条茶及红毛茶的条索要求紧直有锋苗，除烘青条索允许略带扁状外，都以松扁、曲碎的差，青茶条索紧卷结实，略带扭曲。其他不成条索的茶叶多为条形，如龙井、旗枪、大方是扁条，以平扁、光滑、尖削、挺直、匀齐的好；粗糙、短钝和带浑条的差。而珠茶要求颗粒圆结的好，呈条索的不好。外形的条索比松紧、弯直、整碎、壮瘦、圆扁、轻重、匀齐几项因子。

以条细、空隙度小，体积小为条"紧"，身骨重实的好。空隙度大为条"松"，同样体积下，重量轻的差；条索圆浑、紧直的好，弯曲的差；条形以完整的好，断条、断芽的差，下脚茶碎片、碎末多精制率低的更差。一般叶形大、叶肉厚、芽粗而长的鲜叶制成的茶，条索紧结壮实，身骨重、品质好；反之叶形小、叶肉薄、芽细稍短的鲜叶制成的茶，条索紧而瘦，身骨略轻，称为细秀，细秀的品质比壮实的差些。

圆扁指长度比宽度大若干倍的条形，其横切面接近圆形，表面棱角不明显的称为"圆"，但与珠茶外形圆似珍珠是完全不同的。"扁"指茶条的横切面不圆而呈扁形。如炒青条要圆浑，圆而带扁的差；轻重则指身骨轻重，嫩度好的茶，叶肉厚实条紧结，多为沉重；嫩度差，叶张薄，条粗松，一般较轻飘；匀齐指的是茶条粗细、长短、大小相近似的为匀齐，上、中、下三段茶相衔接的为匀称，匀齐的茶精制率高。

3. 色泽

干茶色泽主要从色度和光泽度两方面去看。色度即茶叶的颜色及其深浅程度，光泽度指茶叶接受外来光线后一部分光线被吸收，一部分光线被反射出来，形成茶叶的色面，色面的亮暗程度，即光泽度。茶类不同茶叶的色泽各有不同：红毛茶以乌黑油润为好，黑褐、红褐次之，棕红的更次。绿毛茶以翠绿、深绿光润为好，绿中带黄，黄绿不匀较次，枯黄花杂者差。青茶中的名茶以青褐较好，黄绿色不好，枯暗花杂者次之。黑毛茶以墨黑色为好，黄绿色或铁板色都差。干茶的光泽度可以润枯、鲜暗、匀杂等方面去评审。

"润"表示茶条似带油光，色面反光强，油润光滑。一般可反映鲜叶嫩而新鲜，加工及时合理，是品质好的标志。"枯"的茶有色而无光泽或光泽差，表示鲜叶老或制工不当，茶叶品质差。劣变茶或陈茶色泽现枯暗。色泽鲜艳、鲜活，给人以新鲜感为"鲜"，表示鲜叶嫩而新鲜，初制及时合理，是新茶所具有的色泽。茶色深又无光泽则是"暗"，一般鲜叶粗老，贮运不当，初制不当，茶叶陈化；紫芽种鲜叶制成绿茶，色泽带黑发暗，过度深绿的鲜叶制成红茶，色泽会呈现青暗或乌暗。色泽"匀"的茶色调一致，给人以正常感。如色不一致，参差不齐，茶中多黄片、青条、红梗红叶、焦片焦边等为"杂"，表示鲜叶老嫩不匀，初制不当，存放不当或过久。

审评色泽时，色度与光泽度应结合起来，如茶色符合规模，有光泽，润带油光，表示鲜叶嫩度好，制工及时合理，品质好。干茶色枯暗，花杂说明鲜叶老或老嫩不匀，贮运不当，初制不当等原因引起。高山茶色带黄，光泽好，鲜活，低山茶或平地茶色深绿。

🍃 4. 净度

净度指毛茶干净与夹杂程度，不含夹杂物的净度好；反之则净度差。茶中夹杂物有两类即茶类夹杂物：梗、籽、朴、片、末、毛衣等；非茶类夹杂物：采、制、存、运中混入的杂物，如杂草、树叶、泥沙、石子、石灰、竹丝、竹片、棕毛等。

有无夹杂物或夹杂物多少，直接影响茶叶品质的优次，无严格采摘制度，采摘无一定质量要求，老嫩不分，大小一把捋，往往是造成茶类夹杂物多的原因。非茶类夹杂物一般在采制过程中，因存放地点或制茶机具不净而带入。

（二）内质评鉴

内质审评汤色、香气、滋味、叶底四项目，将杯中冲泡浸出的茶汤倒入审评碗，茶汤处理好后，可先嗅杯中香气，后看碗中汤色（绿茶汤色易变，宜先看汤色后嗅香气），再尝滋味，最后察看叶底。

🍃 1. 汤色

汤色指茶汤色泽，汤色审评要快，因为多酚类溶解在热水中后与空气接触，很易氧化变色，使绿茶汤色变黄甚至变红，青茶汤色变红，红茶汤色变暗，尤以绿茶变化更快，时间过久使汤色混浊而沉淀。故绿茶宜先看汤色，即使是其他茶类，在嗅香前宜先很快看一遍汤色，做到心中有数，并在嗅香时，把汤色结合起来看，尤其在严寒的冬天，可避免嗅了香气，茶汤已冷或变色的缺点。

茶叶汤色除与茶树品种、环境条件和鲜叶老嫩有关外，还与鲜叶加工方法不同有关，使各茶类具有不同颜色和汤色，而且由于加工技术上产生的问题出现不正常的色。在评比汤色时，主要分正常色、劣变色和陈变色。

正常加工条件下制成的茶，冲泡后呈现的汤色即为"正常色"，即各茶类应有的汤色。如绿茶绿汤，绿中有黄；红茶红汤，红艳明亮；青茶汤色橙黄明亮；白茶汤色黄浅而淡；黄茶黄汤；黑茶汤橙黄浅明等。由于鲜叶采运，摊放或初制不当等形成变质，汤色不正，就呈现"劣变色"，如鲜叶处理不当，轻则汤黄，重则变红。杀青不当有红梗红叶，汤色变深或带红。绿茶干燥炒焦，汤黄浊。红茶发酵过度汤深暗等。

陈化是茶叶的特性之一,在通常条件下贮存,随着时间延长而陈化程度加深,由于初制各工序不能持续,形成脱节,如杀青后不能及时揉捻,揉捻后不能及时干燥,使新茶制成陈茶色,如绿茶的新茶汤色绿而鲜明;陈茶灰黄或灰暗。

评茶术语中的"亮",指射入茶汤的光线,通过汤层,吸收的部分少而被反射出来的部分多,暗则相反。凡茶汤亮度好的品质也好,亮度差的品质也次。茶汤能一眼见底为"明",如绿茶看碗底反光强就明亮,红茶还可看汤面沿碗边的金黄色的圈(称"金圈")的颜色和厚度,光圈的颜色正常,鲜明而宽的亮度好;光圈颜色不正且暗而窄的,亮度差品质变差。

"清"指汤色纯净透明,无混杂,一眼见底,清澈透明,浊与混(或浑)含义相同,指汤不清且糊涂,视线不易透过汤层,难见碗底,汤中有沉淀物或细小浮悬物。劣变或陈变产生的酸、馊、霉、陈的茶汤,混浊不清。但在浑汤中要区别下述两种情况:一种是"冷后浑"(或称"乳状现象"),这是咖啡碱和多酚类的络合物,它溶于热水,而不溶于冷水,冷后被析出,所以茶汤冷后所产生"冷后浑"是品质好的表现;另一种是鲜叶细嫩多茸毛,如高级碧螺春,茶汤中多茸毛,浮悬在汤层中,这也是品质好的表现。

◗ 2. 香气

茶叶的香气主要是鲜叶中所含有的芳香物质和儿茶素的变化而产生。这些成分在不同的初制技术中,它的变化和发展也是极其复杂的,它们之间的微量结合就形成各种香气。审评香气主要比纯异、高低和长短。

纯指某茶应有的香气,异指茶香中夹杂其他气味或称不纯。纯正的香气要区别三种类型:即茶类香、地域香和附加香气。异气则指不纯的气味,轻的还能嗅到茶香,重则以异气为主。不纯的能辨别属某种气味,就给予夹杂某种气味的评语,如烟焦、酸馊、霉陈、鱼腥、日晒、闷、青、药、木、油气等。

香气的高低可从以下六个字来区别,即:浓——香气高,入鼻弃沛有活力,刺激性强;鲜——如呼吸新鲜空气,醒神爽快感;清——清爽新鲜之感,其刺激性有中弱和感受快慢之分;纯——香气一般,无异杂气味,感觉纯正;平——香气平,但无异杂气味。粗——感觉糙鼻,有时感到辛涩,都属粗老气。

香气还需要从持久程度来判断,香气纯正以持久的好,在杯香中从嗅香气开始到冷还能嗅到为持久,即香气"长",反之则"短"。香气以高而长,鲜爽馥郁的好,高而短次之,低而粗又次之,凡有烟、焦、酸、馊、霉及其他异气的就判为低劣。

◗ 3. 滋味

茶汤滋味与汤色、香气密切相关,一般汤色深的,香气高,味也厚;汤色浅的,香气低,味也淡。审评滋味先要区别是否正常,正常滋味的,判别其浓淡、强弱、鲜爽、醇和，不正常的则判别其苦、涩粗、异。

"纯正"指品质正常的茶类应有的滋味。如果出现酸、馊、霉、焦味等不正常滋味，即可判断为"异"。

"浓"指浸出的内含物质丰富，汤中可溶性成分多，刺激性强，茶汤进口就感到，并富有收敛性。"淡"则相反，内含物少，淡薄缺味，但属正常。滋味"强"的茶汤进口即感到苦涩且刺激性强，吐出茶汤短时间内味感增强。弱则相反，刺激性弱，吐出茶汤口中平淡谓之弱。

"鲜"似食新鲜水果感觉爽快，"爽"指爽口。滋味与香气联系在一起，在尝味时可使香气从鼻中冲出，感到清快爽适。"醇"表示茶味尚浓，回味也爽，但刺激性欠强。"和"表示茶味淡，物质不丰富，刺激性弱而正常可口。

苦味是茶汤滋味的特点，因此对苦的味道就不能一概而论，应加以区别：茶汤入口先微苦后回味很甜，这是好茶；先微苦后不苦也不甜者次之；先微苦后也苦又次之，先苦后更苦最差，后两种味觉反映属苦味。

似食生柿，有麻嘴、紧舌之感，即是"涩"感。涩味轻重可从刺激的部位和范围的大小来区别，涩味轻的在舌面两侧有感觉，重一点的整个舌面有麻木感。一般茶汤中涩味最重的也顺口腔和舌面有反映，先有涩感后不涩的属于茶汤滋味的特点，不属于味涩，吐出茶汤仍有涩味的才属涩味。粗老茶汤味在舌面感觉粗糙，以味苦为主的苦涩味，控制整个舌苔俗称辣舌苔，可结合有无粗老气来判断。

4. 叶底

干茶冲泡时吸水膨胀，芽叶摊展，叶质老嫩、色泽、匀度和鲜叶加工合理与否，在叶底中暴露和揭晓，审评叶底主要看嫩度、色泽和匀度。

以芽与嫩叶含量比例和叶质老嫩来衡量"嫩度"，芽以含量多，粗而长的好，细而短的差，但视品种和茶类要求不同。叶质老嫩可以从软硬度和有无弹性来区别；手指压叶底柔软，放手后不松起的嫩度好；硬有弹性，放手后松起表示粗老。叶脉隆起触手的老，不隆起平滑，不触手的嫩，叶肉厚软为上，软薄者次之，硬薄者又次之。

"色泽"主要看色度和亮度，其含义与干茶色泽相同。绿茶叶底以嫩绿、黄绿、翠绿明亮者为优，深绿较差，暗绿带青张或红梗红叶者次。靛青叶底为紫色芽叶制成，在绿茶中认为品质差。红茶叶底以红艳、红亮为优，红暗、青暗、乌暗花杂者差。

"匀度"主要体现在老嫩、大小、厚薄、色泽和整碎去看，上述因子都较接近，一致匀称为好，反之则差。匀度与采摘和初制技术有关，鉴定茶叶品质的辅助因子，主要看各种芽叶组成和鲜叶加工合理与否。

审评叶底时还要注意看叶张舒展情况是否掺杂等。在采制正常合理情况下，叶底与茶叶色、香、味具有一定程度的相关性，在评定毛茶品质优次上是一个重要手段。

二、茶叶贮藏

茶叶在贮藏的过程中，内含物发生缓慢的化学变化，统称为"陈化"。适度的陈化对红茶和黑茶品质有益无害，而对高、中档绿茶、白茶、黄茶和青茶而言则意味着品质的劣变。高档绿茶尤其容易发生陈化劣变。下文以绿茶为例，阐述茶叶贮藏的环境因素与保鲜措施。

（一）环境因素的影响

茶叶在贮藏过程中品质劣变主要是受水分、氧气、温度和光照四个环境因素的影响。品质成分的改变是茶叶劣变的内因，而贮藏过程中各种条件的改变是促使内因变化的关键因素。

茶叶是一种疏松多孔的物质，内含亲水性成分，所以茶叶具有很强的吸湿性。研究发现，茶叶劣变程度与茶叶含水量密切相关。水分是化学反应的溶剂，含水量越高，化学反应速度就越快。茶叶中水分状态为单分子水层时是贮藏的最佳状态，此时对应的含水率一般为4%~5%。而名优绿茶含水量在8%左右时，贮存6月就会有陈杂气味；含水量大于10%时，会出现霉变气味。红茶含水量越高，茶黄素和茶红素减少越快，而茶褐素积累就越多，茶汤的浓、鲜、爽度就越差。

空气中大量存在的氧气是绿茶贮藏过程中氧化劣变的基质。氧气与水协同作用，氧化绿茶中的多酚类物质、维生素C和不饱和脂肪酸等，从而使绿茶汤色变黄、变褐，失去鲜爽滋味。绿茶原有香气特征散失，陈味产生。茶叶包装容器内氧气含量应控制在0.1%以下，以有效减缓内含物质的氧化反应速度，更好地保持茶叶的新鲜状态。

温度对于绿茶贮藏过程中品质的影响是显而易见的。据测定，温度每升高10℃，干茶色泽和汤色褐变速度加快3~5倍。而低温可减缓大多数化学变化，尽可能地保持茶叶色、香、味等感官品质。茶叶在较低的温度下（0~5℃）贮藏一年，茶多酚含量仅减少1.53%；同样湿度条件下，室温存放的茶叶，其茶多酚含量减少2.45%。对香气、色泽和维生素C保留量而言，贮藏温度比脱氧处理的影响要大。

茶叶对光很敏感，光照条件下，茶叶中的叶绿素经光的催化发生化学反应而变色，尤其是叶绿素b易受光照分解而使色泽变枯、变暗，而脂类物质尤其是不饱和脂肪酸氧化产生低分子的醛、酮、醇等，也会使茶叶产生陈味。对贮藏在木盒和透光玻璃瓶中的干茶变质结果进行对比发现，透明瓶里的干茶变质更快，主要原因是光化学效应造成的脂类化合物的氧化。

（二）茶叶贮藏措施

如上所述，影响茶叶品质的贮藏环境因素是多方面的，虽然不同因素对茶叶品质的影响有差异，但影响往往是各种因素综合作用的结果，一切旨在针对茶叶品质保鲜的贮藏措施，都是在考虑了单个或多个影响因素的基础上所采取的应对方案。

茶叶贮藏方法多种多样，在中国，很早就有用生石灰、木炭密封贮藏法，热装真空法等。市场流通和消费者少量贮藏主要采用听装（马口铁镀锡、镀锌或镀铬薄板等）、袋装（牛皮纸袋、塑料袋和多层复合喷铝袋等）和盒装（纸质、木质、竹质或其他材质）三种形式；贮藏运输过程中的大包装大都采用木箱（桦木、椴木、水曲柳或胶合板等），箱内衬铝箔和牛皮纸的方法，也有用纸箱包装的；与此同时，新的包装材料与干燥剂、除氧剂、抽气充氮或二氧化碳技术、真空技术等正被广泛应用到绿茶贮藏的实践中。

大容量茶叶保鲜库实际上是为茶叶提供了一个低温（5℃左右）、低湿和黑暗的贮藏环境，该项技术成功地解决了绿茶特别是高档绿茶的批量贮藏保鲜问题。在成品绿茶中掺入经低温处理的嫌气性蜡样芽孢杆菌菌粉，在茶叶限氧包装的条件下，该菌能使茶叶表面形成生物保护膜，从而控制其氧化劣变，达到保质保鲜的目的。蜡样芽孢杆菌在-20℃条件下干燥成菌粉，以0.01%～0.02%的重量比与绿茶干茶搅拌后密封，再在4～5℃恒温保持3周，然后入库，可长期保存绿茶。该项生物保鲜技术有望解决小包装绿茶货架销售期间的保鲜难题。

对于一般消费者而言，采用家用冰箱少量冷冻储存茶叶是较为理想的方法。消费者可以在新茶上市的春夏季节精心挑选自己喜爱的茶叶，装入无味不透明的塑料袋（最好是多层复合喷铝包装袋）密封，存放在家用冰箱的冷冻（冷藏）室中，可以保质一年以上。贮存前，茶叶必须是经过挑选的没有变质的茶叶，最好是新上市的绿茶；其次，茶叶必须足干，即用手搓揉茶叶成粉则可，否则需烘干后贮存在冷冻（冷藏）室里。

第五节
茶叶主要成分及其功用

茶叶很早就作为药用，经久不衰。饮茶不仅可提神解渴，还对人体有营养和保健作用，如抗突变、抗癌、抗衰老、抗辐射、降血压、降血脂、降血糖、防龋、杀菌消炎、利尿、美容等。现代科学研究表明，这些保健功效源于茶叶中的多种化学成分。

到目前为止，茶叶中已经分离、鉴定的化合物有700多种。在茶的鲜叶中，水分约占75%，干物质约占25%。茶叶中有机化合物占干物质总量的93%～96.5%，是构成茶叶色香味品质特征和健康功效的物质基础。无机成分占干物质总量的3.5%～7.0%，已发现的无机元素有近30种，如磷、硫、钾、钙、镁、锰、氟、铝、钠、铁、铜、硼、锌、钼、铅、镉、钴、硒、锡、钛和钒等。茶鲜叶主要内含物质如图1-14所示。

蛋白质 (20% ~ 30%)：主要是谷蛋白、白蛋白、球蛋白、精蛋白

氨基酸 (1% ~ 4%)：已发现 26 种，主要是茶氨酸、天门冬氨酸、谷氨酸

生物碱 (3% ~ 5%)：主要是咖啡碱、茶叶碱、可可碱

酶：主要是氧化还原酶、水解酶、磷酸酶裂解酶、同分异构酶

茶多酚 (18% ~ 36%)：主要是儿茶素，占总量的 70% 以上

糖类 (20% ~ 25%)：主要是纤维素、果胶、淀粉、葡萄糖、果糖

有机酸 (3% 左右)：主要是苹果酸、柠檬酸、草酸、脂肪酸

类脂 (8% 左右)：主要是脂肪、磷脂、甘油酯、硫脂和糖脂

色素 (1% 左右)：主要是叶绿素、胡萝卜素类、叶黄素类、花青素类

芳香物质 (0.005% ~ 0.03%)：主要是醇类醛类、酸类、酮类酯类、内酯

维生素 (0.6% ~ 1.0%)：主要是维生素 C、维生素 A、维生素 E、维生素 D、维生素 B_1、维生素 B_2、维生素 B_6、维生素 K、维生素 H

有机化合物

水分 (75% ~ 78%)

茶鲜叶

干物质 (22% ~ 25%)

无机化合物

水溶性部分 (2% ~ 4%)

水不溶性部分 (1.5% ~ 3%)

图1-14　茶鲜叶主要内含物质

一、茶多酚

茶多酚是茶叶中多酚类物质的总称，包括儿茶素、黄酮类、花青素和酚酸类，对茶叶的健康功效起主导作用。其中最重要的是儿茶素化合物，它占多酚总量的70%以上，其氧化聚合物茶黄素、茶红素等是构成红茶汤色的主体成分。

（一）儿茶素

儿茶素属黄烷醇类化合物，是2-苯基苯并吡喃的衍生物，其基本结构包括A、B和C三个基本环核。根据儿茶素B环和C环上连接基团不同，儿茶素可分为四种类型：表儿茶素（EC）、表没食子儿茶素（EGC）、表儿茶素没食子酸酯（ECG）；表没食子儿茶素没食子酸酯（EGCG）。

（二）茶多酚的功能

茶多酚有极强的抗氧化活性，可以抑制人体内脂质过氧化作用。茶多酚，特别是其中的儿茶素及其氧化产物对抗衰老、防止突变、预防多种疾病具有很好的生物活性功能。

▍1. 抗氧化作用

多酚类及其氧化产物的抗氧化作用多指其清除自由基的作用。生物体内自由基处于生物生成体系与生物防护体系的平衡之中。一旦平衡被破坏，就会危害机体，发生疾病。需要外源的抗氧化剂清除自由基，保护机体正常运转。茶多酚及其氧化产物可直接清除自由基，避免机体氧化损伤。另外，茶多酚及其氧化产物还可作用于产生自由基的相关酶类，络合金属离子，可间接清除自由基，从而起到预防和断链双重作用。

▍2. 预防心脑血管疾病

心脑血管疾病被众多科学家预言为21世纪发病率最高、极大危害人类健康的疾病。其中，动脉粥样硬化的发生与血浆脂质关系密切。茶叶中含有丰富的多酚类物质，可通过调节血脂代谢、抗凝促纤溶及抑制血小板聚集、抑制动脉平滑肌细胞增生、影响血液流变学特性等多种机制从多个环节对心脑血管疾病起作用。

茶多酚能降低血中甘油三酯（TG）、胆固醇（CH）及低密度脂蛋白胆固醇（LDLC）含量，提高高密度脂蛋白胆固醇（HDLC），降低载脂蛋白，影响低密度脂蛋白的氧化修饰。另外，茶多酚能阻止食物中不饱和脂肪酸的氧化，而不饱和脂肪酸能促进胆固醇的流动，还可促进胆固醇转化为胆酸，降低血清胆固醇含量，从而起到抗动脉粥样硬化的作用。

同时，茶多酚能降低外周血管阻力，直接扩张血管。茶多酚还通过促进内皮依赖性松弛因子的形成、松弛血管平滑肌、增强血管壁和调节血管壁透性而起抗高血压作用。茶多酚可抑制血管紧张素I转换酶（ACE）的活力，从而对高血压有一定的预防作用。茶多酚中的黄酮类物质能刺激肾上腺素和儿茶酚胺的生物成，又能抑制儿茶酚胺的生物降解，从而加强毛细血管弹性，降低了血管的脆性，具有改善血液流变及抑制血栓形成的作用，达到降血压、抗动脉粥样硬化的功效。

3. 调节免疫功能作用

免疫是机体免疫系统对抗原物质的生物学应答过程，具有"识别"和"排除"抗原性异物、维持机体生理平衡的功能。茶多酚具有缓解机体产生过激变态反应的同时，对机体整体的免疫功能有促进作用。接受化疗和放疗的癌症病人服用茶多酚后，血浆中免疫球蛋白（Ig）含量增加，特别是IgM和IgA增加。用动物巨噬细胞吞噬功能试验测定茶多酚对机体非特异性免疫功能的影响，结果表明，茶多酚使机体非特异性免疫功能大大提高。用小鼠外周淋巴细胞转化试验研究了茶多酚对机体细胞免疫功能的影响，结果表明，当茶多酚剂量达到3克/升时，淋巴细胞转化率极其明显，也就是说茶多酚有效地增加了机体的细胞免疫功能。

4. 抗菌作用

茶多酚能杀灭肉毒杆菌及其孢子，抑制细菌外毒素的活性，对引起腹泻、呼吸道和皮肤感染的各种病原菌有抗菌作用。茶多酚对引起化脓型感染、烧伤，外伤的金黄色葡萄球菌、变形杆菌、绿脓杆菌等有明显的抑制作用，而这3种菌株对药物又易产生耐药性，由其引起的败血症死亡率高达80%，所以可以设想用茶多酚作主要辅料制备外用软膏，可用于化脓性感染的烧伤、外伤等类似疾病的辅助治疗。

5. 抗辐射作用

皮肤受到紫外线照射可引起多种生物反应，包括炎症的诱导、皮肤免疫细胞的改变和接触超敏反应的削弱。口服和外用茶多酚能抵抗辐射产生的致癌作用。大鼠辐照前后，灌喂茶多酚可以明显降低过氧化脂质和脂褐素的含量，并提高了超氧化物歧化酶（SOD）和谷胱甘肽过氧化物酶的活力，显著升高白细胞，所以对辐射损伤有明显防治作用。

6. 抗肿瘤作用

茶多酚能抑制啮齿类动物由致癌物引发的皮肤、肺、前胃、食道、十二指肠、结肠和直肠肿瘤。茶多酚抑制肿瘤的机理主要有以下几种：①抗氧化、清除自由基；②阻断致癌物的形成和抑制机体内的代谢转化，茶多酚能阻断具有强致癌作用的亚硝基化合物在体内的合成，进一步抑制亚硝基胺类化合物的致癌作用；③抑制具有促癌作用的酶的活力；④提高机体免疫力；⑤抑制肿瘤细胞DNA的生物合成。茶多酚在肿瘤细胞中可诱使DNA双带断裂，表现出茶多酚浓度和DNA双带断裂程度之间的正相关关系，因而可抑制肿瘤细胞DNA的合成率，进一步抑制肿瘤的生长和增殖。

二、生物碱

茶叶中的生物碱包括咖啡碱、可可碱和茶叶碱。其中以咖啡碱的含量最多，占茶叶干物质质量的2%~5%，其他成分含量很少。咖啡碱易溶于水，嫩叶中的含量高于老叶，是形成茶叶滋味"苦"的重要成分。

早在半个多世纪以前，人们已经知道嘌呤类化合物能影响神经系统的活动，产生心血管效应，有镇静、解痉、扩张血管、降低血压等生理活性。这类化合物的化学结构不仅与机体细胞的组成成分有关，而且与体内核酸的代谢产物，如黄嘌呤和三氧嘌呤（尿酸）也相似。说明这类化合物在机体内代谢很快，长期服用也无蓄积作用。

（一）咖啡碱

在茶叶生物碱中，含量最多的是咖啡碱，于1927年在茶叶中检出，无臭，有苦味。茶叶中咖啡碱的含量一般在2%~4%，但随茶树的生长条件及品种来源的不同会有所不同。遮光条件下栽培的茶树，咖啡碱的含量较高。此外，鲜叶老嫩之间的差异也很大，细嫩茶叶比粗老茶叶含量高，夏茶比春茶含量高。咖啡碱是茶叶重要的滋味物质，与茶黄素缔合后形成的复合物具有鲜爽味，因此，茶叶咖啡碱含量也常被看做是影响茶叶质量的一个重要因素。

由于咖啡碱存在于咖啡、茶、碳酸饮料、巧克力和许多处方与非处方的药物中，这就使得它成为一种较为普通的、具有兴奋性的药物。确切地说，咖啡碱可以升高血压、增加血液中的儿茶酚胺的含量、增强血液中高血压蛋白原酶的活力、提高血清中游离脂肪酸的水平、利尿和增加胃酸的分泌。一系列研究表明，适量摄入咖啡碱对人体有积极的影响。从茶叶中的咖啡碱含量（2%~4%）及杯茶饮量（3~4克）计，一杯茶中的咖啡碱含量均以最高量计算，也不过是140毫克，实际摄入量远低于这个数。茶叶中的咖啡碱在茶汤中是缓慢地逐渐溶出并被利用的，对人体不会产生危害因素。相反，由于咖啡碱的化学性质，与茶多酚的抗氧化作用结合，对人体保健的防癌抗癌还具有协同作用。

咖啡碱同儿茶素及其氧化产物在高温（100℃）是各自呈游离状态的，但随温度的下降，它们通过氢键缔和形成缔合物。故随缔合度的不断加大，表现出胶体特性，使茶汤由清转浑。粒径继续增大，会产生凝聚作用，出现"冷后浑"现象。

（二）生物碱的功能

1. 对中枢神经系统的兴奋作用

咖啡碱能兴奋中枢神经，主要作用于大脑皮质，使精神振奋，工作效率和精确度提高，睡意消失，疲乏减轻。

2. 助消化、利尿作用

咖啡碱可以通过刺激肠胃，促使胃液的分泌，从而增进食欲，帮助消化。咖啡碱可以直接影响胃酸的分泌，也能够刺激小肠分泌水分和钠。

咖啡碱利尿作用是通过肾促进尿液中水的滤出率实现的。此外，咖啡碱的刺激膀胱作用也协助利尿。咖啡碱的利尿作用也有助于醒酒，解除酒精毒害。因为咖啡碱能提高肝脏对物质的代谢能力，增强血液循环，把血液中的酒精排出体外，缓和与消除由酒精所引起的刺激，解除酒毒；同时因为咖啡碱有利尿作用，能刺激肾脏使酒精从小便中迅速排出。

3. 强心解痉，松弛平滑肌

心脏病人喝茶，能使病人的心脏指数、脉搏指数、氧消耗和血液的吸氧量都得到显著的提高。这些都与咖啡碱、茶叶碱的药理作用有关，特别是与咖啡碱的松弛平滑肌的作用密切相关。基于咖啡碱可使冠状动脉松弛，促进血液循环的机理，长期饮用茶叶可在治疗心绞痛和心肌梗死等病症时，起到良好的辅助作用。

4. 影响呼吸

咖啡碱对呼吸的影响主要是通过调节血液中咖啡碱的含量而影响呼吸率。咖啡碱已经被用作防止新生儿周期性呼吸停止的药物，虽然这其中确切的机理还不是很清楚，但是可以知道主要是咖啡碱刺激脑干呼吸中心的敏感性，从而影响二氧化碳的释放。有试验还表明，服用150～250毫克咖啡碱，呼吸只有轻微的改变；如改为同剂量的注射，则可明显地兴奋中枢，提高对二氧化碳的敏感性。在对哮喘病人的治疗中，咖啡碱已被用作一种支气管扩张剂。但对于咖啡碱治疗支气管扩张，其效果仅是茶叶碱的40%。

5. 对心血管的影响

咖啡碱可以引起血管收缩，但对血管壁的直接作用又可使血管扩张，而血管扩张与心血输出量增加的结果，导致血流量增加。中枢作用和周围作用在此也有对抗性，扩张血管周围的作用占优势。

咖啡碱直接兴奋心肌的作用，可使心动幅度、心率及心输出量增高；同时刺激延髓迷走神经核，并且使心跳减慢，最终药效则为此两种兴奋相互对消的总结果。因此在不同个体可能出现轻度心动过缓或过速，大剂量可因直接兴奋心肌而发生心动过速，最后可引起心搏不规则，因此过量的饮用咖啡碱，偶有心律不齐发生。

对咖啡碱长期的摄入，可能会导致由此而产生的对咖啡碱的耐受性，最终被认为长期的摄入对血压的影响很小，甚至没有影响。但是许多的研究也表明，不合理地过量摄入咖啡碱对血压的升高有促进作用，造成高血压的危险性，甚至会对整个心血管系统造成危害。

◗ 6. 对代谢的影响

咖啡碱促进机体代谢，使循环中的儿茶酚胺的含量升高，影响到代谢过程中的脂肪水解，使游离脂肪酸的含量升高，进而也影响到血清中的游离脂肪酸含量，试验表明其较正常水平能升高50%~100%。就其原因可能是儿茶酚胺的含量增加，对有腺嘌呤引起的脂肪分解的抑制作用产生拮抗。

咖啡碱除了以上的药理功能以外，还有影响脑代谢、细胞周期、DNA、肿瘤的治疗，妇女月经周期，学习、记忆，睡眠，声带，过敏、消炎等许多功能。

三、氨基酸和蛋白质

茶叶中的蛋白质含量占茶叶干物质重的20%以上，能溶于水的仅占2%左右，这部分水溶性蛋白质是形成茶汤滋味的成分之一。氨基酸是组成蛋白质的基本物质，其含量占干物质总量的1%~4%。茶叶中的氨基酸主要有茶氨酸、谷氨酸、天门冬氨酸、精氨酸、丝氨酸、丙氨酸、组氨酸、苯丙氨酸、甘氨酸、缬氨酸、酪氨酸、亮氨酸和异亮氨酸等20多种，其中茶氨酸的含量特别高，占氨基酸总量的一半，它是茶树特有的一种氨基酸，是形成茶叶香气和滋味鲜爽度的重要成分。人体必需的氨基酸在茶叶中几乎都有。

（一）茶氨酸的功能

茶氨酸是茶树体内所特有的氨基酸，占茶树体内游离氨基酸总量的50%，平均占茶树干物质重的1%~2%。自20世纪90年代起，许多国家的科学家就已经关注茶氨酸的功用，特别是它的药用价值的开发。

L-茶氨酸可引起脑内神经传达物质的变化。脑中有特殊调节机构，非特定物质不能通过，L-茶氨酸是可通过物质之一，担负L系列物质输送任务。通过实验，可以确认L-茶氨酸进入脑后使脑线粒体内神经传达物质多巴胺显著增加。多巴胺是肾上腺素及去甲肾上腺素的前驱体，是对传达脑神经细胞兴奋起重要作用的物质。

茶氨酸的降压机理是通过影响末梢神经或血管系统来实现的。茶氨酸降压作用的发现对开发这一在茶叶中含量甚高的氨基酸具有很大的意义。

根据Tsunoda T等报道，茶氨酸用量为1740毫克/千克时，可显著抑制咖啡碱引起的神经系统的兴奋。

此外，茶氨酸可抵消咖啡碱的作用，因此口服和腹腔注射茶氨酸可以拮抗咖啡碱对中枢神经系统的刺激。

（二）γ-氨基丁酸的功能

γ-氨基丁酸（GABA）广泛地分布在动物、植物体内。高等动物体内的γ-氨基丁酸存在于脑中，是神经系统的传递物质，并起到降血压的作用。植物体内的γ-氨基丁酸由谷氨酸分解产生，在氮代谢中占有重要位置。特别是在低氧、低温或受机械损伤时，植物细胞内结构遭到破坏，谷氨酸脱羧酶活性增加，γ-氨基丁酸便大量生成。

γ-氨基丁酸作为中枢神经系统中一种重要的神经递质，参与多种神经功能调节，并与多种神经功能疾病关联，如帕金森综合征、癫痫、精神分裂症、迟发性运动障碍和阿尔兹海默病等。现已发现，在视觉与听觉的调控中γ-氨基丁酸均有非常重要的作用，如在听觉的信息处理、加工以及听觉的形成方面其作用颇为人们所重视。

四、维生素

目前已知的维生素有20多种，它们的共同特点是在人体内的含量虽然不像蛋白质、脂肪、糖和水那样多，也不像蛋白质、脂肪和糖那样能提供能量和构成人体的主要组织成分，但是它们却参与合成人体蛋白质所需多种酶的活力，以及参与人体内新陈代谢过程中一系列生物化学反应。维生素是存在于食物中的天然物质，人体不能合成它们，必须从食物中摄取。人体缺乏维生素时，就会出现维生素缺乏症。

1922年，日本人三浦政太郎和迁村发现绿茶中含有维生素C。此后，茶叶中的维生素不断被发现。到目前为止，已经发现的水溶性和脂溶性的维生素有十多种，其含量占干物质总量的0.6%~1%。其中维生素C含量最高，100克高级绿茶中含量可达250毫克。一般而言，绿茶中维生素含量较高，乌龙茶和红茶中含量较少。

（一）维生素C的功能

维生素C（抗坏血酸）的摄入缺乏引起坏血病，主要症状始于骨和血管的病理损伤。正在生长的骨，干髓连接处首先受到损伤引起脱离、活动和创伤性碎裂。婴儿会发生骨膜从骨外层广泛分裂剥离，并可形成大量的骨膜下出血。骨膜下出血成人也能发生。在牙齿，牙质被吸收，牙髓中成牙细胞发生萎缩和变性。齿龈组织脆弱变成海绵样，齿龈出血，而且肿胀到遮盖牙齿的程度。齿槽骨的稀松造成牙齿松动，并且发生龋齿。

维生素C为细胞间基质及胶原的形成和维持所必需。维生素C缺乏则细胞间基质中的胶原束消失，基质解聚而变薄成水样，基质为结缔组织主要间质，而结缔组织又是所有器官的有效构架，所以坏血病引起广泛的损伤。

维生素C可促使毛细管壁细胞变化，降低脆性。可增强机体对外界传染性疾病的抵抗能力。

维生素C不仅能促进代谢，还可以防止眼睛的白翳病，对防止血管硬化也有好处。从美容的角度看，维生素C还可防止肌肉弹性降低、水分减少和抑制肌肉黑色素生成。与维生素P混合能抵抗传染病，也可消除早晨起床的口臭。此外，维生素C还可治疗各种疾病，如龋齿、脓溢、齿龈感染、贫血、营养不良、出血和其他感染病等。

（二）维生素 B 族的功能

维生素B_1的功效是维持神经、心脏及消化系统的正常机能，治疗多发性神经炎、心脏活动失调和胃功能障碍。饮茶可以补充维生素B_1，对维生素B_1的缺乏所引起的多种生理异常和病症有一定的疗效。

维生素B_2在茶叶中含量较一般粮食、蔬菜中的含量高10～20倍。维生素B_2缺乏症表现为口角炎、舌炎、角膜与结膜炎、白内障等的发生较普遍。由于这种维生素在饮食中比较缺乏，而茶叶中富含，经常饮茶是补充该营养物质的有效办法。

维生素B_3（烟酸）缺乏引起皮炎、毛发脱色、肾状腺病变等。维生素B_3是辅酶A的构成成分。在糖类、蛋白质、脂肪及许多二级代谢的生物合成和降解中具有极其重要的作用，与人体糖代谢、蛋白质代谢、脂肪代谢有密切关系。同时辅酶A对人体能量代谢、ATP的形成都有重要的作用。饮茶能补充此维生素。

泛酸在茶叶中的含量比在糙米、粗面、杂粮、瓜果、蔬菜等中的还高得多，可扩张血管，防治赖皮症、消化道疾病、神经系统症状，维持胃肠的正常生理活动。

五、其他

（一）茶色素

茶叶中的色素包括脂溶性色素和水溶性色素两部分，含量仅占茶叶干物质重的1%左右。脂溶性色素不溶于水，有叶绿素、叶黄素、胡萝卜素等。水溶性色素有黄酮类物质、花青素及茶多酚氧化产物茶黄素、茶红素和茶褐素等。脂溶性色素是形成干茶和叶底色泽的主要成分，而水溶性色素主要对茶汤有影响。绿茶色泽主要决定于叶绿素总量与叶绿素a和叶绿素b的组成比例。在红茶加工的发酵过程中，叶绿素被大量破坏，茶多酚被氧化产生黑褐色的氧化产物，使红茶干色呈褐红色或乌黑色。六大茶类的色泽均与茶叶色素的含量、组成和转化密切相关。

茶色素可通过改善红细胞变形性，调整红细胞聚集性及血小板的黏附聚集性，降低血浆黏度，从而降低全血黏度，改善微循环，保障组织血液和氧的供应，提高机体整体免疫力和组织代谢水平，达到防心脑血管疾病的目的。

此外，茶色素对活跃微循环具有一定的作用，能有效地降低纤维蛋白原，并能够降低胆固醇，致使膜磷脂下降，增加红细胞的变形能力，减小细胞滤过小孔的难度，在微循环流动中减低了剪切应力，活跃了微循环，从而降低心脑血管疾病的发生。

临床研究表明，茶色素在调节血脂、抗脂质过氧化、消除自由基、抗凝和促纤溶、抑制主动脉平滑肌细胞增殖、抑制主动脉脂质斑块形成等多方面起作用。

（二）茶多糖

茶叶中的糖类包括单糖、双糖和多糖三类，占干物质总量的20%～25%。单糖和双糖又称可溶性糖，易溶于水，占干物质重的1%～4%，是组成茶叶滋味的物质之一；茶叶中的糖类大多是水不溶性的多糖类化合物，如淀粉、纤维素、半纤维素、木质素等，占干物质总量的20%以上。茶叶越嫩，多糖含量越低。茶叶中具有生物活性的复合多糖是一类与蛋白质结合在一起的酸性多糖或酸性糖蛋白。

茶多糖是一类与蛋白质结合在一起的酸性多糖或酸性糖蛋白。茶多糖在生理pH条件下带负电荷，主要为水溶性，易溶于热水，在沸水中溶解性更好，但不溶于高浓度的有机溶剂，且高温下易丧失活性。茶多糖热稳定性较差，高温或过酸和偏碱均会使其中的多糖部分降解。茶多糖可与多种金属元素络合，茶叶中存在有稀土结合的茶多糖复合物。

由于多糖的结构过于复杂，目前对于多糖构效关系的研究尚不完善。就多糖一级结构与其生物活性的关系而言，一方面多糖的糖组成和糖苷键类型对其生物活性有一定影响，另一方面是多糖中的一些官能团（如硫酸酯化多糖）对活性的影响。从茶多糖众多生理活性可知，茶多糖有类肝素样作用，主要是由于多糖的结构与肝素类似，由多种糖基组成，从而起到降血糖、降血脂的作用。

◢ 1. 降血糖功能

糖尿病本质上是血糖的来源和去路间失去正常的动态平衡，一方面，葡萄糖生成增多，另一方面机体对糖的利用减弱，从而引起血糖浓度过高及血尿。

在中国和日本民间，常有用粗老茶治疗糖尿病的经验。临床观察表明，用茶树老叶制成的淡茶（30年以上树龄）或酽茶（100年以上树龄），给慢性糖尿病患者饮用（1.5克茶叶，40毫升沸水冲泡，每日3次）可使尿糖减少，症状减轻直至恢复健康。

2. 抗凝血及抗血栓

血栓的形成主要包括三个阶段：血小板黏附和聚结—血液凝固—纤维蛋白形成。茶多糖能明显抑制血小板的黏附作用，降低血液黏度，后者也直接影响血栓形成的第二阶段；茶多糖在体内、体外均有显著的抗凝血作用，并能减少血小板数，血小板的减少将延长血凝时间，从而也影响到血栓的形成；另外，茶多糖能提高纤维蛋白溶解酶活力。由此可见，茶多糖可能作用于血栓形成的三个环节，可以对治疗因血栓导致的疾病有较好的辅助作用。

3. 降血脂及抗动脉粥样硬化

茶叶多糖能降低血浆总胆固醇，对抗实验性高胆固醇血症的形成，使高脂血症的血浆总胆固醇、甘油三酯、低密度脂蛋白及中性脂下降，高密度脂蛋白上升。茶多糖还能与脂蛋白酯酶结合，促进动脉壁脂蛋白酯酶入血而起到抗动脉粥样硬化的作用。

4. 增强机体免疫功能

茶多糖有增强机体免疫功能的作用。茶多糖能促进单核巨噬细胞系统吞噬功能，增强机体自我保护能力。

5. 降血压、抗癌、抗氧化、抗辐射

茶多糖具有降血压的作用。多糖不仅能激活巨噬细胞等免疫细胞，而且多糖是细胞膜的成分，能强化正常细胞抵御致癌物侵袭，提高机体抗病能力。有茶多糖存在的混合成分，其对代谢解毒酶活力提高率均高于任何一种茶叶单体成分，故茶多糖在一定程度上增强了茶叶的防癌能力。另外，对茶多糖清除自由基效果和对抗氧化酶活力影响的研究表明，茶多糖对超氧自由基和羟自由基等有显著的清除作用，一定浓度的茶多糖对抗氧化酶活力有一定提高。茶多糖不仅具有明显的抗放射性伤害的作用，而且对造血功能有明显的保护作用。

（三）茶皂苷

茶皂苷具有山茶属植物皂素的通性，有溶血和鱼毒作用、抗虫杀菌作用以及抗渗消炎、化痰止咳、镇痛、抗癌等药理功能，并且还有促进植物生长的作用。

1. 溶血和鱼毒作用

通常所说的皂苷毒性，就是指皂苷类成分的溶血作用。茶皂苷对动物红细胞有破坏作用，产生溶血现象。通常认为茶皂苷的溶血机理是它能引起含胆固醇的细胞膜通透性改变，使细胞质外渗，从而使红细胞解体。

茶皂苷对鱼类的毒性很大，据山田等研究，其鱼毒活性的半致死量LD$_{50}$为3.8毫克／升。并且茶皂苷的鱼毒活性随水温的升高而增强。茶皂苷的鱼毒作用已经应用在水产养殖上作为鱼塘和虾池的清洁剂，清除其中敌害鱼类。

2. 抗菌活性

茶皂苷有较强的抗菌活性，茶皂苷对白色念珠菌、大肠杆菌均有一定的抑制作用。另有报道，茶皂苷对多种致病菌有抑制作用，尤其是对单细胞真菌的抑制作用更强。Sagesaka Y M等对从茶树中提取的茶皂苷混合茶叶皂苷抗微生物和炎症作用做了研究，证明茶叶皂苷对皮肤致病真菌表现出良好的抑制活性。另据日本专家报道，从茶叶中提取出的茶皂苷成分可抑制食品、衣物和室内霉菌的生长，且安全无毒。

3. 抗炎与氧化作用

Vogel G等对茶皂苷抗渗、消炎作用进行了一系列不同类型发炎动物模拟实验。结果表明，茶皂苷的明显抗渗漏与抗炎症特性，主要表现在炎症初起阶段使受障碍的毛细血管透过性正常化。

Sagesaka等发现茶叶皂苷有很好的抗白三烯D4的作用，且作用强度与剂量相关。作为过敏症的慢反应物质之一白三烯D4，能使血管的通透性增高，引起平滑肌和支气管的收缩，被认为是炎症和哮喘等许多疾病的重要调节因子。有研究显示，茶根提取物中分离出来的茶皂苷成分可以通过清除自由基和抗炎作用来实现对抗肿瘤活性。

4. 抑制酒精吸收和保护肠胃作用

Tsukamoto S等对茶皂苷在酒精吸收和新陈代谢中的作用进行了动物实验，证明了茶皂苷有保护肝脏的作用，且茶皂苷有助于缓解因饮酒过量而造成的肝损伤。

实验证明，从茶籽中提取的皂苷混合物在动物实验中被证明有抑制胃排空和促进肠胃转运功能。值得注意的是，没有任何一种药物能够像茶皂苷一样同时具有这两种功能。这些活性使得茶皂苷有望在抑制和治疗肠梗阻类的肠胃转运方面的疾病上得到临床实践。且因为茶皂苷的低毒性，其作为食品添加剂是安全的。

5. 生物激素样作用

Wickremasinghe R L等用提纯的茶皂苷和茶根皂素处理茶苗，结果证明茶皂素能刺激其生长，可以促进茶叶增产。不仅针对植物，茶皂苷在促进动物生长方面，尤其是对虾的生长上有较好的体现。有实验结果表明，茶皂苷可能具有刺激体内激素分泌，从而促进对虾蜕皮，使对虾生长加快的作用。已开发出茶皂苷对虾养殖保护剂，不仅发挥了它的鱼毒作用，而且发挥了对对虾生长的促进作用，给对虾养殖带来了综合效益。

6. 杀虫、驱虫作用

茶皂苷对鳞翅目昆虫有直接杀灭和拒食的活性，茶皂苷已在园林花卉上用作杀虫剂。日本已利用茶皂苷杀灭蚯蚓的作用用于保护高尔夫球场。作为生物农药，能避免农药残留，保护环境，茶皂苷在农药行业具有广泛的应用前景。

7. 其他作用

除前述生物活性外，茶皂苷还可以抑制和杀灭人类流感病毒，具有化痰止咳的功效、调节血糖水平的功能，并对治疗老年性慢性气管炎临床效果明显。另外茶皂苷也可以防治植物病毒。且能杀死血吸虫的中间宿主钉螺，对防治血吸虫病也有重要作用。

（四）芳香物质

茶叶中的芳香物质是指茶叶中挥发性物质的总称，含量只占干物质重的0.005%~0.03%，茶叶香气就是不同芳香物质以不同浓度组合并对嗅觉神经综合作用形成的。茶叶中芳香物质含量虽不多，但种类却很复杂，分属醇、酚、醛、酮、酯、内酯类、含氮化合物、含硫化合物、碳氢化合物、氧化物等10多类。迄今为止已分离鉴定的茶叶芳香物质约有700种，但其中主要成分仅为数十种。它们有的是在鲜叶生长过程中合成的，有的则是在茶叶加工过程中转化形成的。一般茶鲜叶含有的芳香物质种类较少，大约80余种；而在绿茶中有260多种，红茶则有400多种。不同类别和不同含量的多种化合物相互配合作用就构成了多种独特的茶叶香气，所以人们饮茶时感觉的香气是数以百计的芳香物质以一定比例混合而产生的。

随着对受人欢迎的天然物质的治疗作用的探讨以及它们使躺在病床上的病人进行自我治疗成为可能，芳香疗法正日益普及起来。到目前为止，茶时中已发现有600多种芳香物质，其不仅是形成茶叶风味特征的重要组成部分，而且关于它的生理作用（对茶树体本身及被饮用的对象的作用）也已引起了相关领域的重视，并开始有了关于茶叶香气可以调节精神状态、抗菌、消炎，可能有益于生理代谢等论述。

（五）矿质元素

茶叶中含有丰富的矿质元素。如茶叶中的锌元素，属于许多酶类必需的微量元素，人们称之为"生命之火花"。茶叶中还含有硒元素。根据国内外的科学家研究表明，硒是人体内最重要的抗过氧化酶轴基，抗过氧化酶能使有害的过氧化物还原为无害的羟基化合物，使过氧化物分解，从面保护红细胞不受破坏，保护细胞膜的结构和功能免受损害。因此它具有抗癌、抗衰老和保护人体免疫功能的作用。

据调查，缺硒地区死于心肌病、中风与其他有关高血压疾病的人数比富硒地区高3倍。

另据我国科研人员报道，长寿老人的头发的硒的含量比正常人显著地高，并发现百岁老人的血液中的硒的含量比正常人高1倍。这些都表明硒元素对人体抗氧化、抗衰老具有十分重要的作用。

茶叶中硒元素含量的高低取决于各茶区茶园母质含硒量的多寡。茶叶中的硒为有机硒，比粮食中的硒更易被人吸收。美国理查德·派习瓦特博士认为，食物中加入硒与维生素C、维生素E合成三合剂，可延长人的寿命，而茶叶中正含有这些有益生命的元素。

特别值得一提的是茶叶中的高氟含量对人体的作用。我国茶叶中的氟含量为21.0～550毫克/克。氟在人体中的含量，在人类食品中是比较突出的，比粮食高114～571倍。我国大部分地区是低氟区，补充含氟食物，对人体骨组织（骨骼、牙齿）构成是有利的。特别是对低氟区儿童常见病龋齿及老年常见病骨质疏松症的防治有利。但氟的摄取过多，对骨骼和牙齿也有害。如发生氟骨症、氟牙症等。此类病症多见于长期饮用黑砖茶等边销茶的地区，主要原因是氟元素在茶树老叶中的含量要高于嫩叶、芽中，而边销茶的原料相较于其他茶类更加成熟。

思考题

① 中国六大茶类的分类依据是什么？各有哪些代表性茶叶？

② 再加工茶叶有哪些类别？各有哪些代表性产品？

③ 茶叶中特征性的化学物质有哪些，各具备怎样的功能？

④ 茶叶审评的内外因子各有哪些？

⑤ 影响茶叶陈化的环境因子有哪些？

⑥ 家庭日常贮存茶叶应采取哪些措施？

第二章

茶艺基础

第一节
备器与择水

一、泡茶器具

（一）茶艺器具的名称及用途

中国地域辽阔，茶类繁多，又因民族众多、民俗差异，饮茶风习各有特点，所用器具更是异彩纷呈，既有实用价值，又有艺术价值。

1. 主茶具

主茶具是泡茶、饮茶的主要用具，有茶壶、茶盅、茶杯、杯托、盖碗、冲泡器等。

（1）茶壶　用以泡茶的器具。也可直接用茶壶来泡茶，独自酌饮。或用小茶壶当茶盅用。茶壶（图2-1）由壶盖、壶身、壶底和圈足四部分组成。壶盖有孔、钮、座等细部。壶身有口、延（唇墙）、嘴、流、腹、肩、把（柄、板）等细部。由于壶的把、盖、底、形的细微部分的不同，壶的基本形态就有近200种。

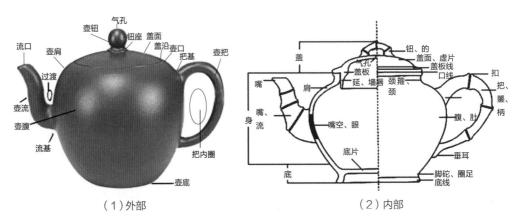

（1）外部　　　　　　　　　　　　　（2）内部

图2-1　茶壶构造

茶壶以把划分（图2-2）：

侧提壶：壶把为耳状，与壶嘴相对。　　　飞天壶：壶把在壶身一侧上方为彩带飞

提梁壶：壶把在盖上方为虹状。　　　　　舞状。

握把壶：壶把圆直形与壶身呈90°状。　　无把壶：壶把省略，手持壶身顶部倒茶。

（1）侧提壶（截盖壶）　　　　（2）提梁壶（嵌盖壶）　　　　（3）握把壶

（4）飞天壶（压盖壶）　　　　（5）无把壶

图 2-2　以把划分的茶壶类型

茶壶以盖划分：

截盖壶：盖与壶身浑然一体，只显截缝。

嵌盖壶：盖嵌入壶内，盖沿与壶口平。

压盖壶：盖平压在壶口之上，壶口不外露。

茶壶以底划分（图2-3）：

捺底壶：将壶底心捺成内凹状，不另加足。

钉足壶：在壶底上加上三颗外突的足。

圈底壶：在壶底四周加一圈足。

（1）捺底壶

（2）钉足壶　　　　（3）圈底壶　　　　（4）滤壶

图 2-3

以底划分的茶壶类型

茶壶以有无滤胆分：

普通壶：如上述的各种茶壶，无滤胆。

滤　壶：在上述的各种茶壶中，壶口安放一只直桶形、使茶渣与茶汤分开的滤胆或滤网。

（2）茶盅　也称茶海、公道杯、匀杯（图2-4），用于盛放和分斟茶汤。将泡好的茶汤及时斟于茶盅中，可避免茶叶久泡而苦涩。其主要种类有：

壶式盅：壶形，或以茶壶代替。

圈顶式盅：将壶口部分或全部向外延拉成一翻边，以作把手，有盖或无盖。

杯式盅：杯形，有把或无把，从盅身拉出一个简单的流水口。

图2-4　各式茶盅

图2-5　品茗杯

（3）**品茗杯**　盛放泡好的茶汤并饮用的器具（图2-5）。

翻口杯：杯口向外翻出似喇叭状。

敞口杯：杯口大于杯底，也称盏形杯。

直口杯：杯口与杯底同大，也称桶形杯。

收口杯：杯口小于杯底，也称鼓形杯。

把　　杯：附加把手的茶杯。

盖　　杯：附加盖子的茶杯，有把或无把。

图2-6　闻香杯

（4）**闻香杯**　直口高杯，用来闻嗅留在杯里的香气的器具（图2-6）。此杯容积和品茗杯一样，但杯身较高，容易聚香。

（5）**杯托**　茶杯的垫底器具（图2-7），防止直接端杯烫手。既方便拿取茶杯，又增加美观。

盘　　形：托沿矮小呈盘状。

碗　　形：托沿高耸，茶杯下部被托包围。

圈　　形：杯托中心留一空洞，洞沿上下有竖边，上固定杯底，下为托足。

复托形：高脚托的托碟中心再有一个碗形或碟形的小托，小托承托茶盏或茶碗。

（6）**茶碗（盏）**　饮用器具。其形状（图2-8）有：

（1）普通杯托

（2）复托形杯托

图2-7　杯托

（1）圆底形茶碗

（2）尖底形茶碗（茶盏）

图2-8　茶碗

圆底形：碗底呈圆形。

尖底形：碗体呈圆锥形，又称茶盏。

（7）盖碗　由盖、碗、托三部件组成（图2-9），泡、饮合用器具或可单用。

（8）大茶杯　泡饮合用器具（图2-10）。多为长桶形，有把或无把，有盖或无盖。

图2-9　盖碗　　　　图2-10　大茶杯

（9）冲泡盅、冲泡器　冲泡盅［图2-11（1）］用以冲泡茶叶的杯状物，盅口一斜口为出水口。冲泡器［图2-11（2）］是指杯盖连接一滤网，中轴可以上下提压如活塞状，既可使冲泡的茶汤均匀，又可以使茶渣与茶汤分开。

（1）冲泡盅

（2）冲泡器

图2-11　冲泡盅和冲泡器

2. 辅助用品

泡茶、饮茶时所需的各种辅助器具。

（1）**铺垫**　是茶席整体或局部物件摆放下的各种铺垫、衬托、装饰物的统称，常用棉、麻、化纤、竹、草秆织编而成。铺垫的形状一般有正方形、长方形、三角形、菱形、圆形、椭圆形、多边形和不确定形。铺垫主要类型如下。

织品类：棉布、麻布、化纤、蜡染、印花、毛织、织锦、绸缎、手工编织等。

非织品类：竹编、草秆编、树叶铺、纸铺、石铺、瓷砖铺等。

（2）**茶船（茶盘）**　承放茶壶、盖碗等主泡器具的垫底器具，有竹木、陶瓷及金属制品。既可增加美观，又可防止茶壶烫伤桌面。其主要类型（图2-12）如下。

盘状：船沿矮小，整体如盘状，侧平视茶壶形态完全展现出来。

碗状：船沿高耸，侧平视只见茶壶上半部。

双层状：茶船制成双层，上层有许多排水小孔，使冲泡溢出之水流入下层的储水器中。

（3）**茶巾**　用以擦洗、抹拭茶具的棉织物，或用来擦拭泡茶、分茶时溅出的水滴，或用米吸干壶底、杯底之残水；或在注水、续水时托垫壶流底部防止烫手。

（4）**茶巾盘**　放置茶巾的用具。竹、木、金属、搪瓷等均可制作。

（5）**奉茶盘**　用以盛放茶杯、茶碗、茶食或其他茶具的盘子，向客人奉茶和茶食时也使用，常用竹、木、塑料、金属制作而成。

（1）盘状茶船　　　　（2）碗状茶船　　　　（3）双层状茶船

图2-12　茶盘

（6）**茶荷**　是盛放和控制置茶量的器皿（图2-13），同时可作观赏干茶样和置茶分样用。用竹、木、陶、瓷、锡等制成。

（7）**盖置**　承托壶盖、盅盖、杯盖的器具（图2-14），既保持盖子清洁，又避免沾湿桌面。

托垫式：形似盘式杯托。

支撑式：圆柱状物，从盖子中心点支撑住盖；或筒状物，从盖子四周支撑。

图2-13　茶荷

（8）**滤斗（滤网）**　过滤茶汤碎末用（图2-15）。网为金属丝制，缘边金属或瓷质。

（9）**滤斗架**　承托滤斗用（图2-16）。有金属螺旋状，有瓷质双手合掌状、单手伸指状。

（10）**茶道组**　又称茶道六君子（图2-16），工夫茶艺常用辅助泡茶器具。

①茶漏：放置小壶口上，扩大壶口面积，方便投茶，防止投茶外漏。

②茶针：由壶嘴伸入流中疏通茶叶阻塞，使之出水流畅。

③茶匙：取茶用具。

④茶夹：夹取或清洁杯具，或夹出茶壶中茶渣。

⑤茶则：量取茶叶，衡量用量，确保投茶量准确。

⑥箸匙筒：插放茶则、茶匙、茶针、茶夹等的有底筒状器物。

（11）**壶垫**　圆形垫壶织品，保护茶壶。

（12）**茶拂**　用以刷除茶荷上所沾茶末之具。

（13）**计时器**　用以计算泡茶时间的工具，有定时钟和电子秒表，可以计秒的为佳。

（14）**茶食盘**　置放茶食的用具，用瓷、竹、金属等制成。

（15）**茶叉**　取食茶食用具，金属、竹、木制。

（16）**餐巾纸**　垫取茶具、擦手、拭杯沿用。

（17）**消毒柜**　用以烘干茶具和消毒灭菌。

（1）托垫式　　　　（2）支撑式

图2-14　盖置

图2-15　滤斗（滤网）和滤斗架

图2-16　茶道组（茶道六君子）

🔴 **3. 备水器**

（1）**煮水器**　由汤壶和茗炉两部分组成，炉以热源分有电炉、酒精炉、炭炉、燃气炉等。常见的"茗炉"，炉身为陶器，或金属制架，中间放置酒精灯。茶艺馆及家庭使用最多的是"随手泡"，用电烧水，方便实用。

（2）**暖水瓶** 贮放开水用。一般用居家使用的热水瓶即可，如去野外郊游或举行无我茶会时，需配备施行热水保温瓶。

（3）**水方** 贮放清洁用水的器皿。

（4）**水注** 盛水的壶形容器。功用是将冷水注入煮水器内加热，或将开水注入壶（杯）中温器、调节冲泡水温。形状近似壶，口较一般壶小，而流特别细长，多为陶瓷制品。

（5）**水盂** 盛放弃水、茶渣以及尝点心时废弃的果壳等物的器皿，多用陶瓷制作而成，也称"滓盂"。

4. 备茶器

（1）**茶样罐（筒）** 用于盛放茶样的容器，体积较小，装干茶30～50克即可。以陶器为佳，也有用纸或金属制作。

（2）**贮茶罐（瓶）** 贮藏茶叶用，可贮茶250～500克。为密封起见，应用双层盖或防潮盖，金属或瓷质均可。

（3）**茶瓮（箱）** 涂釉陶瓷容器，小口鼓腹，贮藏防潮用具。也可用马口铁制成双层箱，下层放干燥剂（通常用生石灰），上层用于贮藏，双层间以带孔搁板隔开。

5. 泡茶席

（1）**茶车** 可以移动的泡茶桌子（图2-17），不泡茶时可将两侧台面放下，搁架相对关闭，桌身即成一柜，柜内分格，放置必备泡茶器具及用品。

（2）**茶桌** 用于泡茶的桌子（图2-18）。长120～150厘米，宽60～80厘米。

（3）**茶（椅）凳** 泡茶时的坐具，高低应与茶车或茶桌相配。

（4）**坐垫** 在炕桌上或地上泡茶时，用于坐、跪的柔软垫物。大都为60厘米×60厘米的方形物，或60厘米×45厘米的长方形物，为方便携带，可制成折叠式。

图2-17 茶车

图2-18 茶桌

（二）主茶具的功能要求

主茶具，一定要符合冲泡品饮茶的功能要求，如果只有玲珑的造型、精美的图案和亮丽的色彩，而在功能上有所欠缺，则只能作为摆设，失去了茶具的真正作用。不同茶具的功能要求尽管不同，但终究以实用、便利为第一要旨。

1. 茶壶

一把茶壶是否适用，取决于用之置茶、泡茶、斟茶（倒茶）、清洗、置放等方面操作的便利程度及茶水有无滴漏。纵观整体，一则壶嘴、壶口与壶把顶部应呈"三平"，或虽突破"三平"但仍不失稳重，唯把顶略高；对侧把壶而言，壶把提拿时重心垂直线所成角度应小于45度，易于掌握重心；出水流畅，不漏水，壶嘴断水干脆，无余水沿壶壁外流滴落。其次，细察各处，分别有以下标准。

（1）壶口　为便于置放茶叶及夹取茶渣，壶口直径不宜小于3.5厘米，即可伸入并拢的双指。若是嵌盖式壶口，堰圈部分不能在壶口内侧形成凸起的一圈，否则不利于去渣、涮壶。

（2）水孔　茶壶的水孔有单孔、网状孔和蜂窝孔三种。一般小壶为单孔，易被浸泡后的叶底堵塞，使"流"的出水不畅，尤以喇叭状小孔为甚，冲泡时需常用茶针疏通，故其"流"为直形。网状孔可以直接制坯而成，也可在单孔外加金属网，避免叶底入"流"堵塞，但仍易为单片叶底粘住，出现水流不畅。最佳水孔为蜂窝状，即将水孔处制成一半球状，向壶身内凸起，凸面上布满蜂窝状小孔，即使被单片叶粘着，也只是盖住了一部分小孔，又因是凸面，很快会滑落，不易堵塞，但制作难度较大。

（3）壶嘴　要求出水顺畅、流速适中、水注成线，特别是"断水"要良好，即停止斟茶后，壶嘴的水能马上回落，不会沿"流"的外壁滴下。"断水"功能与壶盖是否密封有关，选购时应注水试用。

（4）壶把　作为壶的提握部位，壶把的重心十分关键。冲满水的茶壶靠手腕提握，位置不对则未斟茶时已洒出茶水。前文已述，侧提壶之"三平"等原则应牢牢记住。从把的形状来看，若用固定的提梁壶把，必须加大梁的高度和宽度，使掀盖、置茶、去渣方便，但斟茶时又显笨拙，可改用活动壶把，则可扬长避短。一般多用侧提壶，泡茶时操作方便，姿态优雅。

（5）壶形　壶形的种类很多，同类壶的大小、高低和直径的比例、装饰花纹等千变万化。壶形的好坏直接影响到泡茶时的动态美观，方便实用的壶用来得心应手，更增添了一份泡茶技艺的美感。从所备之茶具的风格，可想见其人的文化层次、个人修养、茶艺造诣等等。所以，在选择壶形时，应摒弃华而不实的装饰，以质朴取胜。

2. 茶盅（公道杯）

茶盅除了具有均匀茶汤浓度功能外，最好还能具备过滤茶汤功能。

（1）**形状和色彩**　盅与壶搭配使用，故最好选择与壶呼应的盅，有时虽可用不同的造型与色彩，但须把握整体的协调感。若用壶代替盅，宜用一大一小、一高一低的两壶，以有主次之分。

（2）**容量**　盅的容量一般与壶同即可，有时也可将其容量扩大到壶的1.5～2.0倍，在客人多时，可泡两次或三次茶混合后供一道茶饮用。

（3）**断水**　盅为均分茶汤用具，其断水性能优劣直接影响到均分茶汤时动作的优雅，如果发生滴水四溅的情形是极不礼貌的。所以，在挑选时要特别留意，断水好坏全在于嘴流的形状，光凭目测较为困难，以注水试用为宜。

3. 茶杯

茶杯的功能是用于饮茶，要求持拿不烫手，啜饮又方便。杯的造型丰富多样，其料用感觉也不尽相同，下面介绍挑选时一般的准则。

（1）**杯口**　杯口需平整，可倒置平板上，两指按住杯底左右旋转，若发出叩击声，则杯口不平，反之则平整。通常翻口杯比直口杯和收口杯更易于拿取，且易散热。

（2）**杯身**　盏形杯不必抬头即可饮尽茶汤，直口杯抬头方可饮尽，而收口杯则须仰头才能饮尽，可根据各人喜好选择。

（3）**杯底**　选择方法同杯口，要求平整。

（4）**大小**　与茶壶匹配，小壶配以容水量在20～50毫升的小杯，过小或过大都不适宜，杯深不应小于2.5厘米，以便持拿；大茶壶配以容量100～150毫升的大杯，兼有品饮与解渴的双重功能。

（5）**色泽**　杯外侧应与壶的色泽一致，内侧的颜色对汤色的影响极大，为观看茶汤真实的色泽，宜选用白色内壁。有时为增加视觉效果，一些特殊的色泽也可以，如青瓷有助于绿茶茶汤"茶中带绿"的效果，牙白瓷可使橘红色的茶汤更娇柔，紫砂和黑釉等本色，不易观察汤色的色泽、明亮度，但一般饮用时可使茶汤显得更加醇厚。

（6）**杯数**　可在壶中盛满水，再一一注入杯子，即可测知是否相配。在购买时，最好能买些备用的杯子，可作杯子破损后的替补。

4. 杯托

杯托是承载茶杯的器具，杯托的要求必须是易取、稳妥和不易与杯粘合。

（1）**高度**　托沿离桌面的高度至少为1.5厘米，以便轻巧地将杯托端起，如一平板状，端取极不方便，只能作垫子，避免烫伤桌面而已。因此，即使是盘式的杯托，也应有一定高度的圈足。

（2）**稳定度**　杯托中心应呈凹形圆，大小正好与杯底圈足相吻合，特别是光滑材料如金属制成的杯托，常在中心做出一个圈形，才能充分嵌住杯子。

（3）**平整度**　托沿和托底均应平整，可用检测杯口方法进行检测。

（4）**防粘着**　饮茶时，除盖碗常连托端起外，一般仅持杯啜饮。若杯底有水或杯底升温使托与杯底间空隙部减压，造成杯与托粘连，端杯时会将托带起，稍后即掉落，发出响声或打碎，故杯托中心圈面不宜过于光圆。分茶时勿滴水入托。取杯时一手扶住托沿，一手拿取，也可避免失手。

（三）茶具的选配

选择茶具，一要看茶叶、二要看场合、三要看人数。优质茶具冲泡上等名茶，两者相得益彰，使人在品茗中得到美的享受。选择时应注意色彩的搭配，型式和质地的选择，且整套茶具与环境、铺垫、插花等要相和谐。

1. 茶具型式的选配

细嫩的名优绿茶，可用无色透明玻璃杯冲泡，边冲泡边欣赏茶叶在水中缓慢吸水而舒展、徐徐浮沉游动的姿态，领略"茶之舞"的情趣。至于其他名优绿茶，除选用玻璃杯冲泡外，也可选用白色瓷杯冲泡饮用。高档花茶可用玻璃白瓷杯冲饮，以显示其品质特色，也可用盖碗或带盖的杯冲泡，以防止香气散失；普通低档花茶，则用瓷壶冲泡，可得到较理想的茶汤，保持香味。冲泡中档红绿茶，如工夫红茶、眉茶、烘青和珠茶等，因以闻香品味为首要，而观形略次，可用瓷杯直接冲饮。低档红绿茶，其香味及化学成分略低，用大壶沏泡，水量较多而集中，有利于保温，能充分浸出茶内含物，可得较理想之茶汤，并保持香味。工夫红茶可用瓷壶或紫砂壶来冲泡，然后将茶汤倒入白瓷杯中饮用。红碎茶体型小，用茶杯冲泡时茶叶悬浮于茶汤中不方便饮用，宜用茶壶泡沏。乌龙茶宜用紫砂壶冲泡；袋泡茶可用白瓷杯或瓷壶冲泡。品饮冰茶，以用玻璃杯为好。此外，冲泡红茶、绿茶、黄茶、白茶，使用盖碗，也是可取的。

2. 茶具色泽的选配

茶具的色泽是指表面的釉色和装饰图案花纹的色彩，通常可分为冷色调与暖色调两类。冷色调包括蓝、绿、青、白、灰、黑等色，暖色调包括黄、橙、红、棕等色。凡用多色装饰的茶具可以主色划分归类。以主茶具的色泽为基准，配以辅助用品。注意主茶具中壶、盅、杯的色彩搭配，再辅以船、托、盖置以及铺垫、花器，力求浑然一体。

3. 茶具质地的选配

茶具质地主要是指密度而言。根据不同茶叶的特点，选择不同质地的器具，才能相得益彰。密度高的器具，因气孔率低、吸水率小，可用于冲泡清淡风格的茶。如各种名优茶、绿茶、花茶、红茶及清香乌龙等，可用高密度瓷或银器，泡茶时茶香不易被吸收，显得特别清冽。透明玻璃杯可用于冲泡名优绿茶，香气清扬又便于观形、色。而那些香气醇沉的茶叶，如铁观音、水仙、普洱等，则常用低密度的陶器冲泡，主要是紫砂壶，因其气孔率高、吸水量大，茶泡好后，持壶盖即可闻其香气，尤显醇厚。在冲泡乌龙茶时，同时使用闻香杯和品饮杯后，闻香杯中残余茶香不易被吸收，可以用手捂之，其杯底香味在手温作用下很快发散出来，达到闻香目的。

器具质地还与施釉与否有关。原本质地较为疏松的陶器，若在内壁施了白釉，使气孔封闭，成为类似密度高的瓷器茶具，同样可用于冲泡清香的茶类。这种施釉陶器的吸水率也变小了，气孔内不会残留茶汤和香气，清洗后可用来冲泡多种茶类，性状与瓷质、银质的相同。未施釉的陶器，气孔内吸附了茶汤与香气，日久冲泡同一种茶还会形成茶垢，不宜用于冲泡其他茶类，以免串味，而应专用，这样才会使香气越来越浓郁。

选配茶具，除了看它的使用性能外，茶具的艺术性、制作的精细与否，也是人们选择的另一个重要标准。

二、泡茶用水

中国人历来非常讲究泡茶用水，强调"水为茶之母"。因为水是茶汤的载体，茶汤的色、香、味、形必须用水才能显现。再好的茶叶，无好水衬托配合，茶的优异品质也无法体现，也就失去了品茶给人们带来的物质、精神和文化的享受。

（一）古人择水

历代茶人对水质均有精进的研究，最早论及煎茶用水的是茶圣陆羽，"其水，用山水上，江水中，井水下"（陆羽《茶经·五之煮》）。专门论述饮茶用水的著作有唐代张又新《煎茶水记》、宋代叶清臣《述煮茶泉品》、明代徐献忠《水品》、明代田艺蘅《煮泉小品》、清代汤蠹仙《泉谱》等。更多是茶叶专著中，有专门章节论述水质的，如宋代蔡襄《茶录》、宋代赵佶《大观茶论》、明代罗廪《茶解》、明代张源《茶录》、明代许次纾《茶疏》、清代陆延灿《续茶经》等。张源《茶录》中说："茶者水之神，水者茶之体，非真水莫显其神，非精茶曷窥其体"。许次纾在《茶疏》中也强调"精茗蕴香，借水而发，无水不可与论茶也。"张大复对茶与水的关系论述得更为详尽，他在《梅花草堂笔谈》中说："茶性必发于水，八分之茶，遇十分之水，茶亦十分矣；八分之水，试十分之茶，茶只八分耳。"这些人都从许多方面强调了茶与水之间的密切关系。水品和茶品一样，也有品质优劣之分，纵观古人的品水观点，泡茶用水讲究"清、活、轻、甘、冽"，即选择的标准主要有水质和水味两个方面。

1. 水质要求清、活、轻

清，即要求水质无色清澈透明，无沉淀物。饮用水应当清洁，泡茶用水更是如此，水质清洁而无杂质，且透明无色，才能显出茶色，水质不清难以体现茶叶的色、香、味。田艺衡认为，水之清是"朗也，静也，澄水之貌"，把"清明不淆"的水称为"灵水"。宋代斗茶时要取"山泉之清洁者"，以水的清洁作为斗茶用水的第一标准，要求茶汤以白而微青为上，如果没有清澈透明的水是很难点出表面鲜白的汤花的。苏东坡"自临钓石取深清"的"清"就是强调泡茶用水要清。宋徽宗说，有的江河之水有"鱼蟹之腥，泥泞之污"，这样的水，"虽轻、甘，无取"。清，是对泡茶水质的要求，只有水质清澈纯净，才能达到水质的活、轻、甘、冽。

活，水贵鲜活，"茶非活水，则不能发其鲜馥"。宋代唐庚在《斗茶记》中说"水不问江井，要之贵活。"活就是要求水源有流，不是静止的死水。田艺蘅也说："泉不活者，食之有害。"在选水泡茶中，并不是所有的活水都适宜煎茶饮用的。陆羽认为"瀑涌湍漱，勿食之，久食令人有颈疾"。这种说法虽缺乏一定的科学依据，但古人说激流瀑布之水不宜茶，是因为"气盛而脉涌，缺乏中和淳厚之气，与茶之中和之旨不符"。可见茶的平和之性与水的中和淳厚应是相和的。

轻，要求水中杂质少。明代张源在其《茶录》中有"山顶泉清而轻，山下泉清而重"之语，认为水质以轻为佳，清而轻的泉水是煎茶的理想用水。清代乾隆皇帝认为水质越轻越宜于烹茶，常以斗量水质轻重来选水泡茶。北京的玉泉水就是因为水质轻被其封为"天下第一泉"。如果说"清"是以肉眼来辨水中是否有杂质，那么"轻"就是用器具来辨别水中看不出的杂质。

2. 水味要求甘、冽

甘，是指水含于口中有甜美感，无咸和苦味。明代屠隆说："凡水泉不甘，能损茶味。"这句话反过来说更为准确，即凡水甘者能助茶味。自然界的水，有甘甜与苦涩之分，用舌尖舔尝一下，口颊之间就会产生不同的感觉。在古人眼中，无根之水即雨水，占有重要的地位，雨水中最甜的是江南梅雨季节的水。罗廪在《茶解》中说："梅雨如膏，万物赖以滋养，其味独甘，梅后便不堪饮。"

冽，意为寒、冷。水的冷冽指水在口中使人有清凉感，也是烹茶时用水所讲究的。古人认为水"不寒则烦躁，而味必啬"。寒冷的水尤其以冰水、雪水为佳。水在结晶过程中水中的杂质下沉，而上面的结晶物则比较纯净。历史上用雪水煮茶颇为普遍，一取其甘甜，二取其清冷。白居易《晚起》诗就有"融雪煎香茗"，辛弃疾的"细写茶经煮香雪"也是用雪水煎茶。宋代人丁谓《煎茶》诗，记载他得到建安名茶，舍不得随便饮用，"痛惜藏书箧，坚留待雪天"。明代文震亨在《长物志》里说："雪为五谷之精，取以煎茶，最为幽况。"他还认为："雪，新者有土气，稍陈乃佳。"清代人用雪水煎茶有了更多的讲究，清代人吴我鸥《雪夜煎茶》诗："绝胜江心水，飞花注满瓯。纤芽排夜试，古瓷隔年留。"用的是隔年雪水。《红楼梦》中也讲到，妙玉用五年前从梅花瓣上收集的雪水来烹茶，更为茶叶品饮添加了一些清香雅韵。未经污染的天然雨水与雪水只是寒冷与否的差异，在感觉上雪水更轻几分，因此比雨水更受茶人青睐。

清、活、轻、甘、冽，这五条标准是古人凭借感官直觉总结出来的，虽然不是十分科学，也颇有道理。但如果任意突出其中的某一条，就可能步入歧途。若依乾隆的单凭轻重来论水，那么现在的蒸馏水是最轻的，但是是蒸馏水用来泡茶效果并不理想。总之，品水五字法只是古人得诸于口、会诸于心的品水经验。

（二）现代择水

古人论及品茗之水，终不过是所谓"山水上，江水中，井水下"等，讲究其"清、活、轻、甘、冽"。从科学理论上讲，有一定的道理，但并不全面。从水的各种理化性状看，不同水源的水之间是有明显区别的，主要区别在于水的总硬度和溶解性固形物含量高低。因此直接影响茶汤的色、香、味的因素是水的硬度、pH（反映水的酸碱性，pH=7为中性，pH＞7为碱性，pH＜7为酸性）和水中矿物质含量。只要能达到卫生饮用水的水质标准的生活饮用水，都可作为泡茶用水。

1. 生活饮用水标准

随着科学技术的进步，人们对生活用水（也包括泡茶）的认识逐步完善，提出了科学的水质标准与卫生标准。根据国家标准GB 5749—2006《生活饮用水卫生标准》归纳起来共有4个方面的指标。

（1）**色度和一般化学指标**　色度小于15度，并不得呈现其他异色，混浊度小于3度，特殊情况小于5度。不得有异臭、异味。不得含有肉眼可见物。pH为6.5～8.5；总硬度（以碳酸钙计）小于450毫克／升；铁小于0.3毫克／升，锰小于0.1毫克／升，铜小于0.1毫克／升，锌小于1.0毫克／升，挥发酚类（以苯酚计）小于0.002毫克／升，阴离子合成洗涤剂小于0.3毫克／升。硫酸盐小于250毫克／升，氯化物小于250毫克／升，溶解性总固体小于1000毫克／升。

（2）**毒理学指标**　氟化物小于10毫克／升（适宜浓度为0.5～1.0毫克／升），氰化物小于0.05毫克／升，铅小于0.05毫克／升，砷小于0.05毫克／升，硒小于0.01毫克／升，镉小于0.01毫克／升，汞小于0.001毫克／升，铬（6价）小于0.05毫克／升，银小于0.05毫克／

升；硝酸盐（以氮计）小于20毫克／升，氯仿小于60微克／升；四氧化碳小于3微克／升；苯并（a）芘小于0.01微克／升；滴滴涕小于1微克／升；六六六小于5微克／升。

（3）细菌学指标　细菌总数在1升水中不得超过100个，总大肠杆菌群在1升水中不超过3个。游离余氯在与水接触30分钟后应不低于0.3毫克／升。集中式给水除出厂水应符合上述要求外，管网末梢水不应低于0.05毫克／升。

（4）放射性指标　总α放射性活度＜0.1贝可／升；总β放射性活度＜1贝可／升。

2. 软硬水与茶汤品质

水有软水和硬水之分，凡是水中钙、镁离子小于4毫克／升的为极软水，4～8毫克／升为软水，8～16毫克／升的为中等硬水，15～30毫克／升的为硬水，超过30毫克／升的为极硬水。据日本学者西条了康对水质与煎茶品质关系的研究，水的硬度对煎茶的浸出率有显著影响。硬度40度的水浸出液的透过率仅为蒸馏水的92％，汤色泛黄而淡薄。用蒸馏水沸水溶出的多酚类有6.3％，而硬度为30度的水，多酚类只溶出4.5％，因为硬水中的钙与多酚类结合起着抑制溶解的作用。同样，与茶味有关的氨基酸及咖啡碱也是随着水的硬度增高而浸出率降低。可见，硬水冲泡茶叶对浸出的汤色、滋味、香气都是不利的。

在自然界中，一般只有雨水和雪水为软水，其他均为硬水。硬水可分为永久硬水和暂时性硬水。永久性硬水含有钙、镁硫酸盐和氯化物，经煮沸仍溶于水，不可用于泡茶。暂时性硬水因含碳酸氢钙、碳酸氢镁而引起的硬水在煮沸后，生成不溶性的沉淀即水垢，使硬水变成软水，则对泡茶效果没有什么影响。

3. pH大小与茶汤品质

水的pH对茶汤色泽有较大影响，当pH小于5时，对红茶汤色影响较小。如超过5，总的色泽就相应加深，当茶汤pH达到7时，茶黄素倾向于自动氧化而损失，茶红素则由于自动氧化而汤色发暗，以致失去茶汤滋味的鲜爽度。pH达到8以上，用这种水泡茶，汤色显著发暗，因pH增高，产生不可逆的自动氧化，形成大量的茶红素盐。所以，泡茶用水以中性及偏酸性的较好。

4. 水中矿物质与茶汤品质

根据彭乃特（Purmett P W）和费莱特门（Fridman C B）试验，证明水中矿物质对茶叶品质有较大的影响：

氧化铁：当新鲜水中含有低价铁0.1毫克／升时，能使茶汤发暗，滋味变淡，越多影响越大。如水中含有高价氧化铁，其影响比低价铁更大。

铝：茶汤中含有0.1毫克／升时，似无察觉，含0.2毫克／升时，茶汤产生苦味。

钙：茶汤中含有2毫克／升，茶汤变坏带涩，含有4毫克／升，滋味发苦。

镁：茶汤中含有2毫克／升时，茶味变淡。

铅：茶汤中加入少于0.4毫克／升时，茶味淡薄而有酸味，超过时产生涩味，如在1毫克／升以上时，味涩且有毒。

锰：茶汤中加入0.1～0.2毫克／升，产生轻微的苦味，加到0.3～0.4毫克／升时，茶味更苦。

铬：茶汤中加入0.1～0.2毫克／升时，即产生涩味，超过0.3毫克／升时，对品质影响很大，但该元素在天然水中很少发现。

镍：茶汤中加入0.1ms/L时就有金属味，水中一般无镍。

银：茶汤中加入0.3毫克／升，即产生金属味，水中一般无银。

锌：茶汤中加入0.2毫克／升时，会产生难受的苦味，但水中一般无锌，可能由于锌质自来水管接触而来。

盐类化合物：茶汤中加入1～4毫克／升的硫酸盐时，茶味有些淡薄，但影响不大，加到6毫克／升时，有点涩味。在自然水源里，硫酸盐是普遍存在的，有时多达100毫克／升，如茶汤中加入氯化钠16毫克／升，只使茶味略显淡薄，而茶汤中加入亚碳酸盐16毫克／升时，似有提高茶味的效果，会使滋味醇厚。

5. 泡茶用水的分类

只要符合国家规定的生活饮用水标准的水都可作为泡茶用水。基本条件是无异色、异味、异臭，无肉眼可见物，混浊度不超过5度，pH在6.5～7.5，总硬度不高于25度，毒理学细菌指标等各项指标均符合标准。目前，泡茶用水大致可分为以下几种类型。

（1）天然水　天然水包括江、河、湖、泉、井及雨雪水。用这些天然水泡茶应注意水源、环境、天气等因素，判断其洁净程度。在天然水中，泉水是最理想的泡茶用水。泉水杂质少、透明度高、污染少，虽属暂时硬水，加热后，呈酸性碳酸盐状态的矿物质被分解，释放出二氧化碳气体，口感特别微妙。然而，由于各种泉水的含盐量及硬度有较大的差异，也并不是所有泉水都是优质的，有些泉水含有硫黄，不能饮用，而且软硬度很难估测，一般不宜直接煮茶，而要通过多种方法澄清后，有选择地取用。井水属地下水，因多在人烟聚集处，易受污染，而且一般硬度较大，不宜煮茶。深井水泡茶的效果主要取决于水的硬度，不少深井水为永久性硬水，用于泡茶，茶汤品质、口味很不理想。因此，天然的水还必须经过滤或其他消毒过程的简单净化处理，这样既保持了天然又达到了洁净。

（2）自来水　自来水一般采自江、河、湖，并经过净化处理，符合生活饮用水卫生标准。由于标准中有一条，即游离氯与水接触30分钟后应不低于0.3毫克／升，因此，自来水普遍有漂白粉的氯气气味，直接泡茶会使香味逊色。因此，可以采用以下办法解决：

一是用水缸养水，将自来水放入陶瓷缸内放置一昼夜，让氯气挥发，再煮水泡茶；二是在自来水龙头出口处接上离子交换净水器，使自来水通过树脂层，将氯气及钙、镁等矿物质离子除去，成为去离子水，然后用于泡茶。特别是北方地区，自来水的水源为地下水，pH均超过7，不宜用于泡茶，去离子后，也能使pH小于7。

（3）矿泉水　饮用天然矿泉水的定义：从地下深处自然涌出的或经人工开发的、未受污染的地下矿泉水，含有一定量的矿物盐、微量元素或二氧化碳气体。在通常情况下，其化学成分、流量、水温等动态指标在天然波动范围内相对稳定。与纯净水相比，矿泉水含有丰富的锂、锶、锌、溴、碘、硒和偏硅酸等多种微量元素，饮用矿泉水有助于人体对这些微量元素的吸收，并调节肌体的酸碱平衡。由于矿泉水的产地不同，其所含微量元素和矿物质成分也不同，不少矿泉水含有较多的钙、镁、钠等，是永久性硬水，用于泡茶效果并不佳。

（4）纯净水　纯净水是蒸馏水、太空水等的合称，是一种安全无害的软水。纯净水是以符合生活饮用水卫生标准的水为水源，采用蒸馏法、电解法、逆渗透法及其他加工方法制得，纯度很高，不含任何添加物，可直接饮用的水。用纯净水泡茶，其效果还是相当不错的。

（5）活性水　活性水包括磁化水、矿化水、高氧水、离子水、自然回归水、生态水等品种。这些水均以自来水为水源，一般经过滤、精制和杀菌、消毒处理制成，具有特定的活性功能，并且有相应的渗透性、扩散性、溶解性、代谢性、排毒性、富氧化和营养性功效。由于各种活性水内含微量元素和矿物质成分各异，如果水质较硬，泡出的茶水品质较差；如果属于暂时硬水，经软化后泡出的茶水品质较好。

（6）净化水　通过净化器对自来水进行二次终端过滤处理制得，净化原理和处理工艺一般包括粗滤、活性炭吸附和薄膜过滤等三级系统，能有效地清除自来水管网中的红虫、铁锈、悬浮物等机械成分，降低浊度、余氯和有机杂质，并截留细菌、大肠杆菌等微生物，从而提高自来水水质，达到国家饮用水卫生标准。但是，净水器中的粗滤装置要经常清洗，活性炭也要经常换新，时间一久，净水器内胆易堆积污物，繁殖细菌，形成二次污染。净化水易取得，是经济实惠的优质饮用水，用净化水泡茶，其茶汤品质是相当不错的。

（三）宜茶名泉

我国泉水资源极为丰富。其中比较著名的就有百余处之多。镇江中泠泉、无锡惠山泉、苏州观音泉、杭州虎跑泉，是中国历史上宜茶的四大名泉。

1. 镇江中泠泉

中泠泉位于江苏省镇江金山以西的石弹山下，又名中零泉、中濡泉、中泠水、南零水。据唐代张又新的《煎茶水记》载，与陆羽同时代的刘伯刍，把宜茶之水分为七等，称

"扬子江南零水第一"。这南零水指的就是中泠泉,是江心洲上的一股清洌泉水,泉水清香甘醇。要取中泠泉水,实为困难,需驾轻舟渡江而上。清代同治年间,随着长江主干道北移,金山才与长江南岸相连,终使中泠泉成为镇江长江南岸的一个景观。在池旁的石栏上,书有"天下第一泉"五个大字,它是清代镇江知府、书法家王仁堪所题。池旁的鉴亭,是历代名家煮泉品茗之处,至今风光依旧。

2. 无锡惠山泉

惠山泉位于江苏无锡惠山寺附近,原名漪澜泉。此泉于唐代大历十四年开凿,迄今已有1200余年历史。张又新《煎茶水记》中说:"水分七等……惠山泉为第二。"元代大书法家赵孟頫和清代吏部员外郎王澍分别书有"天下第二泉",刻石于泉畔,字迹苍劲有力,至今保存完整。惠山泉水源于若冰洞,细流透过岩层裂缝,呈伏流汇集,分上、中、下三池。上池呈八角形,水色透明,甘醇可口,水质最佳;中池为方形,水质次之;下池最大,系长方形,水质又次之。历代王公贵族和文人雅士都把惠山泉水视为珍品。相传唐代宰相李德裕嗜饮惠山泉水,常令地方官吏用坛封装泉水,从镇江运到长安(今陕西西安),全程数千里。当时诗人皮日休,借杨贵妃驿递南方荔枝的故事,作了一首讽刺诗:"丞相长思煮茗时,郡侯催发只忧迟。吴园去国三千里,莫笑杨妃爱荔枝。"

3. 苏州观音泉

观音泉,位于苏州虎丘山观音殿后,井口一丈余见方,四旁石壁,泉水终年不断,清澈甘醇,又名陆羽井,为苏州虎丘胜景之一。此泉园门横楣上刻有"第三泉"三字,每年吸引大量游人前来游览。观音泉有两个泉眼,同时涌出泉水,一清一浊,两水汇合,泾渭分明,绝不相渗。观音泉既然以观音命名,当然就与观音菩萨的传说有关,民间传说此地有石身观音壁立泉上,手里的净瓶喷出两股水柱,一清一浊,清水赈济人间良善,浊水洗净尘世污垢。清代同治《汉川县志》记载:"此泉岁尝一洗,洗出如脂,久始澄清,东清西浊。"

4. 杭州虎跑泉

相传,唐元和年间,有个名为"性空"的和尚游方到虎跑,见此处环境优美,风景秀丽,便想建座寺院,但无水源,一筹莫展。夜里梦见神仙相告:"南岳衡山有童子泉,当夜遣二虎迁来。"第二天,果然跑来两只老虎,刨地作穴,泉水遂涌,清澈见底,甘洌醇厚,虎跑泉因而得名。其实,同其他名泉一样,虎跑泉也有其地质学依据。虎跑泉的北面是林木茂密的群山,地下是石英砂岩,天长地久,岩石经风化作用,产生许多裂缝,地下水通过砂岩的过滤,慢慢从裂缝中涌出,这才是虎跑泉的真正来源。

第二节
习茶基本程式

一、取火候汤

唐代末期苏廙在《十六汤品》中说，"汤者，茶之司命。若名茶而滥汤，则与凡末同调矣"。不仅要有好水，而且要煮水得法，这样才能引发茶之色、香、味。苏廙把汤分为十六品，其中"煎以老、嫩者凡三品，注以缓、急者凡三品，以器标者共五品，以薪论者共五品"。其中以煮水器的质地、烧火用薪对于候汤有较大的影响。唐代名士李约嗜好饮茶，精于烹泉煮水，其"茶须缓火炙，活火煎"之说，成为历代煮水的座右铭。"缓火炙"，即用文火"炙茶"。"活火煎"，是说要用有火焰、有火苗的"活火"煎水。苏轼的"活水还须活火煎"，"贵从活火发新泉"，说的也是这个道理。选好煮水的燃料，是烹好茶的必备条件。陆羽认为，煮水燃料最好用木炭，其次用火力强的劲薪（桑或槐等），而含脂多的柴薪，或在厨房沾染过油腻，以及腐朽的材料都不能用。

现代生活中，常用燃料有煤气、天然气、酒精、煤、炭、电、柴草等，皆可用来煮水。煮水时应"猛火急烧"，忌"文火久沸"。"沸速则鲜嫩风逸，沸迟则老熟昏钝，兼有汤气"（许次纾《茶疏·煮水器》）。"乃授水器，仍急扇之，愈速愈妙，毋令停手。停过之汤，宁弃而再烹。"（许次纾《茶疏·火候》）。

煮水关键可分为三点：一注意通气，以免燃料燃烧产生烟气异味而影响茶的香味；二是灶、器保持清洁；三是急火快煮，水沸离火。

关于煮水容器则需注意其煮水容器的质地影响茶汤，铁壶水使红茶茶汤变褐，绿茶茶汤变暗。铜壶水铜含量高，陶壶、石英壶和不锈钢壶较好。煮水器具要洁净，容积的大小适中，容积大，器壁厚，传热差，烧水时间长，导致水质变"钝"，失去鲜致爽味，若用来泡茶，茶汤失去鲜爽度。

古人将煮水称作"候汤"（图2-19），对候汤的要求，其实质就是对水温的要求。水温不同，相同时间里茶汤中浸出的茶叶物质的多少就会不同，茶汤的色、香、味也会有很大差别。陆羽在《茶经·五之煮》中谈到煮水的三沸之征："其沸，如鱼目，微有声，为一沸；缘边如涌泉连珠，为二沸；腾波鼓浪为三沸；已上，水老，不可食也。"即是说，当水煮到有鱼目一样大小的气泡出现并有细微的响声

图2-19 候汤

时，称"第一沸"；边缘的气泡如串珠般接连不断涌出时，称"第二沸"；水从中心向四周翻滚，称"第三沸"。如果继续煮，则水已老，不可用来煎茶了。"水一入铫，便须急煮。候有松声，即去盖，以消息其老嫩。蟹眼少后，水有微涛，是为当时。大涛鼎沸，旋至无声，是为过时。过则汤老而香散，决不堪用"（许次纾《茶疏·汤候》）。水既要煮沸，又不宜过老。水如过沸，失之过老。水中所溶二氧化碳释放殆尽，影响口感，亚硝酸盐多，用此等"老汤"泡茶，会使茶汤颜色不鲜明，味不醇厚，而有滞钝之感。而用水温过低的水泡茶，失之过嫩，水中的钙镁离子会影响茶汤滋味，又会使茶叶中各种有效成分浸出慢、不完全，用此种"嫩汤"所泡的茶，味淡薄，汤色差。有的细嫩的高级绿茶则更忌水温过高，水温过高会将细嫩的茶芽烫熟而影响茶汤质量。

如何辨别汤候？明代张源在《茶录》中总结出三种方法：一是形辨，看水沸时的气泡多少和大小，二是声辨，听水沸的声响；三是气辨，看壶（瓶）口蒸汽冒出的情形。"汤有三大辨、十五小辨：一曰形辨，二曰声辨，三曰气辨。形为内辨，声为外辨，气为捷辨。如虾眼、蟹眼、鱼眼、连珠，皆为萌汤，直至涌沸如腾波鼓浪，水气全消，方是纯熟。如初声、转声、振声、骤声，皆为萌汤，直至无声，方是纯熟。如气浮一缕、二缕、三四缕及缕乱不分，氤氲乱绕，皆是萌汤，直至气直冲贯，方是纯熟"，这是古代关于汤候的最全面的论述。关于煮水时"汤候"的掌握，一般来说，应以一沸、二沸为度。"汤以蟹目鱼眼连绎迸跃为度"（赵佶《大观茶论·水》）。苏轼诗云："蟹眼已过鱼眼生，飕飕欲作松风鸣"。杨万里诗云："鹰爪新茶蟹眼汤，松风鸣雪兔毫霜"。但是宋代人也有"背二涉三"之说，即认为刚过水以二沸未及三沸为宜。汤候的掌握，应当因茶而异。

现代而言，采摘细嫩的茶叶，如龙井、碧螺春、毛峰之类，可用一沸水泡；高档红茶，中低档的绿茶，青茶，花茶等，可用二沸水泡；中低档红茶，普洱茶，砖茶等紧压黑茶等，可用三沸水泡，有些原料粗老的茶甚至需要煮饮。

二、赏茶·投茶·泡茶

（一）赏茶

赏茶（图2-20）是品饮者在饮茶前欣赏未冲泡茶叶的外形、颜色，包括体会到的该种茶特有风格。赏茶时可从茶叶的色相了解该茶香型的种类、滋味的特质，从色泽的明度了解生熟的区别，从外观紧结的程度了解香味频率的高低，从原料的老嫩程度了解茶性的粗犷与细致等。泡茶者可以从旁提供一些该种茶的基本资料，增加宾客对该种茶的了解，这有助于稍后对茶香、茶味的欣赏。泡茶者应

图2-20 赏茶

主动介绍自己所泡的茶叶，不要试图测验客人的品茶能力。在人数众多的场合，为了避免耽误泡茶的时间，可另备一两个茶荷供客人赏茶，泡茶者在适度的介绍后，就可以开始泡茶。

（二）投茶

泡茶时在壶或杯中放置茶叶有三种方法（图2-21）。日常泡茶习惯都是先放茶叶，后冲入沸水，此称为"下投法"；沸水冲入1/3～1/2容量后再放入茶叶，然后再冲水，称"中投法"；先冲好沸水后再放茶叶，称为"上投法"。不同的茶叶种类，应有不同的投茶法。对身骨重实、条索紧结、芽叶细嫩的茶叶，可采用"上投法"，茶叶的条形松展、比重轻，不易沉入茶汤中的茶叶，宜用"下投法"或"中投法"。不同的季节，可以采取"夏季上投、春秋季中投、冬季下投"的方法。

（1）上投法　　　　　　　　（2）中投法　　　　　　　　（3）下投法

图2-21　投茶

（三）泡茶

冲泡茶叶与茶水比、泡茶水温、冲泡时间、冲泡次数这四个因素密切相关。

1. 茶水比

沏茶时，茶与水的比例称为茶水比。不同的茶水比，沏出的茶汤香气高低、滋味浓淡各异。茶水比过小（茶少水多），茶汤味淡香低。茶水比过大（茶多水少），茶汤则过浓，滋味苦涩。由于茶叶的香味、成分含量及其溶出比例不同，以及各人饮茶习惯的不同，对香味、浓度的要求不同等因素，对茶水比的要求也不同。根据茶叶审评标准，冲泡绿茶、红茶、花茶的茶水比可采用1∶50为宜。品饮铁观音、武夷岩茶等乌龙茶类，因对茶汤的香味、浓度要求高，茶水比可适当放大，以1∶20为宜。从个人嗜好来讲，喜饮浓茶者，茶水比可大些，喜饮淡茶者，茶水比可小些；临睡前因宜饮淡茶，茶水比则应小些。

2. 泡茶水温

茶叶中的内含物在水中的溶解度跟水温密切相关，60℃温水浸出的有效物质只相当

100℃沸水浸出量的45% ~ 65%。水温高低是影响茶叶水溶性内含物浸出和香气挥发的重要因素。水温过低,茶叶浮而不沉,内含的有效成分浸泡不出来,茶汤滋味寡淡,不香、不醇、淡而无味;水温过高,会破坏维生素C等成分,而咖啡碱、茶多酚很快浸出,使茶味变苦涩,且易造成茶汤的汤色和叶底暗黄,香气低。用沸腾过久的水沏茶,则茶汤的新鲜风味也要受损。

泡茶水温的高低,还与茶的老嫩、松紧、整碎有关。大致说来,茶叶原料粗老、紧实、整叶的,要比茶叶原料细嫩、松散、碎叶的,茶汁浸出要慢得多,所以冲泡水温要高。

不同茶类对沏茶水温的要求也不同。细嫩的高级名茶,以水温85℃左右的水冲泡为宜,有的甚至只要60 ~ 70℃。如沏泡名茶碧螺春、龙井、黄山毛峰、君山银针等,忌用滚沸水冲泡。因芽叶细嫩,用滚沸水则将芽叶烫至过熟而变黄变老,损失茶叶的鲜爽味,其营养成分也随之减少,可将沸水待水温下降至85℃左右时再沏茶;而乌龙茶宜用95℃以上的开水冲泡;红茶如滇红、祁红等可用沸水冲泡;普洱茶用沸水冲泡,才能泡出其香味;一般绿茶、红茶、花茶等,也宜用刚沸的水沏泡;而原料粗老的紧压茶类,还需用煎煮法才能使水溶性物质较快溶解,以充分提取出茶叶内的有效成分;调制冰茶时,宜用50℃的温水沏茶,以减少茶叶中的蛋白质和多糖等高分子成分溶入茶汤,也防止茶汤中加入冰块时出现沉淀物。

◗ 3. 冲泡时间

茶叶冲泡时间差异很大,与茶叶种类、泡茶水温、用茶数量和饮茶习惯等都有关。当茶水比和水温一定时,溶入茶汤的滋味成分则随着时间延长而逐渐增浓的。沏茶的时间和茶汤的色泽、滋味的浓淡爽涩密切相关。沏茶时间短,茶汁没有泡出;沏茶时间长,茶汤会有闷浊滋味。据测定,用沸水泡茶,首先浸提出来的是维生素、氨基酸等,大约到3分钟时,含量较高。这时饮起来,茶汤有鲜爽醇和之感,但缺少饮茶者需要的刺激味。以后,随着时间的延续,咖啡碱、茶多酚浸出物含量逐渐增加。因此,为了获取一杯鲜爽甘醇的茶汤,对大宗红、绿茶而言,头泡茶以冲泡后3 ~ 5分钟饮用为好。若想再饮,到杯中剩有1/3茶汤时,再续开水,以此类推。用茶量多的,冲泡时间宜短,反之则宜长。红碎茶、绿碎茶因经揉切作用,颗粒细小,茶叶中的成分易溢出,冲泡三四分钟即可(如在茶中加糖或加奶后再冲泡也以五分钟为宜);青茶因沏茶时先要用沸水浇淋壶身以预热,且茶水比较大,故冲泡时间可缩短;紧压茶为获得较高浓度,用煎煮法煮沸茶叶时间应控制10分钟以上。白茶冲泡时,要求沸水的温度在90℃左右,一般在4 ~ 5分钟后,浮在水面的茶叶才开始徐徐下沉,这时,品茶者应以欣赏为主,观茶形,察沉浮,从不同的茶姿、颜色中使自己的身心得到愉悦,一般到10分钟,方可品饮茶汤。否则,不但失去了品茶艺术的享受,而且饮起来淡而无味,这是因为白茶加工未经揉捻,细胞未曾破碎,所以茶汁很难浸出,以致浸泡时间须相对延长,同时只能重泡一次。另外,冲泡时间还与茶叶老嫩和茶的形态有关。一般说来，凡原料较细嫩，茶叶松散的，冲泡时间可相对缩短；相反，原料较粗老，茶叶紧实的，冲泡时间可相对延长。总之，冲泡时间的长短，最终还是以适合饮茶者的口味来确定为好。

4. 冲泡次数

一壶或一杯茶，其冲泡次数也宜掌握一定的"度"。根据测定，最容易浸出的是氨基酸和维生素C；其次是咖啡碱、茶多酚、可溶性糖等。一般茶冲泡第一次时，茶中的可溶性物质能浸出50%～55%；冲泡第二次时，能浸出30%左右；冲泡第三次时，能浸出约10%；冲泡第四次时，只能浸出2%～3%，几乎是白开水了。所以，通常以冲泡三次为宜。日常沏茶，无论绿茶、红茶、青茶、花茶，均采用多次冲泡法，以充分利用茶叶中的有效成分。

如饮用颗粒细小、揉捻充分的红碎茶和绿碎茶，由于这类茶的内含成分很容易被沸水浸出，一般都是冲泡一次就将茶渣滤去，不再重泡。速溶茶，也是采用一次冲泡法。

三、斟茶·奉茶·品茶·续茶

（一）斟茶

斟茶是就壶碗泡法而言的，分"斟茶入盅"和"斟茶入杯"两种方法（图2-22）。

斟茶入盅是将泡好的茶汤一次全部斟入茶盅内，因为茶汤在茶盅内混合，浓度已一致，所以接着便可持盅分茶入杯。斟茶入杯是将泡好的茶汤直接斟入茶杯内，由于先斟的浓度偏淡，后斟的浓度偏浓，所以必须用"平均分茶法"或"往复斟茶法"方能达到平均浓度的目的。

"平均分茶法"是分来回两次将茶汤斟于数个茶杯内。例如一次斟茶四杯，则第一杯先斟茶1/4量，第二杯先斟茶2/4量，第三杯先斟茶3/4量，第四杯一次斟好；接着往回斟，将每杯补足。也就是第三杯补1/4，第二杯补2/4，第一杯补3/4。如此，最淡的加上最浓的，次淡的加上次浓的，使每杯的浓度接近平均。

"往复斟茶法"是持壶（盏）不停地来回巡斟，如工夫茶的"关公巡城""韩信点兵"

图2-22　斟茶

（1）斟茶入盅　　　　　　　　　　　　　　（2）分茶入杯

（图2-23），这样可以使各杯茶汤浓度平均。但来回多次显得烦琐，茶汤也易挂在杯壁，泼出杯外。

不管采取哪种方法斟茶，斟茶时应注意不宜太满。俗话说"茶满欺客，酒满心实"，"茶倒七分满，留下三分是情分"，这既表明了宾主之间的良好感情，又出于方便的考虑，七分满的茶杯非常好端，不易烫手。一般而言，小杯以斟八九分满为宜，大杯以斟六七分满为宜。斟茶入盅或分茶入杯时，茶壶或茶盅都不要倾斜得太厉害，如超过了90度，如此的倾斜角度造成"逼迫"的感觉。斟茶时应留点时间让茶汤慢慢自然流干滴净，不要那么急迫，更不要用"抖"的方式。

图 2-23 往复斟茶法举例

（1）关公巡城　　　　　　　　　　　　（2）韩信点兵

（二）奉茶

奉茶包括第一泡茶的"端杯奉茶"和第二泡以后的"持盅奉茶"或"持壶奉茶"（图2-24）。

第一泡茶一般是在操作台上用茶杯将茶泡好或用壶泡好茶后分茶入杯再以奉茶盘端杯奉茶。但也有事先将空杯子分发到客人面前，这时就以"持盅奉茶"的方法奉茶。如果大家"促膝而坐"，且坐着就可以拿到杯子，泡茶者就坐在原位请客人逐次端取，或起立站在原位，端起奉茶盘请客人端取，不必离席。但如果大家是采取"分坐式"，就必须端着奉茶盘到每位客人面前奉茶。奉茶时先将奉茶盘放在客人桌前侧（或由助泡端奉茶盘站在客人前侧），双手端杯置客人面前，并行伸掌礼，而客人也用伸掌礼进行答谢。也可由

图 2-24 奉茶

（1）端杯奉茶　　　　　　　　　　　　（2）持盅奉茶

客人自行端取，尽量减少奉茶者接触杯口的机会。若无杯托，客人单手直接端杯。若有杯托，客人单手连杯托端起。若是较大的茶杯，则客人双手端杯（图2-25）。端走一个杯子后，应考虑到盘子上剩下杯子摆放的美感与下一位客人端取的方便性，需要时可以在离开客人面前后，将杯位调整一下。

奉茶盘摆放与使用时，若盘子有明显的方向性，如盘面有一幅画，让正面朝向客人。若盘子无方向性，但盘缘有镶边，镶边的接缝点应朝向自己，也就是让完整的一面向着客人。奉茶时要注意先后顺序，先长后幼、先客后主。同时，在奉有柄茶杯时，一定要注意茶杯柄的方向是客人的顺手面，即有利于客人右手拿茶杯的柄（图2-26）。杯子若有方向性，如杯面画有图案，使用时，不论放在操作台上或是摆在奉茶盘上，都让图案正面朝向客人。客人端起杯子后，一面欣赏茶汤的颜色，一面将正面调向外方，此后闻香、品饮以及将杯子送回泡茶者，都是正面朝向前方。

（三）品茶

品茶不仅是品赏茶汤的色、香、味、形，更注重精神上的享受，重在意境的感受和追求（图2-27）。品茶是需要用心的，要细细品啜，徐徐体味，从茶的色、香、味、形得到审美的愉悦。品茶能怡情悦性，得神、得趣，从而进入高远的精神境界。品茶不单单靠味觉辨别茶味，还与嗅觉、视觉乃至心理因素等协同作用，以感觉、欣赏茶的香气、觉察茶的滋味，并促成与形色相关的联想，即品茶还与"赏"相联系。古人对美的欣赏称为"品赏"，对茶也如此。对茶

（1）客人单手直接端杯

（2）客人双手端杯

图 2-25　客人端杯

图 2-26　奉茶方向（杯柄朝向客人右手）

图 2-27　品茶

的品尝，与对茶品质的审评有所不同。茶品质的审评，有一套科学的方法和步骤，品茶则不然。品茶须有充裕的闲暇与高雅的性情，有"虚实结合"的功夫。品茶，是品茶的色、香、味、形和韵。总之，品茶不仅是根据茶的品质标准严格鉴评，更多的是从艺术欣赏的观点，以领略茶的品性，达到美的享受。

（四）续茶

第二泡以后，客人继续使用原来的杯子，泡茶者将泡好的茶倒于茶盅内，在"促膝而坐"的场合，直接持盅将茶倒于客人的杯内；在"分坐式"的场合，将茶盅或茶壶置于奉茶盘上，并准备一方茶巾，端着奉茶盘出去奉茶。倒完茶，若有茶汤从茶盅（茶壶）嘴滴下，可将茶盅（茶壶）在茶巾上沾一下，若倒茶时有茶水滴落到客人的桌面上，拿茶巾沾干。若是直接在碗、杯中置茶冲泡的场合，就可持汤壶、保暖瓶直接往杯中续水，即"持壶（瓶）续水"。第二泡以后的续茶，恐有人未将茶汤全部喝完，可备一只小水盂，遇到对方杯子尚留有茶汤时，问他："还要喝一杯茶吗？"如果他说不要了，就不要再倒茶给他，如果他说还要，就将他杯内剩下的茶汤倒入水盂，然后再为他斟上一杯新茶（图2-28）。如果是大家围坐在一张桌子上泡茶、喝茶，而且桌上就有水盂，上述的情形就是直接将剩下的茶汤倒入水盂，周到的客人可以自行先将杯子清理干净。

图2-28 续茶

（1）持盅续茶

（2）续茶时备一只小水盂

第三节
基本茶艺

一、玻璃杯泡法茶艺

用无色透明玻璃杯冲泡各种外形条件很好的茶叶，如细嫩名优绿茶、黄茶、白茶等，可以充分欣赏茶叶外形、汤色和茶芽浮沉、舒展、舞动的情景。

（一）器物

（1）**主泡器**　玻璃杯（含玻璃杯托）3～6只。

（2）**备水器**　汤壶、茗炉（水如不需加热可以省略）或者随手泡各一。

（3）**备茶器**　茶叶罐（含茶叶）、茶荷、茶匙（含茶匙架）各一。

（4）**辅助器物**　茶巾、水盂、花器（含花）、奉茶盘、茶桌、座椅各一。铺垫若干。

（二）步骤及方法

扫码观看本茶艺演示

1. 备器

摆正台（桌）椅，铺好铺垫。茶席左侧区域的奉茶盘上放置150毫升左右容量的无色透明玻璃杯3～6只，杯子倒扣在玻璃杯托上。茶席中间区域依次放置茶叶罐（含茶叶）、茶荷、茶巾、水盂、茶匙（含茶匙架）、花器（含花），茶席右侧区域内置石英汤壶（水如需加热可配套茗炉）。如图2-29所示。

图2-29　玻璃杯泡法茶艺：备器

2. 布席

将茶席中间区域集中放置的茶叶罐、茶荷、水盂、花器依次放到四周合适位置，空出中间区域放置主泡茶具玻璃杯。双手配合将奉茶盘中倒扣的玻璃杯翻正，放置在茶席中间主泡区域（图2-30）。

3. 择水

选用清洁的天然水、矿泉水、纯净水、自来水等。

图2-30　玻璃杯泡法茶艺：布席

4. 取火

点燃茗炉中的酒精灯（若使用电热、燃气炉，打开开关即可），提石英壶置于茗炉上加热。

5. 候汤

急火煮水至初沸，若需要低温泡茶，初沸后熄火，待水温降低。

6. 赏茶

在候汤过程中，可让宾客欣赏干茶（未冲泡之前的茶叶）。从茶叶罐中将茶叶轻轻拨入茶荷内 [图2-31（1）]，将茶匙放回茶匙架。取罐盖压紧盖好，将茶叶罐放回。双手捧茶荷示意来宾赏茶 [图2-31（2）] 后归位。如果宾客同坐一张茶席，也可将茶荷平放在前方桌面，请来宾仔细欣赏干茶。

7. 温杯

温杯的目的是预热玻璃杯，便于闻茶香、缩短冲泡时间。右手单手提汤壶令水流沿玻璃杯口朝内壁注水 [图2-32（1）]，注入约玻璃杯总量的1/3。右手握杯身，左手食指、中指和无名指托杯底。右手手腕逆时针转动，双手协调使玻璃杯内壁与热水充分接触摇杯 [图2 32（2）]。涤荡后，左手拿杯底，旋转杯身，杯口朝右，置于平伸的右手掌中，同时伸开右手掌，使杯中水在旋转中倒入水盂弃水 [图2-32（3）]。

（1）取茶 　　　　　　　　　　　　　　（2）赏茶

图 2-31　玻璃杯泡法茶艺：取茶和赏茶

（1）回旋注水 　　　　　（2）摇杯 　　　　　（3）弃水

图 2-32　玻璃杯泡法茶艺：温杯

8. 投茶

双手拿起茶荷，左手虎口张开提拿茶荷，并使茶荷开口朝右。右手拿茶匙将茶叶从茶荷中拨入玻璃杯中，视情况可采用上投法或中投法或下投法向杯中投茶（图2-33）。若泡茶杯数多，茶叶量大，茶荷一次盛不下，可以分次完成。

图 2-33　玻璃杯泡法茶艺：投茶

9. 润茶

当汤壶中水达到适合泡茶的水温时，右手提汤壶，以"回旋注水法"按照从前到后、由右到左的顺序，向杯内注入少量开水（水量没过茶叶即可）温润茶叶［图2-34（1）］，使茶叶充分浸润、吸水膨胀，以便于内含物的析出。温润时间20～60秒，可视茶叶的紧结程度而定，越紧结的茶叶，温润的时间越长。右手轻握杯身，左手托住杯底，运动右手手腕逆时针转动茶杯，左手指轻托杯底作相应运动2～3圈摇香［图2-34（2）］。此时杯中茶叶充分吸水舒展，开始散发香气。如果在近距离同坐茶席的场合，可奉杯给来宾品嗅茶之初香。

10. 冲泡

采用"凤凰三点头法"（单手或者双手执汤壶上下三起三落向玻璃杯内注水，一是利用水的冲击力使茶叶上下翻滚，加速茶叶内含物浸出。二是寓意凤凰行礼，向宾客三鞠躬。）按从前到后、先右后左顺序逐杯注水冲泡（图2-35），促使茶叶上下翻动、飞舞。这一手法除具有寓意礼内涵外，还有利用水的冲力来均匀茶汤浓度的作用。冲泡水量控制在玻璃杯容量的七成左右。

（1）温润

（2）摇香

图 2-34　玻璃杯泡法茶艺：润茶

11. 静蕴

在水的润泽下静蕴（图2-36），杯中茶叶渐渐舒展开来，先是浮在上面，之后慢慢下沉。茶芽直立杯中，犹如雨后春笋，千姿百态。

12. 奉茶

将泡好的茶，双手端起一一放置在奉茶盘中的杯托上［图2-37（1）］。起身，端起奉茶盘［图2-37（2）］，后退两步立定，再走到宾客席前。按主次、长幼顺序双手拿杯托奉茶给宾客［图2-37（3）］，并行伸掌礼［图2-37（4）］。宾客点头微笑表示谢意，或答以伸掌礼，这是一个宾主融洽交流的过程。奉茶完毕。

13. 品茶

待茶叶舒展后，以右手虎口张开拿杯，女性辅以左手指轻托茶杯底，男性可单手持杯。先闻香［图2-38（1）］，其次观色、赏形［图2-38（2）］，而后品味［图2-38（3）］。

14. 续茶

当品饮者茶杯中只余1/3左右茶汤时，就应提汤壶续水（图2-39）。通常一杯茶可续水两次（视茶叶耐泡程度或应品饮者的要求而定）。

图2-35 玻璃杯泡法茶艺：冲泡

图2-36 玻璃杯泡法茶艺：静蕴

（1）　　　　　　　　　　（2）　　　　（3）　　　　（4）

图2-37 玻璃杯泡法茶艺：奉茶

15. 复品

复品同"13. 品茶"。第二泡茶香最浓，滋味最醇，要充分体验甘泽润喉、齿颊留香的感觉。第三泡茶淡若微风，静心体会。静坐回味，茶趣无穷。

16. 收具

茶事完毕，将茶席上茶叶罐、茶荷、水盂、花器依次收至茶席中间区域，归放"1. 备器"时的原位（图2-40）。敬奉给宾客的玻璃杯和其他茶具要等全部结束后取回、收拾。

图 2-38 玻璃杯泡法茶艺：品茶

（1）闻香　　　　　　（2）观色、赏形　　　　　　（3）品味

图 2-39 玻璃杯泡法茶艺：续茶　　　　　图 2-40 玻璃杯泡法茶艺：收具

二、盖碗泡法茶艺

盖碗茶具上常绘有山水花鸟图案，以白底青花瓷具较为常见，适于冲泡普通绿茶、黄茶、白茶、红茶、花茶等。

（一）器物

（1）主泡器　盖碗3～4只。

（2）备水器　陶壶、陶炉或者随手泡各一。

（3）备茶器、辅助器物　同玻璃杯泡茶艺。

（二）步骤及方法

扫码观看本茶艺演示

1. 备器

茶席左侧奉茶盘放置盖碗3~4只，茶席中间区域内置花器（含花）、茶叶罐（含茶叶）、茶荷、茶巾、茶匙（含茶匙架）、水盂，茶席右侧区域放置陶壶、陶炉（图2-41）。

2. 布席

同玻璃杯泡法，但不用翻杯，将盖碗主图案花纹正对宾客（图2-42）。

3. 择水

同玻璃杯泡法。

4. 取火

同玻璃杯泡法。

5. 候汤

同玻璃杯泡法。

6. 赏茶

同玻璃杯泡法（图2-43）。

图 2-41　盖碗泡法茶艺：备器

图 2-42　盖碗泡法茶艺：布席

图 2-43　盖碗泡法茶艺：取茶和赏茶

（1）取茶

（2）赏茶

7. 温碗

单手用食指按住碗盖盖钮中心下凹处，大拇指和中指扣住盖钮两侧提盖[图2-44（1）]，同时向内转动手腕（左手顺时针、右手逆时针）回转，并依抛物线轨迹将碗盖斜搭在碗托一侧[图2-44（2）]。以"回旋注水法"使水流沿盖碗内壁注入[图2-44（3）]，注水量为盖碗容量的1/3。依开盖动作逆向复盖，碗盖斜盖，即在盖碗左侧留一小缝隙便于弃水。右手持碗，左手指托住碗底，双手协调，按逆时针方向转动手腕，令盖碗内壁充分接触热水温碗[图2-44（4）]。右手单手持盖身移于水盂上方，向左侧翻转手腕，倾碗使水从盖碗左侧小隙中流进水盂弃水；也可双手持盖碗弃水[图2-44（5）]，双手同时将盖碗移于水盂上方，将托碗底的左手翻转，以手背托碗底，同时右手向左侧翻转手腕，倾碗使水从盖碗左侧小隙中流进水盂弃水[图2-44（6）]。

（1）揭盖a

（2）揭盖b

（3）注水

（4）温碗

（5）单手弃水

（6）双手弃水

图2-44 盖碗泡法茶艺：温碗

8. 投茶

右手拇指及中指夹持盖钮两侧，食指按住盖钮中心下凹处，向内顺时针转动手腕，并依抛物线轨迹将碗盖斜搭在碗托一侧或将盖斜搭（插）于碗托右侧。其他同玻璃杯泡法投茶（图2-45）。

图2-45 盖碗泡法茶艺：投茶

9. 润茶

当陶壶中水达二沸（水温度约95℃），即气泡如涌泉连珠时，采用"回旋注水法"温润[图2-46（1）]。右手持盖碗，左手托住盖碗底，运动右手手腕逆时针转动茶杯，左手轻托杯底作相应运动1~3圈（视茶叶紧结程度，越紧结圈数越多，即温润时间越长）摇香[图2-46（2）]，以促使盖碗中茶叶吸水舒展，散发茶香。

10. 冲泡

右手按前面揭盖方法、顺序揭盖。采用"凤凰三点头法"冲泡，注水毕，右手按开盖的顺序逆向复盖。也可以采用双手冲泡，左手揭盖停留在盖碗左侧，右手提陶壶采用"凤凰三点头法"注水（图2-47）。

11. 静蕴

盖碗又称"三才碗"，盖为天、托为地、碗为人，盖、碗、托三位一体。茶蕴杯中，象征着"天涵之，地载之，人育之"，天地人三才合一，共同化育出茶的精华（图2-48）。

12. 奉茶

同玻璃杯泡法（图2-49）。

图 2-46 盖碗
泡法茶艺：润茶

（1）温润泡

（2）摇香

图 2-47 盖碗泡法茶艺：冲泡

图 2-48 盖碗泡法茶艺：静蕴

（1）

图 2-49 盖碗
泡法茶艺：奉茶

（2）

（3）

13. 品茶

女性双手将盖碗连托端起，置于左手，以左手四指托碗托，大拇指扣碗托，右手大拇指、食指及中指拿住盖钮，向右下方轻按，令碗盖右侧盖沿部分浸入茶汤中［图2-50（1）］，复再向左下方轻按，令碗盖左侧盖沿部分浸入茶汤中，接着右手顺势揭开碗盖，将碗盖内侧朝向自己，凑近鼻端左右平移，嗅闻附着在碗盖上的茶香［图2-50（2）］。闻香后撇去茶汤表面浮叶（动作由内向外二、三次），边撇边观赏汤色，最后将碗盖左低右高斜盖在碗上（盖碗左侧留一小隙）。闻香、观色已毕，开始品饮（图2-51）。右手虎口分开，大拇指和中指分搭盖碗两侧碗沿下方，食指轻按盖钮，提盖碗向内转90度（虎口必须朝向自己，这样饮茶时手掌会将嘴部掩住，显得高雅），从小隙处小口啜饮。男性可单手持碗，用拇指和中指夹住盖碗，食指抵住钮面，无名指和小指自然下垂。

14. 续茶

当品饮者茶杯中只余1/3左右茶汤时，茶艺师应该提陶壶续水了。一般续水两次，也可按来宾要求而定。司茶者用左手大拇指、食指、中指拿住碗盖提钮，将碗盖提起并斜挡在盖碗左侧，右手提陶壶采用"回旋高冲法"（先回旋一圈再高冲）向盖碗内注水（图2-52）。

15. 复品

同"13. 品茶"。

16. 收具

同玻璃杯泡法（图2-53）。

（1）　　　　　（2）

图 2-50　盖碗泡法茶艺：品香

图 2-51　盖碗泡法茶艺：品饮

图 2-52　盖碗泡法茶艺：续茶

图 2-53　盖碗泡法茶艺：收具

三、壶泡法茶艺

壶泡法是指在茶壶中泡茶，然后分斟到茶杯（盏）中饮用的一种茶叶泡饮方法，适于冲泡普通绿茶、黄茶、黑茶、白茶、红茶、花茶等。

（一）器物

（1）主泡器　茶壶1只、茶杯（含托）4只。
（2）备水器　茗炉、汤壶或者随手泡各一。
（3）备茶器物、辅助器　同于玻璃杯泡法茶艺。

（二）步骤及方法

扫码观看本茶艺演示

◗1. 备器

茶席左侧区域放置奉茶盘；茶席中间区域依次放置茶罐（含茶叶）、茶壶、茶巾、茶荷及茶匙、水盂各一，前排一字排放茶杯4只，杯子倒扣在杯托上；茶席右侧区域内置茗炉、汤壶（图2-54）。

◗2. 布席

将茶席中间区域集中放置的茶叶罐、茶荷、茶匙、水盂、花器依次放到合适位置，茶壶置中间，双手翻正茶杯置于杯托上。其他同玻璃杯泡法（图2-55）。

◗3. 择水

同玻璃杯泡法。

图2-54　壶泡法茶艺：备器

图2-55　壶泡法茶艺：布席

4. 取火

同玻璃杯泡法。

5. 候汤

同玻璃杯泡法。

6. 赏茶

同玻璃杯泡法。

7. 温壶

打开壶盖，注水。右手单手提汤壶，按逆时针方向回转手腕一圈低斟，使水流沿圆形壶口回旋注水［图2-56（1）］，然后提腕高冲，待注水量为小茶壶容量的1/2或中茶壶容量的1/3或大茶壶容量的1/4时复压腕低斟，回转手腕一圈并令壶流上扬使汤壶及时断水。

荡壶，弃水。取茶巾置左手上，右手持壶放在左手茶巾上（若非烫不可触，也可不用茶巾）。双手协调按逆时针方向转动手腕，外倾壶体令壶身内部充分接触热水，荡涤冷气［图2-56（2）］，随后持茶壶将水倒入茶杯中温杯［图2-56（3）］。

8. 投茶

揭茶壶盖后，左手托茶荷，右手拿茶匙将茶叶按照茶水比1∶50左右的茶量拨于壶中（图2-57），以壶容量决定茶量。

9. 润茶

当汤壶中水达二沸（水温度约

（1）回旋注水

（2）荡壶

（3）弃水温杯

图 2-56　壶泡法茶艺：温壶

图 2-57　壶泡法茶艺：投茶

95℃），以"回旋注水法"向茶壶内注入少量开水（水量为茶壶容量的1/4左右，没过茶叶即可），使茶叶充分浸润、吸水膨胀，以便于内含物析出［图2-58（1）］。右手握提梁或茶壶把，左手托住茶壶底，运动右手手腕逆时针转动茶壶，左手轻托壶底作相应运动三圈温润茶叶［图2-58（2）］。

10. 冲泡

左手揭开茶壶盖，右手持汤壶用"凤凰三点头法"注水至壶肩，促使茶叶上下滚动（图2-59）。

11. 静蕴

静置2～5分钟，以孕育汤华（图2-60）。

12. 温杯

在静蕴等待之时温杯。右手握杯身或持杯把，左手食指、中指和无名指托杯底。右手手腕逆时针转动，双手协调使茶杯内部与热水充分接触。涤荡后将水倒入水盂（图2-61），放回茶杯。

图 2-58　壶泡法
茶艺：润茶

（1）注水

（2）温润

图 2-59　壶泡法茶艺：冲泡

图 2-60　壶泡法茶艺：静蕴

图 2-61　壶泡法茶艺：温杯

13. 斟茶

双手或单手持茶壶，用"平均分茶法"斟茶入杯（图2-62）。为避免叶底闷黄，斟茶完毕后茶壶复位，可将茶壶盖揭开。

"平均分茶法"：分来回两次将茶汤斟于数个茶杯内。例如，一次斟茶四杯，则第一杯先斟茶1/4量，第二杯先斟茶2/4量，第三杯先斟茶3/4量，第四杯一次斟好；接着往回斟，将每杯补足。也就是第三杯补1/4，第二杯补2/4，第一杯补3/4。如此，最淡的加上最浓的，次淡的加上次浓的，使每杯的浓度接近平均。

（1）

（2）

图2-62 壶泡法茶艺：斟茶

14. 奉茶

同玻璃杯泡法（图2-63）。

图2-63 壶泡法茶艺：奉茶

15. 品茶

右手虎口张开拿杯，女性辅以左手指托茶杯底［图2-64（1）］，男性可单手持杯。先闻香，次观色，再品味［图2-64（2）］。

16. 续茶

若茶壶中的茶汤不多时，则准备泡第二道茶。双手或单手提汤壶，采取"凤凰三

（1）闻香观色

（2）品味

图2-64 壶泡法茶艺：品茶

点头法"直接向茶壶注水至壶肩。每壶茶一般泡2～3道，因茶类而异，也可按来宾要求而定。泡第二道、第三道茶的要点是保证茶汤的浓度。有的茶，还可泡四道、五道，乃至更多道。当品饮者茶杯中只余1/3左右茶汤时，就该续茶了，可提茶壶直接向宾客杯中斟茶。

17. 复品

第二道茶香最浓，滋味最醇，要充分领会茶之真味。第三道茶汤仍有回甜，称之为醇和，是优质茶的标志之一。要体味每道茶的特点，静坐回味，茶趣无穷。

18. 收具

同玻璃杯泡法（图2-65）。

图2-65　壶泡法茶艺：收具

四、调饮茶艺——牛奶（果汁）红茶茶艺

调饮茶是以茶叶为原料，配合其他物料调配而成的可以饮用的茶。中国许多民族都有饮用调饮茶的习俗。

（一）器物

（1）**主泡器**　冲泡器、茶盅各一，有柄杯（含托、汤勺）3套。

（2）**备水器**　汤壶和暖水瓶各一。

（3）**备茶器**　茶叶罐（含茶叶）、茶荷、茶匙（含茶匙架）、奶缸（或果汁缸或果晶缸）、糖缸（带夹物）各一。

（4）**辅助器物**　同玻璃杯泡法茶艺。

（二）步骤及方法

扫码观看本茶艺演示

1. 备器

茶席左侧区域的奉茶盘中放置有柄杯倒扣于杯托，汤勺置有柄杯一侧。茶席中间区域放置茶罐、奶缸（含奶）或浓果汁缸或果晶缸、糖缸（含糖并带夹）、冲泡器、茶盅、茶荷、茶匙、茶巾、花器。茶席右侧区域放置汤壶、水盂。暖水瓶置于茶桌右后地面（图2-66）。

2. 布席

将茶叶罐、茶荷、花器依次放到合适位置，糖缸（带夹）和奶缸（或浓果汁缸或果晶缸）置汤壶左侧，水盂置汤壶后部，冲泡器和茶盅列置茶席中间。将奉茶盘内扣放的杯子由内向外翻身，杯口朝上，一字排列在茶席前排（图2-67）。

3. 备水

打开壶盖，提暖水瓶注水入汤壶。一般情况下，用95～100℃开水。

4. 洁器

左手打开冲泡器，同时用右手提汤壶，按逆时针方向回转手腕一圈低斟，使水流沿壶口注入，提腕高冲，复压腕低斟［图2-68（1）］，待注水量为冲泡器容量的1/3时，回转手腕一圈并令壶流上扬使水壶及时断水，然后将汤壶放回原位，盖好冲泡器盖。取茶巾置左手上，右手持冲泡器手柄放在左手茶巾上（若非烫不可触，也可不用茶巾），双手协调按逆时针方向转动手腕，外倾冲泡器令其内部充分接触热水，荡涤冷气［图2-68（2）］，再次清洁。随后双手持冲泡器弃水于茶盅中用来温盅［图2-68（3）］。

图2-66 调饮茶艺：备器

图2-67 调饮茶艺：布席

（1）注水

（2）洁壶

（3）弃水温盅

图2-68 调饮茶艺：洁器

5. 投茶

打开冲泡器盖，拔出滤网及盖放在杯托上（也可准备一盖置放上）。双手捧取茶罐，启盖，用茶匙将红碎茶拨入冲泡器中，茶叶量按照茶水比1：50左右，以壶容400毫升的量决定茶量8克投茶（图2-69）。

图2-69　调饮茶艺：投茶

6. 冲泡

右手提汤壶，用回旋、高冲、复回旋注水法冲入95～100℃开水冲泡［图2-70（1）］，汤壶复位。冲泡器复盖，右手提起冲泡器拉杆，左手按压住冲泡器盖，上下抽动拉杆，以使茶中内含物加速溶于水中［图2-70（2）］，静置约2分钟。

7. 洁盅和洁杯

静置过程中可用来洁盅、洁杯。双手持盅协调按逆时针方向转动手腕，外倾茶盅令内部充分接触热水，荡涤冷气，然后单手持盅将热水平均分入各茶杯中［图2-71（1）］。最后右手持杯把，左手食指、中指和无名指托杯底，右手手腕逆时针转动，双手协调使茶杯内部与开水充分接触，涤荡后将水倒入水盂［图2-71（2）］，然后放回茶杯。

（1）注水冲泡

（2）抽动拉杆

图2-70　调饮茶艺：冲泡

（1）洁盅

（2）洁杯

图2-71　调饮茶艺：洁盅和洁杯

8. 斟茶

右手提冲泡器手柄，左手扶盖，将茶汤倒入茶盅中（图2-72）。

9. 分茶

左手持茶盅将茶汤倒入茶杯内约五六成（图2-73）。

图2-72　调饮茶艺：斟茶

图2-73　调饮茶艺：分茶

10. 添加

右手提奶缸（或果汁缸或果晶缸）将牛奶（或果汁或果晶）倒入茶杯中一二成，加方糖1～2块（图2-74）。也可在奉茶后由客人自行添加，即分茶之后，将茶壶（内有余茶）、糖缸、奶缸（或果汁缸或果晶缸）端放到宾客席上，由客人根据自己的偏好自行添加。

（1）添加牛奶

11. 奉茶

将茶杯端放入奉茶盘中，并放入汤勺（图2-75）。奉茶方法同玻璃杯泡茶艺，但要注意杯柄的方向，奉送给宾客时，要使杯柄在客人的右侧，再行伸掌礼。

（2）添加糖

图2-74　调饮茶艺：添加

12. 品茶

取汤勺搅拌茶汤数下，使茶与添加物混合均匀［图2-76（1）］，然后提起汤勺在杯内壁上停放一下，使勺中茶汤滴入杯中，再将汤勺仍放在杯柄一侧杯托上

图2-75　调饮茶艺：奉茶

[图2-76（2）]。端起茶杯，先闻香，观色，再啜饮 [图2-76（3）]。

13. 收具

将桌上所有物品收拾整齐、归位（图2-77）。

（1）搅拌　　　（2）放勺

（3）品饮

图2-76　调饮茶艺：品茶

图2-77　调饮茶艺：收具

第四节

工夫茶艺

一、壶杯泡法工夫茶艺

工夫茶，泛指冲泡、品饮青茶（乌龙茶）的一套技艺，从清代至今流行于福建、广东、台湾等地。传统的工夫茶用紫砂小茶壶冲泡，沏泡讲究"壶具小巧、投茶量多、烫杯淋壶、沸水冲泡"，以较高的水温令茶叶内含物充分析出。

（一）器物

（1）**主泡器**　紫砂壶一个、紫砂品茗杯（内壁白釉，含杯托）4~6个。

（2）**备水器**　红泥玉书碨、红泥炉或者随手泡各一。

（3）**备茶器**　茶叶罐（含茶叶）、茶荷各一。

（4）**辅助器物**　紫砂小茶船、双层紫砂茶船、茶道组（含茶则、茶匙、茶夹、茶针、茶漏、茶箸筒）、茶巾、花器（含花）、奉茶盘、茶桌、座椅各一。铺垫若干。

（二）步骤及方法

扫码观看本茶艺演示

1. 备器

　　紫砂壶放置小茶船上、品茗杯倒扣在双层紫砂茶船上；辅助茶具、备茶器合理集中放置在茶席中间区域；奉茶盘放置茶席左侧；备水器放置茶席右侧（图2-78）。

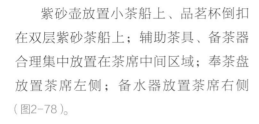

图2-78　壶杯泡法工夫茶艺：备器

2. 布席

　　依次将花器、茶叶罐、茶荷、茶巾、杯托、茶道组放置在主泡茶具四周合适、方便拿取的位置。将倒扣在双层紫砂茶船的品茗杯依次翻正，摆放整齐，两两相接（图2-79）。

图2-79　壶杯泡法工夫茶艺：布席

3. 择水

　　同玻璃杯泡法茶艺。

4. 取火

　　同玻璃杯泡法茶艺。

5. 候汤

　　泥炉点火，注水入玉书碨（水壶）置在泥炉上加热，急火煮水至二沸至三沸（95～100℃）。

6. 温壶

　　左手捏拿紫砂壶盖纽揭盖放置在4个品茗杯的交汇处［图2-80（1）］。右手握玉书碨的横把采用"回转注水法"向紫砂壶内注入热水［图2-80（2）］至壶量1∕2后复位。左手复壶盖。右手大拇指、中指、无名指捏住紫砂壶把，食指抵住盖纽（不要堵住纽上的气孔，防止出水不畅），拿起紫砂壶。左手手掌前端托壶底，双手协调逆时针方向转动手腕捧壶涤荡，使紫砂壶内部充分接触热水，荡涤冷气（也可注水满壶，不必荡壶，直接弃水）。温壶后将温壶水依次循环倒入4只品茗杯中［图2-80（3）］用来温杯。

7. 赏茶

双手捧取茶叶罐，开启后将罐盖移放到茶巾右侧。左手拿茶叶罐，右手用茶匙将适量茶叶轻轻地拨入茶荷取茶。如果茶叶外形是紧结的颗粒状的，也可直接使用茶则从茶叶罐中量取茶叶到茶荷中［图2-81（1）］；也可左手平托茶荷，右手横拿茶叶罐转动手腕倒茶，左手轻抖令茶叶粗细分层。

双手捧茶荷，向外倾斜，展示给宾客赏茶［图2-81（2）］，观看茶叶的外形、色泽、条索以及整碎度。也可将茶荷平放在前方桌面，请宾客欣赏干茶。赏茶时主人与宾客可一起对茶叶的外形风格和干茶色泽、香气、产地等品质特征进行评论，增加品茗氛围。

8. 投茶

投茶量一般情况如下掌握：疏松条形乌龙茶用量为茶壶容积的2/3左右；较松的半球形乌龙茶用量为茶壶容积的1/2左右；球形及紧结的半球形乌龙茶用量为茶壶容积的1/3左右。碎茶较多时则减少置茶量，来宾多为初饮者时也宜酌情减量。

（1）置盖　　　　　　　　　（2）注水　　　　　　　　　（3）弃水

图 2-80　壶杯泡法工夫茶艺：温壶

（1）取茶　　　　　　　　　　　　　　（2）赏茶

图 2-81　壶杯泡法工夫茶艺：取茶和赏茶

左手将壶盖提起放置在品茗杯交会处，右手从茶箸筒取茶夹，夹起挂在茶针上的茶漏，将其放置在壶口上［图2-82（1）］，以扩大壶口面，方便投茶入壶（如果茶叶紧结，壶口较大，投茶方便，也可不用放置茶漏），随后将茶夹放回茶箸筒。

待来宾赏茶完毕，以左手将茶荷托住（令其开口向右），右手取茶匙将粗大的茶叶拨到壶流（嘴）一侧，将细碎的茶叶拨到壶把一侧投茶［图2-82（2）］，这样可避免冲泡后出现细碎茶叶将出水孔堵塞，造成茶壶出水不畅。茶叶投毕，先放回茶匙，再双手提拿茶荷归位。最后取茶夹将茶漏归位［图2-82（3）］。

9. 润茶

右手持玉书碨，用"回旋注水法"向紫砂壶内注水没过茶叶温润［图2-83（1）］。随即复壶盖，持壶快速将润茶水循环倒入品茗杯中［图2-83（2）］。目的是让茶叶吸收一些水分与温度而成苞待放状态，便于后面冲泡时可以在很短的时间下达到所需的茶汤品质。温润泡的茶水还可以再一次用来烫杯。

需要注意的是，将润茶水倒掉只适用于原料比较粗老、存放时间较长、耐泡的茶叶（如乌龙茶、黑茶等）。原料比较细嫩、不耐泡的茶叶（如细嫩的绿茶、红茶等）不建议把润茶水倒掉，避免造成茶叶内含物的浪费。

（1）放置茶漏

（2）投茶

（3）茶漏归位

图 2-82 壶杯泡法工夫茶艺：投茶

（1）注水温润

（2）温润弃水

图 2-83 壶杯泡法工夫茶艺：润茶

10. 高冲

右手持玉书碨先向紫砂壶采用"低斟回旋高冲法"（先逆时针方向，朝内回转手腕一圈低斟，然后提腕高冲）注水，从紫砂壶内侧高冲水漫至壶口溢出（图2-84）。高冲的目的是使壶中的茶叶在水的冲击下翻动而充分浸润。

11. 刮沫

左手提紫砂壶盖由外向内刮去紫砂壶口的浮沫（图2-85）。右手持玉书碨将壶盖上的粘沫冲洗干净后盖好。

12. 淋壶

右手持玉书碨向紫砂茶壶身、壶盖冲淋热水，逆时针朝内回转运动手腕，水流从壶身外围开始浇淋，向中心绕圈最后淋至盖钮处（图2-86）。其目的就是使茶壶外壁受热均匀且提高温度。

13. 烫杯

等待茶叶浸泡的间隙，单手或双手用传统的"狮子滚绣球法"，即一只手大拇指、食指和中指端起一只或者两只手同时端起两只品茗杯，侧放到临近的1只杯中或者后面的2只杯中。大拇指搭杯沿处，中指扣杯底圈足，食指勾动杯外壁如"招手"状转动品茗杯，如狮子滚绣球，使品茗杯内外均用开水烫到。最后1杯或者2杯不再滚烫，直接转动手腕，倒入双层紫砂茶船内。将4只品茗杯依次轮回荡洗烫杯［图2-87（1）］，重新摆放整齐两两相接。如今，许多人认为这种传统方式操作困难、不太卫生，故改为用茶夹代替手指滚杯［图2-87（2）］。

图2-84 壶杯泡法工夫茶艺：高冲

图2-85 壶杯泡法工夫茶艺：刮沫

图2-86 壶杯泡法工夫茶艺：淋壶

图2-87 壶杯泡法工夫茶艺：烫杯

（1）双手烫杯

（2）茶夹烫杯

14. 游山玩水

第一泡茶汤泡好后，茶艺师右手持壶将壶底与小茶船边沿轻触，逆时针移动一圈，俗称"游山玩水"（图2-88）。作用是刮去茶壶底沾水，晃动茶壶有利于茶汤均匀。转毕提壶在茶巾上按一下，充分吸干壶底的沾水。

图2-88　壶杯泡法工夫茶艺：游山玩水

15. 关公巡城

右手持壶，先斟数滴茶汤于茶船中，目的是避免壶流里的碎茶。然后按照逆时针方向沿着品茗杯不断快速巡回低斟茶汤，俗称"关公巡城"（图2-89）。

图2-89　壶杯泡法工夫茶艺：关公巡城

16. 韩信点兵

巡城至壶中茶汤将尽时，则巡回向各品茗杯中点斟茶汤，滴到各杯中，俗称"韩信点兵"（图2-90）。为了保证每只品茗杯中茶汤浓度接近一致，需要观察各只杯中的茶汤颜色。凡汤色稍淡者，茶汤多几滴，汤色较深者，茶汤少几滴。

图2-90　壶杯泡法工夫茶艺：韩信点兵

17. 奉茶

端起品茗杯，先在茶巾上轻按一下［图2-91(1)］，吸尽杯底粘水后将品茗杯置杯托上，再放置奉茶盘［图2-91(2)］中。起身，双手端奉茶盘将茶奉给宾客［图2-91(3)］，并点头微笑行伸掌礼［图2-91(4)］。宾客受茶时可用伸掌礼对答或轻轻欠身微笑。如果宾客围坐茶席较近，可以不必使用奉茶盘，直接用双手端杯托敬至宾客桌前，微笑行伸掌礼。

18. 品茶

右手采用"三龙护鼎"手法端杯（大拇指和食指拿住杯身，中指抵住杯底圈足），女士可用左手辅助托杯底。先闻茶香，举品茗杯近鼻端嗅闻茶香。再观汤色［图2-92（1）］。最后尝其味［图2-92（2）］，分三口缓缓啜饮，使茶汤在口腔内应停留一阵，让舌尖两侧及舌面舌根充分领略茶汤滋味。咽下后再细细回味，领略"舌根常留甘尽日"的韵味。

图 2-91 壶杯泡法
工夫茶艺：奉茶

（1）　　　　　　　　　　（2）

（3）　　　　　　　　　　（4）

图 2-92 壶杯泡
法工夫茶艺：品茶

（1）闻香观色　　　　　　　　　　（2）品饮

19. 续茶

青茶以香高、味醇、耐泡著称，可连续冲泡数次。第一泡后接着依次可泡第二、第三泡茶。冲泡前先收回品茗杯，仍两两相接放在双层紫砂茶船上，注开水重新烫杯。将第一泡冲泡后茶船中的残水倒入双层紫砂茶船里，冲泡第二、第三泡。青茶冲泡的重点在于保持每一泡足够的茶汤浓度，所以第二、三泡茶冲泡应采用逐泡延长冲泡时间的方法，第二泡应冲泡1分15秒左右；第三泡应冲泡1分40秒左右。如果茶叶耐泡，还可以继续冲泡第四、第五泡茶，冲泡时间依次延长，虽然色香味稍显逊色，但茶人应爱茶惜茶，甚至可以"七泡有余香"。

其余斟茶、奉茶、复品同第一泡茶。

20. 收具

将桌上所有物品收拾整齐、归位（图2-93）。

图 2-93 壶杯泡法工夫茶艺：收具（行礼）

二、碗杯泡法工夫茶艺

碗杯泡法工夫茶艺，是用盖碗作为主泡茶具冲泡茶叶，从盖碗中直接将茶汤倒入品茗杯中，供人品饮的茶艺。历史上，碗杯泡法工夫茶艺以"潮州工夫茶"的冲泡技艺为代表，因此在粤、闽、台被称为"潮州工夫茶"或"潮汕工夫茶"。这种泡法茶艺特别适合冲泡鲜叶原料比较成熟、茶叶香气高长、持久，滋味醇厚饱满的乌龙茶（青茶）类。由于该泡法茶艺中所用主泡茶具为盖碗，方便清洗，且不易吸杂味，因此这种茶艺也同时适用于多种茶类，如原料较老的红茶类、黑茶类和白茶类，是人们日常生活中最为常见的冲泡方法。

（一）器物

（1）**主泡器**　盖碗一个、配套瓷制品茗杯（含杯托）4～6个。

（2）**备水器**　陶壶、陶炉各一或者随手泡。

（3）**备茶器**　茶叶罐（含茶叶）、茶荷各一。

（4）**辅助器物**　瓷制小茶船、双层瓷茶盘、茶道组（含茶则、茶匙、茶夹、茶箸筒）、茶巾、花器（含花）、奉茶盘、茶桌、座椅各一。铺垫若干。

（二）步骤及方法

扫码观看本茶艺演示

1. 备器

摆正桌椅，铺好铺垫。盖碗放在双层瓷茶盘上，品茗杯倒扣在盖碗四周呈半月形。备茶器和辅助茶器合理集中放置茶席中间区域，奉茶盘放置茶席右侧，备水器放置茶席左侧（图2-94）。

需要注意的是，茶艺师使用左手、右手均可泡茶，为了双手使用平衡或者受到条件限制，可将备水器具放在茶席左侧，锻炼左手泡茶能力。

图 2-94　碗杯泡法工夫茶艺：备器

2. 布席

依次将茶叶罐、茶荷、茶巾、杯托、茶道组、花器放置在主泡茶具四周合适、方便拿取的位置。双手端拿盖碗碗托两侧将盖碗从双层瓷茶盘上取下放置在小茶船后侧。单手拿起碗身放入小茶船内，碗托放在小茶船后面以便在操作过程中放置碗盖。最后依次翻正倒扣在双层瓷茶盘的品茗杯，摆放整齐，两两相接（图2-95）。

图2-95 碗杯泡法工夫茶艺：布席

3. 择水

同玻璃杯泡法茶艺。

4. 取火

同玻璃杯泡法茶艺。

5. 候汤

点燃陶炉，将陶壶置上。右手将已经盛满山泉水的储水壶提起，把山泉水倒入陶壶，然后煮水。为节省煮水时间，在准备茶具时，可用煮水壶代替储水壶，先将水煮至高温。冲泡乌龙茶对要求水温高，将水煮至二沸到三沸，即陶壶内涌泉连珠转向腾波鼓浪时。

6. 赏茶

同壶杯泡法工夫茶艺（图2-96）。

7. 温碗

首先用左手打开盖碗，将碗盖放置小茶船后的碗托上［图2-97（1）］。左手提陶壶采用"回旋注水法"沿着盖碗边缘顺时针方向缓缓注入开水（左手朝内方向，寓意欢迎宾客），注入水量以约占盖碗容积的一半为适宜［图2-97（2）］。盖上碗盖，碗盖侧边留一条小缝，左手大拇指与中指捏住盖碗杯沿的内外两侧，食指按住盖子的顶端，右手托住碗底，轻摇盖碗温碗［图2-97（3）］。温碗的目的是有助于冲泡前干茶香气的散发和冲泡时茶性得到更好的发挥。将温碗后的热水从碗盖的缝隙中巡回倒入四只品茗杯［图2-97（4）］，温热品茗杯。

图2-96 碗杯泡法工夫茶艺：取茶和赏茶

（1）取茶

（2）赏茶

（1）揭盖

（2）回旋注水

（3）温碗

（4）弃水温杯

图2-97　碗杯泡法工夫茶艺：温碗

8. 投茶

　　用左手大拇指、食指和中指握住茶荷，右手执茶匙，轻轻地将茶叶投入盖碗中（图2-98）。投茶时注意，粗大的茶条应当置于盖碗的外围，而细碎的茶叶则置于中央，目的是在斟出茶汤时使细碎茶渣不易倒出，从而不影响茶叶汤色的观赏。一般情况下，条索形的广东单丛茶、武夷岩茶等茶叶用量为盖碗容积的1/2～2/3为宜，颗粒形的铁观音、本山、

图2-98　碗杯泡法工夫茶艺：投茶

台湾乌龙等茶叶用量为盖碗容积的1/3～1/2。总体来说，投叶量与茶叶的紧结度、整碎度和老嫩度等都有关。

9. 润茶

　　提起陶壶，将恰到"火候"的沸水低旋一圈冲入盖碗，再按"提高—降低"方式把握水线，直至没过茶叶［图2-99（1）］。接着盖上碗盖，要求留一小缝，食指按住碗盖迅速倾出润茶水倒至小茶船中［图2-99（2）］为盖碗保温［图2-99（3）］。润茶时出汤速度要快，以尽量减少茶叶内有效成分浸出的损失。

10. 烫杯

同壶杯泡法工夫茶艺的烫杯，单手或者双手操作（图2-100）。

11. 高冲

右手揭盖，左手提陶壶高冲注水，将恰到"火候"的沸水用"低斟回旋高冲法"注入盖碗（图2-101）。"高冲"是指注水时要求拉高水线，这是潮汕工夫茶艺冲茶的重要特点之一。首先提起陶壶先沿盖碗边缘缓慢环绕注水，再提陶壶拉高水线，然后降低而收水线。水线要落在盖碗的沿壁上，尽量避免直接冲撞茶叶。冲水时，要一气呵成，不可断断续续。最后盖上盖碗，这时不要留有缝隙，使茶性在沸水中尽情释放。

12. 低斟

在把握好茶叶的浸泡时间后，斟出茶汤。右手持盖碗先放在茶巾上按一下，吸尽碗底粘水，移入碗托，并移碗盖留一缝隙出汤。张开左手虎口，用拇指按碗盖，四指托碗底，横持盖碗，先将最上面一些茶汤弃入双层瓷茶盘，继而用"关公巡城"和"韩信点兵"法斟茶。这个步骤潮州人又称之为"洒茶"或"出汤"。要求"出汤"要"低斟"。低斟，就是倒出茶汤时不要拉高水线，盖碗与品茗杯的距离要近，目的是减少茶汤的香味和热量散失，又可防止茶汤溅出，或产生泡沫，影响美观和意境。将茶汤均匀地以"往返"或"轮回"方式斟入品茗杯中，通常需要来回反复斟2～3圈才使茶汤浓度均匀一致，

（1）温润

（2）温润弃水　　　（3）温润保温

图2-99　碗杯泡法工夫茶艺：润茶

（1）单手烫杯　　　（2）双手烫杯

图2-100　碗杯泡法工夫茶艺：烫杯

图2-101　碗杯泡法工夫茶艺：高冲

俗称为"关公巡城"[图2-102（1）]。茶汤倾毕，尚有余沥，要轻柔地将盖碗里剩余的茶汤尽数一滴一滴依次巡回滴入各个品茗杯中，这又称为"韩信点兵"[图2-102（2）]，这样有利于出尽茶之精华，又可避免剩余茶汤长时间在盖碗中滞留而影响下一轮茶汤的品质，产生苦涩味。由于古有"酒满敬人，茶满欺人"之说，茶汤切不可满斟入杯，一般加至品茗杯的8分、9分满即可[图2-102（3）]。

13. 奉茶

同壶杯泡法工夫茶艺的奉茶。将品茗杯端起，在茶巾上吸干水渍后，放到杯托上[图2-103（1）]，再依次放入奉茶盘中[图2-103（2）]。放下杯托和品茗杯后，用伸掌礼[图2-103（3）]示意宾客。

14. 品茶

同壶杯泡法工夫茶艺的品茶（图2-104）。

15. 续茶

双手捧小茶船将其中冷却的水倒入双层瓷茶盘，复位后左手提陶壶向小茶船内注入适量的开水。右手持盖碗放入小茶船，揭盖，左手提陶壶高冲，方法同第一泡茶。第二泡茶需要比第一泡延长30秒到1分钟。第三泡比第二泡冲泡再延长1分钟到1分30秒。如果茶叶

（1）关公巡城　　　　　　　（2）韩信点兵　　　　　　　（3）斟茶毕

图 2-102　碗杯泡法工夫茶艺：低斟

（1）　　　　　　　　　　　（2）　　　　　　　　　　　（3）

图 2-103　碗杯泡法工夫茶艺：奉茶

比较耐泡，可继续冲泡四五泡。依次收回品茗杯，仍呈两两相接方阵放在双层瓷茶盘中，注开水重新烫杯。其余斟茶、奉茶、复品方法同第一泡。

16. 收具

同壶杯泡法工夫茶艺的收具（图2-105）。

图 2-104　碗杯泡法工夫茶艺: 品茶

图 2-105　碗杯泡法工夫茶艺: 收具

三、碗盅单杯泡法工夫茶艺

碗盅单杯工夫茶艺泡法适用于各类茶的冲泡，是目前适用性最广的一套茶艺。

（一）器物

（1）**主泡器**　盖碗、茶盅一个、品茗杯（含杯托）4～6个。

（2）**备水器**　铁壶、铁炉各一或者随手泡。

（3）**备茶器**　茶叶罐（含茶叶）、茶荷、茶匙（含架）各一。

（4）**辅助器物**　茶滤（含茶滤架）、水盂、茶巾、花器（含花）、奉茶盘、茶桌、座椅各一。铺垫若干。

（二）步骤及方法

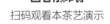
扫码观看本茶艺演示

1. 备器

摆正桌椅，铺好铺垫。主泡器、辅助茶具、备茶器合理放置在茶席中间区域，奉茶盘放置茶席左手区域，备水器放置茶席右手区域（图2-106）。

图 2-106　碗盅单杯泡法工夫茶艺: 备器

2. 布席

依次将辅助茶具放置在主茶具四周合适的位置，将倒扣在杯托上的品茗杯依次翻正，摆放整齐（图1-107）。

图2-107　碗盅单杯泡法工夫茶艺：布席

3. 择水

同玻璃杯泡法。

4. 取火

同玻璃杯泡法。

5. 候汤

同壶杯泡法工夫茶艺。

6. 赏茶

同壶杯泡法工夫茶艺（图2-108）。

7. 温碗

同碗杯泡法工夫茶艺（图2-109）。

（1）取茶

（2）赏茶

图2-108　碗盅单杯泡法工夫茶艺：取茶和赏茶

（1）

（2）

图2-109　碗盅单杯泡法工夫茶艺：温碗

8. 温盅

茶滤置茶盅上，将温碗水倒入茶盅［图2-110（1）］，手法同温碗方法。温盅毕，茶滤归位，温盅之水倒入品茗杯温杯［图2-110（2）］。

9. 投茶

投茶同碗杯泡法工夫茶艺（图2-111）。

10. 润茶

右手提铁壶用"回旋注水法"向盖碗内注水没过茶叶即可，手法同盖碗泡法茶艺润茶（图2-112）。冲泡原料比较细嫩的红茶时，不需要把润茶水丢弃，以免茶叶内含物质的流失。根据茶叶老嫩、紧结程度，拿起盖碗摇香，越粗老、紧结的茶叶，摇香的时间越长。

11. 高冲

揭碗盖，右手提铁壶采用"低斟回旋高冲法"冲泡茶叶（图2-113）至盖碗碗下沿（不要倒满，防止烫手，便于出汤），复盖。

12. 温杯

利用茶叶浸泡的时间，由外向内方向拿品茗杯身，轻摇杯身使热水与品茗杯充分接触预热后倒入水盂（图2-114）。如果使用贮水型双层茶盘也可以持茶夹，按从右向左的次序，

（1）温碗弃水

（2）温盅弃水

图2-110 碗盅单杯泡法工夫茶艺：温盅

图2-111 碗盅单杯泡法工夫茶艺：投茶

图2-112 碗盅单杯泡法工夫茶艺：润茶

从内侧杯壁夹持品饮杯，侧放入紧邻的左侧品饮杯中。用茶夹转动品饮杯一圈，沥尽水后归位，最后的一杯直接回转手腕将水倒入双层茶盘。

13. 斟茶

左手先将茶滤置茶盅上。右手三指提拿盖碗先到茶巾上按一下，吸尽盖碗底残水，随后将茶汤低斟入茶盅（图2-115）。斟茶毕，茶滤归位。

14. 分茶

左手持茶盅按从左到右的顺序，往品饮杯中分茶至8分满，归位（图2-116）。

15. 奉茶

同碗杯泡法工夫茶艺。端奉茶盘到宾客面前，将奉茶盘放在宾客前侧。双手连杯托一起端起置宾客桌前奉茶，并行伸掌礼（图2-117）。

图 2-113　碗盅单杯泡法
工夫茶艺：高冲

图 2-114　碗盅单杯泡法
工夫茶艺：温杯

图 2-115　碗盅单杯泡
法工夫茶艺：斟茶

（1）分茶中

（2）分茶毕

图 2-116　碗盅单杯泡
法工夫茶艺：分茶

（1）

（2）

图 2-117　碗盅单杯泡
法工夫茶艺：奉茶

16. 品茶

同碗杯泡法工夫茶艺（图2-118）。

17. 续茶

复泡，同碗杯泡法工夫茶艺。先斟茶汤入茶盅，继之将茶盅提起，放茶巾上按一下吸尽盅底水分，放在奉茶盘中。并将茶巾放入奉茶盘，由茶艺师端奉茶盘至宾客处持盅一一分茶。每分一杯茶，可将茶盅提回放茶巾上按一下吸尽盅底水分，然后再继续分茶。

复品同碗杯泡法工夫茶艺。

（1）　　　　　（2）

图2-118　碗盅单杯泡法工夫茶艺：品茶

18. 收具

同壶杯泡法工夫茶艺收具（图2-119）。

图2-119　碗盅单杯泡法工夫茶艺：收具

四、壶盅双杯泡法工夫茶艺

壶盅双杯泡法工夫茶艺主要应用适用于原料成熟、滋味醇厚的茶类，如乌龙茶（青茶）、黑茶等。

（一）器物

（1）**主泡器**　紫砂茶壶、茶盅各一，紫砂品茗杯和闻香杯（含杯托）4～6个（杯内施白釉，方便观看汤色）。

（2）**备水器**　陶壶、陶炉各一或者随手泡。

（3）**备茶器**　茶叶罐（含茶叶）、茶荷各一。

（4）**辅助器物**　双层茶盘（可储水）、茶巾、花器（含花）、茶道组（含茶则、茶匙、茶夹、茶漏、茶针、茶箸筒）、奉茶盘、茶桌、座椅各一。铺垫若干。

（二）步骤及方法

扫码观看本茶艺演示

1. 备器

摆正桌椅，铺好铺垫。主泡器（闻香杯倒扣在品茗杯中）、辅助茶具、备茶器合理放置在茶席中间区域，奉茶盘放置茶席右手区域，备水器放置茶席左手区域（图2-120）。

2. 布席

依次将茶叶罐、茶荷、茶巾、杯托、茶道组拿到双层茶盘四周合适的位置，再将紫砂壶和茶盅分开置于茶盘中后部分，预留出放置闻香杯的位置，最后将倒扣在品茗杯中的闻香杯依次翻正，摆放整齐在品茗杯后（图2-121）。

图 2-120　壶盅双杯泡法工夫茶艺：备器

3. 择水

同玻璃杯泡法。

4. 取火

同玻璃杯泡法。

图 2-121　壶盅双杯泡法工夫茶艺：布席

5. 候汤

同壶杯泡法工夫茶艺。

6. 赏茶

同壶杯泡法工夫茶艺（图2-122）。

图 2-122　壶盅双杯泡法工夫茶艺：赏茶

7. 温壶

同壶杯泡法工夫茶艺（图2-123）。

8. 温盅

将温壶的水倒入茶盅温盅［图2-124（1）］，在斟茶前将盅中水倒入闻香杯温杯［图2-124（2）］。

图 2-123　壶盅双杯泡法工夫茶艺：温壶

（1）温盅

（2）温杯

图 2-124　壶盅双杯泡法工夫茶艺：温盅和温杯

9. 投茶

同壶杯泡法工夫茶艺（图2-125）。

10. 润茶

同壶杯泡法工夫茶艺（图2-126）。

11. 高冲

同壶杯泡法工夫茶艺（图2-127）。

图2-125　壶盅双杯泡法工夫茶艺：投茶

12. 刮沫

同壶杯泡法工夫茶艺（图2-128）。

13. 淋壶

同壶杯泡法工夫茶艺（图2-129）。

14. 温杯

利用茶叶浸泡时间，进行温杯（如果茶叶冲泡时间短，也可在温盅后接着温杯后再冲泡）。用手拿闻香杯身或用茶夹夹住杯壁[图2-130（1）]，依次将闻香杯水倒入品茗杯中，

图2-126　壶盅双杯泡法工夫茶艺：润茶

（1）温润

（2）温润弃水

图2-127　壶盅双杯泡法工夫茶艺：高冲

图2-128　壶盅双杯泡法工夫茶艺：刮沫

图2-129　壶盅双杯泡法工夫茶艺：淋壶

最后再依次把品茗杯中的水倒入双层茶盘里［图2-130（2）］。

15. 斟茶

将泡好的茶汤一次性低斟入茶盅中（图2-131）。

16. 分茶

右手持茶盅按先左后右的顺序，往闻香杯中分茶至8～9分满（图2-132）。

17. 轮杯

从外向内，分别将品茗杯倒扣在闻香杯［图2-133（1）］上，翻转双杯使闻香杯倒扣在品茗杯中［图2-133（2）（3）］。

图 2-130　壶盅双杯泡法工夫茶艺：温杯

（1）　　　　　　　　　　　　　　　　（2）

图 2-131　壶盅双杯泡法工夫茶艺：斟茶　　　图 2-132　壶盅双杯泡法工夫茶艺：分茶

图 2-133　壶盅双杯泡法工夫茶艺：轮杯

（1）　　　　　　　　　（2）　　　　　　　　　（3）

18. 奉茶

持品茗杯放茶巾上按一下，吸干杯底水分，置杯托上，放入左侧奉茶盘中内［图2-134（1）］。敬茶给宾客时，注意使品茗杯在宾客右手边［图2-134（2）］，方便宾客拿取。

（1） （2）

图 2-134　壶盅双杯泡法工夫茶艺：奉茶

19. 品茶

以左手拇指、食指轻拿住品茗杯身，右手拇指、食指和中指反手并顺时针旋转从闻香杯中下部提杯，使闻香杯口朝上［图2-135（1）］。先持闻香杯嗅闻香气［图2-135（2）］，再持品茗杯观色、品味［图2-135（3）］，方法同壶杯泡法工夫茶艺。

20. 续茶

续茶冲泡方法同壶盅单杯泡法工夫茶艺［图2-136（1）］。将泡好的茶汤低斟倒入茶盅中［图2-136（2）］。采用持盅奉茶法把茶盅的茶汤敬奉给宾客（图2-137）。

（1） （2） （3）

图 2-135　壶盅双杯泡法工夫茶艺：品茶

（1） （2）

图 2-136　壶盅双杯泡法工夫茶艺：续茶

（1）　　　　　　　　　　　　（2）

图 2-137　壶盅双杯泡法工夫茶艺：持盅奉茶

21. 复品

同"19. 品茶"。

22. 收具

将桌上所有物品收拾整齐、归位（图 2-138）。

图 2-138　壶盅双杯泡法工夫茶艺：收具

第五节
民俗茶艺

一、汉族民俗茶艺

（一）客家擂茶

客家人作为中国汉族的一支重要的民系，分布在中国湖南、湖北、江西、福建、广东、广西、四川、贵州、台湾等地。擂茶由茶叶、生姜、生米仁为主要原料研磨配制后，加水冲泡或烹煮而成，所以又名"三生汤"。擂茶对客家人来说，既是解渴的饮料，又是健身的良药。

擂茶是中国绚丽多姿的茶文化百花园中的一朵奇葩，是我国古代饮茶风俗的延续。相传三国时代的蜀国大将张飞率军巡阅湖南武陵郡时，军中犯暑疫，地方父老献上"三生饮"，即生叶（从茶树采下的新鲜茶叶）、生米仁、生姜三样生品捣碎，加盐冲饮，饮后暑病即除，这种"三生饮"被众人口耳相传，演变成后来的"擂茶"，而渐扩大到湖南、湖北、江西、福建、广东、广西、四川、贵州等地的山区民间，并传到台湾省。

客家人民风淳朴，热情好客，每当客人来临时，主人首先端出一套擂茶的器具来。一是口径约0.5米、内壁有辐射状纹的陶制"擂钵",二是以油茶树木或山楂木制成的约0.7米长的"擂棒",三是以竹片编成的捞滤碎渣的"捞瓢",这三样俗称"擂茶三宝"。

首先用热水将器具冲洗干净。然后把茶叶、芝麻、花生仁、生姜、甘草、胡椒、食盐等［图2-139（1）］放入特制的陶质擂钵内,使各种原料相互混合［图2-139（2）］,以硬木擂棒沿着擂钵内壁做有节奏的旋转擂磨,间或轻敲钵壁,以免擂茶原料黏在钵上。在擂磨［图2-139（3）］时酌量加些凉开水,等到擂成糊状后,用捞瓢捞起,并滤去渣,这种糊状物即为"擂茶脚子",再将脚子放在茶碗里［图2-139（4）］,冲入沸水,用调匙轻轻搅动几下,即成为一碗香、甘、爽口的擂茶。少数地方也有省去擂研,将多种原料直接放入碗内,用沸水冲泡的。

擂茶的汤色一般为黄白如象牙色或绿黄色,看似豆浆,又似乳汁,有炒熟食香,滋味适口,风味特别。

擂茶的材料因地方和个人的喜好,略有不同。但基本的材料如茶叶、花生、芝麻、生姜、大米是不可少的,其他有加入地方特产和个人喜好的材料,如湖南、江西等地大都是用绿茶,福建、广东、台湾用乌龙茶。芝麻炒熟,有的用生芝麻,生姜大都一致。

擂茶在原有的基础上逐渐的发展成社交的礼俗,在婚嫁寿诞、亲友聚会、乔江新居,添人升官等喜事来临时,往往请吃擂茶。一般人们中午干活回家,在用餐前总以喝几碗擂茶为快。有的老年人倘若一天不喝擂茶,就会感到全身乏力,精神不爽,视喝擂茶如同吃饭一样重要。不过,倘有亲朋进门,那么,在喝擂茶的同时,还必须设有几碟茶点。茶点以清淡、香脆食品为主,如花生、薯片、瓜子、米花糖、炸鱼片之类,以平添喝擂茶的情趣。

（1）擂茶配料

（2）配好的擂茶料

图2-139　擂茶制作与茶艺表演

（3）擂磨

（4）将擂茶脚子盛到碗中

（二）江浙熏豆茶

在美丽富饶的长江三角洲地区，特别是太湖之滨及杭嘉湖鱼米之乡，有喝熏豆茶（图2-140）的习俗。熏豆茶的配制，以熏豆为主，绿茶为辅，有的还佐以其他配料。

其实，熏豆茶中只有少量的茶叶，更多的是称之为"茶里果"的作料。首要的是熏豆，又名熏青豆。采摘嫩绿的优良品种的青豆，本地人称"毛豆"，经剥、煮、淘、烘等多种工序加工而成。它具有馨香扑鼻、咸淡相宜、和胃益中等特点；第二种

图2-140　泡好的熏豆茶

是芝麻，一般选用颗粒饱满的白芝麻炒至芳香即可；第三种，民间称"卜子"，其学名为"紫苏"。熏豆茶中所用的紫苏以野生为上；第四种为橙皮，是一种产于太湖流域的酸橙之皮，具有理气健胃之功效；第五种，名为丁香萝卜干，即胡萝卜干。以上五种是熏豆茶中必备的"茶里果"。一般在冲泡前应以适量的比例调和，装入储存罐中备用。此外，当地人还根据各自的喜好和条件，在"茶里果"中加入青橄榄、扁尖笋干、香豆腐干、咸桂花、腌姜片等多种作料。但其中有个原则务必遵循，那就是所放的作料既不能是腥膻油腻之物，也不能造成茶汤的浑浊。

待所有的"茶里果"投放茶碗（盏）完毕以后，再放上几片嫩绿的茶叶，以沸水冲泡，一碗呈红、绿、黄、白、黑各色相映，五彩缤纷、喷香可口的熏豆茶便沏成了。呷上一口，淡淡的咸味中夹着丝丝甜味，满口清香，提神、开胃。熏豆茶的特点是多色多味，乡土气息浓郁。

当地人制作熏豆十分讲究，是在每年农历"秋分"过后，"寒露"前后，毛豆饱满而未老之际。用一种名为"落霜青"的稻熟毛豆，它鲜嫩饱满，粒大色青，以不太嫩也不太老的为上品。先剥出豆粒，清水漂洗去豆衣、边膜。入水煮，煮豆的柴火需用早春桑树上剪下称为"桑钉"的枝条。在水煮青毛豆半熟时，加适量盐和味精，滤干，置铁丝网筛上，用桑钉木柴烧成的炭火，缓缓地焙烤，民间称之为"熏"。火忌猛，以文火为宜，并须不断翻拌网筛内烘豆，一般经5个小时左右熏烘，青豆水分蒸发微硬，干燥发出"索索"之声后，即成"熏豆"。

"熏"有两种作用，一是经过烘烤，可以杀菌，并使食品中水分大部分挥发，提高防腐能力；二是能产生一种特别的清香。熏豆色呈翠绿，嚼之清香软糯，其味鲜美，回味无穷，且开胃生津，老少皆宜。既便于贮藏，又便于携带。农家一般都贮藏于罐内，或用布袋装好，放进土制的石灰窑中，隔年都不会变质，可随时取出冲泡。平时既可以当作粥菜、佐酒，小孩子抓一把放进口袋，还是美味的零食。

熏豆茶色香味俱佳，以熏豆茶待客是当地的习俗。每逢春节，还要在茶中加一颗橄榄，因形如元宝，寓意"招财进宝"。按照当地的习俗，如客人不把碗中豆料吃尽，以为还要喝茶，主人就会一次次为你添水，不了解此风俗的，往往会闹出笑话来。

（三）四川掺茶

在四川的茶馆里，当茶客们围着茶桌坐定后，随着客人喊声"泡茶"，掺茶师傅便应声而至。只见掺茶师傅右手提着紫铜长嘴壶，左手五指分开，夹着一摞茶碗、碗盖、碗托，来到茶桌前一挥手，碗托叮当连声满桌开花，恰到好处地在客人面前各停一个。紧接着把装好茶叶的茶碗放在一个个茶托上，左手扣住碗盖，紧贴茶碗，右手上的紫铜长嘴壶如赤龙吐水，待水将满碗时，忽地一收一翘，接着吧嗒一声，碗盖翻过去将碗盖住，全部动作快速、干净、利落。有客人落座，便一手提铜壶一手拿茶碗来到客人桌前，就在茶碗"撒"下的瞬间，从铜壶嘴里倾出的开水已经将茶泡好，接着他用无名指轻轻一勾，茶碗的盖子顺着碗的边沿优雅地滑上来，将茶碗盖好。

一个优秀的掺茶师，两手还能同时提壶掺水。掺茶师一只手托着10多副茶碗，三件套的盖碗在手上呈倒挂金钩状，而另一只手还提着一只铜壶，缕缕热汽从壶嘴冒出。掺茶师手中的盖碗尽管有几公斤重，但他游刃有余地穿梭于茶客间，一边招呼客人，一边娴熟地将茶碗"撒"在桌上，摆碗、掺茶、盖碗，一气呵成。茶毕送客，一只手端一只茶碗，拇指扣住碗盖，能把残剩茶水倒得片叶不留，堪称绝活。

掺茶（图2-141）在四川不同的地方也有一些不同的招式和流派，如蒙山派的"龙行十八式"、峨眉派的三十六式等。掺茶师表演时，忽然将滚烫的长嘴铜壶，出人意料地敦到头顶上，一个"童子拜佛"，细流从上泻下，却是有惊无险。接着，铜壶甩到背后，细长的壶嘴贴着后肩，连人带壶一齐前倾，细流越背而出，安全着杯，是为"负荆请罪"。背过身去，下腰，后仰如钩，铜壶置于胸前，长嘴顺喉、颈、下颏出枪，几乎就要烫着突起的下巴，一股滚水细若游丝，越过面部，反身掺进茶碗。这一招称作"海底捞月"，茶满，掺茶师一个鲤鱼打挺，干净利索，并无拖泥带水。

图2-141 掺茶
茶艺表演

（1）

（2）

二、北方少数民族民俗茶艺

在中国幅员辽阔的土地上，生活着众多的少数民族。由于各少数民族所处的地理位置以及生活习惯的不同，茶在他们日常中的作用各不相同。他们根据生活环境、生活习惯创造了许多别具一格的饮茶方式，极大地丰富了饮茶艺术，成为茶文化中的一道亮丽的风景线。各少数民族在继承中国传统清饮方式的同时，丰富和发展了中国的调饮茶文化。

（一）藏族酥油茶

藏族主要分布在中国西藏，云南、四川、青海、甘肃等省的部分地区也有居住。西藏地势高亢，有"世界屋脊"之称。空气稀薄，气候高寒干燥。当地蔬菜瓜果少，常年以奶肉、糌粑为主食。因此，人体不可缺少的维生素等营养成分主要靠茶叶来补充。"其腥肉之食，非茶不消；青稞之热，非茶不解"。茶成了当地人们补充营养的主要来源，喝酥油茶如同吃饭一样重要。

酥油茶是一种在茶汤中加入酥油等作料经加工而成的茶汤。酥油，是把牛奶或羊奶煮沸，经搅拌冷却后凝结在表面的一层脂肪。而茶叶一般选用的是紧压黑茶。制作时，先将紧压茶打碎加水在壶中煎煮20～30分钟，再滤去茶渣，把茶汤注入长圆形的打茶筒内。同时，再加入适量酥油，还可根据需要加入事先已炒熟、捣碎的核桃仁、花生米、芝麻粉、松子仁之类，最后还应放上少量的食盐、鸡蛋等。接着，用木杵在圆筒内上下抽打（图2-142）。根据经验，当抽打时打茶筒内发出的声音由"咣当、咣当"转为"嚓、嚓"时，表明茶汤和作料已融为一体，酥油茶才算打好了，随后将酥油茶倒入茶碗待喝。

由于酥油茶是一种以茶为主料，并加有多种食物经混合而成的饮料，所以，滋味多样，喝起来咸里透香，苦中有甜。既可暖身御寒，又能补充营养。在西藏草原或高原地带，人烟稀少，家中少有客人进门。偶尔有客来访，可招待的东西很少，加上酥油茶的独特作用，因此，敬酥油茶便成了西藏人款待宾客的珍贵礼仪。

图2-142 打制酥油茶表演

（1）　　　　　　　　　　（2）

喝酥油茶是很讲究礼节的，宾客进门入座后，主妇很有礼貌地按辈分大小，先长后幼，向宾客一一倒上酥油茶，再热情地邀请大家用茶（图2-143）。这时，主客一边喝酥油茶（酥油茶汤见图2-144），一边吃糌粑。按当地的习惯，宾客喝酥油茶时，不能端碗一喝而光，否则被认为是不礼貌、不文明的。一般每喝一碗茶都要留下少许，这被看作是对主妇打茶手艺不凡的一种赞许，这时主妇早已心领神会，又来斟满。如客人不想再喝了，就把剩下的少许茶汤有礼貌地泼在地上，表示酥油茶已喝饱了，当然主妇也不再劝喝了。

（二）蒙古族咸奶茶

蒙古族主要分布在内蒙古及其边缘的一些省、区，喝咸奶茶是蒙古族人民的传统饮茶习俗。每日清晨，主妇第一件事就是先煮一锅咸奶茶，供全家整天享用。蒙古族人民喜欢喝热茶，早上，他们一边喝茶，一边吃炒米。将剩余的茶放在微火上暖着，供随时取饮。通常一家人只在晚上放牧回家才正式用餐一次，但早、中、晚三次喝咸奶茶一般是不可缺少的。

蒙古咸奶茶的熬制：先要将青砖茶用砍刀劈开，放在石臼内捣碎后，取茶叶约25克，置于碗中用清水浸泡。生起灶火，架锅烧水，水2·3千克。水必须是新打出来的，否则口感不好。水烧开后，倒入另一锅中，将用清水泡过的茶水也倒入，再用文火熬3分钟，然后放入几勺鲜奶，少顷再放入少量食盐，锅开后即可用勺舀入茶碗中饮用。火候的掌握十分重要，文火最佳，火候太大，破坏茶所含的维生素，火候太小则茶味不够。

煮咸奶茶看起来比较简单，其实其滋味、营养成分与煮茶时用的锅、放的茶、加的水、掺的奶、烧的时间以及先后顺序都有关系。蒙古族同胞认为，器、茶、奶、盐、火五者相互协调，才能煮出咸甜相宜、美味可口的咸奶茶来。为此，蒙古族妇女练就了一手烹煮咸奶茶的功夫。从姑娘开始，做母亲的就会用心地向女儿传授煮茶技艺。姑娘出嫁、婆家迎亲后，举行婚礼，新娘就得当着亲朋好友的面，显露一下煮茶的本领，并将亲手煮好的咸奶茶，敬献给各位宾客品尝，以示身手不凡，家教有方。

图2-143 酥油茶敬茶表演

图2-144 酥油茶汤

遇到节日或较隆重的场合，奶茶的配料增多，制作也复杂得多。事先要预备的青砖茶碎末，食盐，纯碱、小米、牛奶、奶皮子、黄油渣、稀奶油、黄油、羊尾油等配料，并放在碗内备用。烧开水倒入茶叶熬成茶汁，再滤去茶叶渣，留下茶汁。将另一锅置于火上烧热，用切碎的羊尾油烧锅，将少量茶汁倒入烧开，再加入一勺小米，煮开后将剩余所有茶叶倒入锅中，沸后放一把炒米和少许黄油。最后将其他配料牛奶、奶油、奶皮子、黄油渣、黄油混在一起放入专用的搅茶桶中搅拌，直到从混合物中分离出一层油为止，然后全部倒入滚开的茶水锅中搅拌均匀，这样，一锅飘溢着浓浓咸奶香味的高档咸奶茶就熬好了。

（三）维吾尔族奶茶与香茶

分布在我国新疆维吾尔自治区的维吾尔族是一个具有悠久历史和灿烂文化的民族。在漫长的历史发展进程中，维吾尔族人民形成了他们独具特色的饮茶文化。

维吾尔族人民虽然集中居住在同一自治区，但由于天山山脉横亘新疆中部，使得区内天山南北气候各异。由于气候环境、生产内容、食物结构、生活方式的不同，使得同一民族的喝茶要求、煮茶方法以及喝茶习惯都大相径庭。北疆以喝加奶的奶茶为主，南疆以加香料的香茶为主，但用的都是茯砖茶。

奶茶的制作方法并不复杂，一般先将茯砖茶敲成小块，抓一把放入盛水八分满的茶壶内，放在炉上烹煮，直到沸腾4~5分钟后，加一碗牛奶或几个奶疙瘩和适量盐巴，再让其沸腾5分钟左右，一壶热乎乎、香喷喷、咸滋滋的奶茶就算制好了。

南疆的香茶，用的茶叶与煮奶茶相同，只是最后加入的作料，不是牛奶与盐巴，而是用胡椒桂皮等香料碾碎而成的细末。煮香茶用的通常使用的是铜制的长颈茶壶，也有用陶质、搪瓷或铝制长颈壶的，为防止倒茶时茶渣、香料混入茶汤，在壶嘴上往往套有一个网状的过滤器，以免茶汤中带渣。而喝茶用的是小茶碗，这与北疆维吾尔族煮奶茶使用的茶具是不一样的。通常制作香茶时，应先将茯砖茶敲碎成小块状。同时，在长颈壶内加水七八分满加热，当水刚沸腾时，抓一把碎块砖茶放入壶中，当水再次沸腾约5分钟时，则将预先准备好的适量姜、桂皮、胡椒等细末香料，放进煮沸的茶水中，轻轻搅拌，经3~5分钟即成。

（四）回族刮碗子茶

回族主要分布在中国的西北地区，以宁夏、青海、甘肃三省（区）最为集中。回族人民居住处多在高原沙漠，气候干燥寒冷，蔬菜缺乏，以食牛羊肉、奶制品为主。而茶叶中存在的大量维生素和多酚类物质，不但可以补充蔬菜的不足，而且还有助于去油除腻，帮助消比。所以，自古以来，茶一直是回族人民的生活必需品。

回族人民饮茶方式多样，其中有代表性的是喝刮碗子茶。刮碗子茶用的茶具，俗称"三炮台"，它由茶碗、碗盖和碗托或盘组成。茶碗盛茶，碗盖保香，碗托防烫。喝茶时，一手提托，一手握盖，并用盖顺碗口由里向外刮几下，这样一则可拨去浮在茶汤表面的泡沫，二则使茶味与添加食物相融，刮碗子茶的名称也由此而生。

刮碗子茶用的多为普通绿茶，冲泡茶时，除茶碗中放茶外，还放有冰糖与多种干果，诸如苹果片、葡萄干、杏干、核桃仁、红枣、桂圆、枸杞子等，有的还要加上菊花、芝麻之类，通常多达八种，故美其名曰"八宝茶"（图2-145）。由于刮碗子茶中食品种类较多，加之各种配料在茶汤中的浸出速度不同，因此，每次续水后喝起来的滋味是不一样的。一般说来，刮碗子茶用沸水冲泡，随即加盖，经5分钟后开饮，第一泡以茶的滋味为主，主要是清香甘醇；第二泡因糖的作用，就有浓甜透香之感；第三泡开始，茶的滋味开始变淡，各种干果的味道就应运而生，具体依所添的干果而定。大抵说来，一杯刮碗子茶，能冲泡5～6次，甚至更多。喝刮碗子茶次次有味，且次次不同，又能去腻生津，滋补强身，是一种甜美的养生茶。

（1）配料

（2）茶汤

图2-145 回族八宝茶

三、南方少数民族民俗茶艺

（一）苗族、土家族八宝油茶

居住在鄂西、湘西、黔东北一带的苗族人，以及部分土家族人，有喝油茶汤的习惯。他们说："一日不喝油茶汤，满桌酒菜都不香"。倘有宾客进门，他们更要用香脆可口，滋味无穷的八宝油茶汤款待。

八宝油茶汤的制作比较复杂，先得将玉米（煮后晾干）、黄豆、花生米、团散（一种米面薄饼）、豆腐干丁、粉条等分别用茶油炸好，分装入碗待用。

接着是炸茶，特别要把握好火候，这是制作的关键技术。具体做法是放适量茶油在锅中，待锅内的油冒出青烟时，放入适量茶叶和花椒翻炒，待茶叶色转黄发出焦糖香时，即可倾水入锅，再放上姜丝。一旦锅中水煮沸，再徐徐掺入少许冷水，等水再次煮沸时，加入适量食盐和少许大蒜、胡椒之类，用勺稍加拌动，随即将锅中茶汤连同作料，一一倾入盛有油炸食品的碗中，这样就算把八宝油茶汤制好了。

待客敬油茶汤时，大凡由主妇用双手托盘，盘中放上几碗八宝油茶汤，每碗放上一只调匙，彬彬有礼地敬奉客人。这种油茶汤，由于用料讲究，制作精细，一碗到手，清香扑鼻，沁人肺腑。喝在口中，满嘴生香。它既解渴，又饱肚，还有特异风味。

（二）侗族、瑶族打油茶

分布在云南、贵州、湖南、广西毗邻地区的侗族、瑶族和这一地区的其他兄弟民族，虽习俗有别，但却都喜欢喝油茶。因此，凡在喜庆佳节，或亲朋贵客上门，总喜欢用油茶款待客人。

"打油茶"的用具很简单，有一个炒锅，一把竹篾编制的茶滤，一只汤勺。用料一般有茶油、茶叶、阴米（糯米蒸后散开再晒干）、花生仁、黄豆和葱花，还备有糯米汤圆、糍粑、虾仁、鱼子、猪肝、粉肠等。待用料配齐后，就可架锅生火"打"油茶了。打油茶一般经过四道程序。

一是选茶。通常有两种茶可供选用，一是经专门烘炒的末茶；二是刚从茶树上采下的幼嫩新梢，这可根据各人口味而定。

二是选料。打油茶用料通常有阴米、花生仁、玉米花、黄豆、芝麻、糯粑、笋干等，应预先制作好待用。

三是煮茶。先生火，待锅底发热，放适量食油入锅，待油面冒青烟时，立即投入适量茶叶入锅翻炒，当茶叶发出清香时，加上少许芝麻、食盐，再炒几下，即加水加盖，煮沸3 ~ 5分钟，即可将油茶连汤带料起锅盛碗待喝。一般家庭自喝，这又香、又爽、又鲜的油茶就算打好了。

如果是打的油茶作庆典或宴请用的，那么，还得进行第四道程序，即配茶。配茶就是将事先准备好的食料，先行炒熟，取出放入茶碗中备好。然后将油炒经煮而成的茶汤，捞出茶渣，趁热倒入备有食料的茶碗中供客人吃茶。

四是奉茶，一般当主妇快要把油茶打好时，主人就会招待客人围桌入座。由于喝油茶是碗内加有许多食料，因此，还得用筷子相助。所以，说是喝油茶，还不如说吃油茶更为贴切。吃油茶时，客人为了表示对主人热情好客的回敬，赞美油茶的鲜美可口，称道主人的手艺不凡，总是边喝、边啜、边嚼，在口中发出"啧、啧"声响，还赞不绝口！

（三）白族三道茶

白族散居在苍山之麓，洱海之滨。白族人家不论在逢年过节、生辰寿诞、男婚女嫁等喜庆日子里，还是亲朋好友登门造访之际，主人都会以"一苦二甜三回味"的三道茶款待宾客。

宾客上门，主人一边与客人促膝谈心，一边吩咐家人忙着架火烧水。待水沸，就由家中或族中有威望的长辈亲自司茶。先将一只小砂罐置于文火之上烘烤，待罐烤热后，取一小撮茶叶放入罐内，并不停地抖动罐子，使茶叶受热均匀，等罐中"啪啪"作响，茶叶色泽由绿转黄，发出焦香时，向罐中注入开水，煮沸后倾注到一种叫牛眼睛盅的小茶杯中。茶汤仅半杯而已，一口即干。由于此茶是经过烘烤，煮沸而成的浓汁，因此，看上去色如琥珀，闻起来焦香扑鼻，喝进去滋味苦涩。此茶虽香，却也味苦，因此，谓之"苦茶"。白族称这第一道茶为"清苦之茶"，它寓意做人的道理——要立业，就要先吃苦。

喝完第一道茶后，主人在带茶托的小茶碗内放入姜片、白糖、红糖、蜂蜜，烤熟的白芝麻，切得极薄的熟核桃仁片，再加上从牛奶里提炼熬制出来又经烘烤切细的乳扇，注入开水即成甜茶。此茶甜中带香，另有一番风味。如果说第一道茶是苦的，那么第二道茶就是甜的，白族人称它为糖茶或甜茶。它寓意着"人生在世，做什么事，只要吃得了苦，才会有甜香来。"

第三道茶，称之为"回味茶"。其煮茶方法虽然相同，只是茶盅中放的原料已换成适量蜂蜜、少许炒米花，若干粒花椒，一撮核桃仁，茶汤容量通常为六七分满。饮第三道茶时，一般是一边晃动茶盅，使茶汤和作料均匀混合；一边口中"呼呼"作响，趁热饮下。这杯茶，喝起来甜、酸、苦、辣，各味俱全，回味无穷。它告诫人们，凡事要多"回味"，切记"先苦后甜"的哲理。

主人款待客人三道茶时，一般每道茶相隔三五分钟进行。另外，还得在桌上放些瓜子、松子、糖果之类，以增加品茶情趣。

（四）傣族竹筒香茶

傣族主要分布在云南西双版纳、德宏两个自治州和耿马、孟连两个自治县，是一个能歌善舞的民族。

傣族人民喝的竹筒香茶，其制作和烤煮方法，一般可分为五道程序。

（1）装茶　就是将采摘细嫩、再经初加工而成的毛茶，放在生长期为一年左右的嫩香竹筒中，分层装实，直至茶叶舂满竹筒。

（2）烤茶　将装有茶叶的竹筒，放在火塘边烘烤，为使筒内茶叶受热均匀，通常每隔4~5分钟应翻滚竹筒一次。待竹筒色泽由绿转黄时，竹筒内茶叶也已烘烤适宜，即可停止烘烤。竹筒茶耐贮藏，将制好的竹筒香茶用牛皮纸包好，摆在干燥处贮藏，品质经久不变。

（3）取茶　待茶叶烘烤完毕，用刀劈开竹筒，就成为清香扑鼻，深褐色圆柱形的竹筒香茶。

（4）泡茶　分取适量竹筒香茶，置于碗中，用刚沸腾的开水冲泡，经3~5分钟，即可饮用。

（5）喝茶　竹筒香茶喝起来，既有茶的醇厚高香，又有竹的浓郁清香，所以，喝起来有耳目一新之感。

傣族人在田间劳动或进原始森林打猎时，常常带上制好的竹筒茶，在休息时，他们砍上一节甜竹，削尖，灌入泉水在火上烧开，然后放入竹筒茶再烧五分钟，待竹筒稍变凉后慢慢品饮，如此边吃野餐边饮竹筒茶别有一番情趣。

（五）佤族烤茶

佤族主要分布在云南的沧源、西盟等地，在澜沧、孟连、耿马、镇康等地也有分布。他们自称"阿佤""布饶"，至今仍保留着一些古老的生活习惯，喝烤茶就是一种流传久远的饮茶风俗。

佤族的烤茶，冲泡方法很别致。通常先用茶壶将水煮开。与此同时，另选一块清洁的薄铁板，也有用石板，也有用一种绵纸，上放适量茶叶，移到烧水的火塘边烘烤。为使茶叶受热均匀，还得轻轻抖动铁板、石板或纸。待茶叶发出清香，叶色转黄时，随即将茶叶倾入开水壶中进行煮茶。约3分钟后，即可将茶倒入茶碗，以便饮用。

如果烤茶是用来敬客的，通常得由佤族少女奉茶敬客，待客人接茶后，方可开始喝茶。

（六）拉祜族烤茶

拉祜族主要分布在云南澜沧、孟连、沧源、耿马、勐海一带。在拉祜语中，称虎为"拉"，将肉烤香称之为"祜"，因此，拉祜族被称之为"猎虎"的民族。饮烤茶是拉祜族古老、传统的饮茶方法，至今仍在普遍饮用。饮烤茶通常分为四个操作程序进行。

（1）装茶抖烤　先将小陶罐在火塘上用文火烤热，然后放上适量茶叶抖烤，使罐受热均匀，待茶叶叶色转黄，并发出焦糖香时为止。

（2）沏茶去沫　用沸水冲满盛茶的小陶罐，随即撇去上部浮沫，再注满沸水，煮沸3分钟后待饮。

（3）倾茶敬客　就是将在罐内烤好的茶水倾入茶碗，奉茶敬客。

（4）喝茶啜味　拉祜族兄弟认为，烤茶香气足，味道浓，能振精神，才是上等好茶。因此，拉祜族喝烤茶，总喜欢热茶啜饮。

（七）布朗族糊米香茶

布朗族糊米香茶，是布朗族人民世代相袭的一道待客的传统茶饮之一。其配料有糯米、扫把叶、红糖和晒青毛茶以及甘甜清澈的纯天然山泉溪水。其泡制程序为：先将土制茶罐烘烤备热，放入糯米，将其炒至发出浓烈的糊香余味，再加入晒青毛茶和适量的红糖以及扫把叶进入综合拌炒，炒至茶梗发黄、发泡，然后倒入沸腾的山泉溪水，稍煮片刻，即可饮用。糊米香茶其味清香甘甜，色泽暗红浓郁，是一道具有消炎、解疲、消食健胃等功效的药膳用茶，也是一道布朗民族敬奉宾客的礼仪茶饮，素有头泡献天地，二泡敬宾朋之说。

（八）其他

除上面介绍的外，南方少数民族还有壮族打油茶、哈尼族瓦罐烤茶等许多民俗茶艺。

◆ 思考题

1. 茶具的分类和主要功能各是什么？
2. 古人择水的标准是什么？
3. 茶艺的定义是什么？它有哪些构成要素？
4. 茶艺的分类依据是什么？有哪些茶艺形式？
5. 习茶的基本程式是什么？
6. 冲泡茶叶最主要的因素有哪些？
7. 茶艺编创的基本原则是什么？
8. 列举并简述四个以上少数民族茶艺。

第三章

茶道略说

第一节
茶道概述

一、茶道概念

"道"之一字，在汉语中有多种意思，从本义的道路直至中国哲学的最高范畴，诸如道路、引导、言说、方法、技艺、道义、道理、道德、规律、真理、思想、学说、终极实在、宇宙本体、生命本源等。正因为"道"的多义，更由于中国古代罕言"茶道"，故对"茶道"的理解也就见仁见智。

（一）古代茶道观

唐代释皎然《饮茶歌诮崔石使君》诗云："孰知茶道全尔真，唯有丹丘得如此。"说通过修习茶道可以保全真性，仙人丹丘子深谙其中奥妙。该诗不仅描写了"越人遗我剡溪茗，采得金芽爨金鼎。素瓷雪色缥沫香，何似诸仙琼蕊浆"的饮茶之道，还描写了饮茶修道的过程，"一饮涤昏寐，情思朗爽满天地；再饮清我神，忽如飞雨洒轻尘；三饮便得道，何须苦心破烦恼。"皎然的"茶道"是"饮茶之道"和"饮茶修道"的统一，通过"饮茶之道"来修道、悟道，从而涤昏寐、清心神、破烦恼、全真得道。

与皎然同时代的封演在《封氏闻见记》卷六"饮茶"记："楚人陆鸿渐为《茶论》，言茶之功效并煎茶炙茶之法，造茶具二十四事，……有常伯熊者，又因鸿渐之论广润色之。于是茶道大行，王公朝士无不饮者。"陆羽《茶论》（《茶经》的前身）详言"煎茶炙茶之法""造茶具二十四事"。从封演文章来看，此"茶道"是侧重于煎饮法的"饮茶之道"。

明代张源在其《茶录》一书中单列"茶道"一条，其记："造时精，藏时燥，泡时洁，精、燥、洁，茶道尽矣。"张源的"茶道"概念含义较广，包括造茶、藏茶、泡茶之道。

由上可知，中国古代的"茶道"概念，不仅涵盖"饮茶之道""饮茶修道"，而且还包括"采茶、制茶、藏茶之道"，含义较广泛。

（二）当代茶道观

"（茶道是）把茶视为珍贵、高尚的饮料，饮茶是一种精神上的享受，是一种艺术，或是一种修身养性的手段"（吴觉农《茶经述评》），当代茶圣吴觉农认为茶道是艺术、是修身养性的手段。

"茶道就是一种通过饮茶的方式，对人们进行礼法教育、道德修养的一种仪式"

（庄晚芳《中国茶史散论》）。一代宗师庄晚芳提出茶道是一种通过饮茶而进行礼法教育和道德修养的仪式。

澳门茶人罗庆江认为中国茶道：

"一是糅合中华传统文化艺术与哲理的、既源于生活又高于生活的一种修身活动；

二是以茶为媒介而进行的一种行为艺术；

三是借助茶事通向彻悟人生的一种途径。"

"茶道是包罗了视觉艺术、行为艺术甚至音乐艺术于一身的综合艺术"（罗庆江《"中国茶道"浅谈》）。

罗庆江的茶道概念强调了茶道是一种综合艺术，是一种修身活动，是通向彻悟人生的途径。

上述数家关于茶道的界定，都抓住了茶道的一些本质特点。

（三）茶道义解

茶道，无非就是藉饮茶而修道。当然，茶道中的饮茶与日常生活中的饮茶有所不同。茶道中的饮茶本质上是艺术性的饮茶，是一种饮茶艺术，这种饮茶艺术用中国传统的说法就是"饮茶之道"。修习茶道的目的在于养生修心，以提高道德素养、审美素养和人生境界，求善、求美、求真，用中国传统的说法就是"饮茶修道"。因此，可以为茶道下个定义：茶道是以养生修心为宗旨的饮茶艺术，简言之，茶道即饮茶修道。

中国茶道是饮茶之道和饮茶修道的统一，饮茶之道和饮茶修道，如车之两轮、鸟之双翼，相辅相成，缺一不可。饮茶修道，其结果在于悟道、证道、得道。悟道、证道、得道后的境界，表现为道法自然、一切现成，饮茶即道。饮茶即道是茶道的最高境界，茶人的终极追求。因此，中国茶道蕴含饮茶之道、饮茶修道、饮茶即道三义。

1. 饮茶之道

饮茶之道即饮茶的技艺，也就是今天我们通常所说的茶艺，道在此作方式、方法、技艺。

中国历史上先后形成四类饮茶之道——茶艺，即煮茶茶艺，以陆羽《茶经》为代表的煎茶茶艺，以蔡襄《茶录》和赵佶《大观茶论》为代表的点茶茶艺，以张源《茶录》和许次纾《茶疏》为代表的泡茶茶艺。煮茶茶艺可谓源远流长，自汉至今，绵延不绝；煎茶茶艺萌芽于西晋，形成于盛唐，流行于中晚唐，衰于五代，至南宋而亡；点茶茶艺萌芽于晚唐，形成于五代，流行于两宋，衰于元，至明朝后期而亡；泡茶茶艺萌芽于南宋，形成于明朝中期，流行于明朝后期至清朝中期，近现代一度衰退，自20世纪80年代起开始复兴。

2. 饮茶修道

饮茶修道是借助饮茶活动以修行证道、体道悟道，此道指道德、规律、真理、本源、生命本体、终极实在等。

壶居士《食忌》："苦荼久食，羽化。"壶居士又称壶公，传说是道教的真人之一，认为人长久饮茶可以得道而羽化飞升。

陶弘景《杂录》："苦荼轻身换骨，昔丹丘子黄山君服之"。陶弘景是齐梁时期道教著名的理论家、医药家，他从道教修炼的理论角度，提出饮茶能使人轻身换骨、羽化成仙。

释皎然《饮茶歌诮崔石使君》诗云："一饮涤昏寐"，"再饮清我神"，"三饮便得道"，"孰知茶道全尔真，唯有丹丘得如此。"皎然认为通过饮茶可以涤昏寐、清心神、得道、全真，揭示了茶道的修行宗旨。他在另一首诗《饮茶歌送郑容》中表达了同样的观念，即丹丘子就是饮茶而羽化成仙的："丹丘羽人轻玉食，采茶饮之生羽翼。名藏仙府世空知，骨化云宫人不识。"

卢仝《走笔谢孟谏议寄新茶》诗脍炙人口，"一碗喉吻润，两碗破孤闷。三碗搜枯肠，唯有文字五千卷。四碗发清汗，平生不平事，尽向毛孔散。五碗肌骨清，六碗通仙灵。七碗吃不得也，唯觉两腋习习清风生。"卢仝细致地描写了饮茶的身心感受和心灵境界，特别是五碗茶肌骨俱清，六碗茶通仙灵，七碗茶得道成仙、羽化飞升。

宋徽宗赵佶《大观茶论》序记："缙绅之士，韦布之流，沐浴膏泽，熏陶德化，盛以雅尚相推，从事茗饮。"徽宗笃信道教，自号"教主道君皇帝"。他认为饮茶能熏陶德化，籍茶可修道立德。

朱权《茶谱》序曰："乃与客清谈欨话，探虚玄而参造化，清心神而出尘表。……卢仝吃七碗，老苏不禁三碗，予以一瓯，足可通仙灵矣"。朱权晚而学净明道，自号臞仙，成祖封其为"涵虚真人"。他认为籍饮茶可以探虚玄大道，参天地造化，清心出尘，一瓯通仙，终而得道。

罗廪《茶解》："茶通仙灵，久服能令升举。"长久饮茶可以羽化飞升。

杜浚在其《茶喜》诗的序言里阐明茶具有湛、幽、灵、远四妙，与澡、美、改、导四用。"夫予论茶四妙：曰湛，曰幽，曰灵，曰远。用以澡吾根器，美吾智意，改吾闻见，导吾杳冥。"所谓茶之四妙，是说茶具有四个美妙的特性。这四者都与饮茶时物质的需求无关，属于审美意境。"根器"指人的心脑，"澡吾根器"乃指清心、爽神。"美吾智意"是说可以美化智识、情志。"改吾闻见"是说可以开阔视野，改善气质。"杳冥"原指幽暗之境，这里是指不可思议的境界。"导吾杳冥"则是说可以使人彻悟人生真谛而进入一个玄妙空灵的境界。

由上述可知，饮茶是养生、修心的津梁，是求道、证道的门径。一言以蔽之，饮茶可资修道。茶道所修之道为何道？可为儒家之道，可为道家、道教之道，也可为禅宗及佛教之道，因修行者的追求不同而异。一般说来，茶道中所修之道为综合之道，不拘泥于某一家。

3. 饮茶即道

饮茶即道义乃饮茶即修道，即茶即道，此道指本源、本体、宇宙根本、终极实在等。

老子认为："道法自然"，"道常无为而无不为"。庄子认为："道"普遍地内在于万事万物，"在蝼蚁""在稊稗""在屎溺""在瓦甓"，"周、遍、咸"。禅宗有"青青翠竹，尽是法身。郁郁黄花，无非般若"之说，一切现成、触目菩提。马祖道一禅师主张"即心即佛""平常心是道"，其弟子庞蕴居士则说："神通并妙用，运水与搬柴"，其另一弟子大珠慧海禅师则认为修道在于"饥来吃饭，困来即眠"。道一的三传弟子、临济宗开山义玄禅师又说："佛法无用功处，只是平常无事。屙屎送尿，著衣吃饭，困来即眠"。道不用修，行住坐卧、应机接物尽是道。道不离于日常生活，修道不必于日用平常之事外用功夫，只需于日常生活中无心而为，顺其自然。自然地生活，自然地做事，不修而修。运水搬柴，穿衣吃饭，涤器煮水，煎茶饮茶，道在其中。饮茶即修道，即茶即道。道就寓于饮茶的日常生活之中，吃茶即参禅，吃茶即修道，即境求悟。

仰山慧寂禅师有一偈："滔滔不持戒，兀兀不坐禅，酽茶三两碗，意在钁头边。"不须持戒，也无须坐禅，饮茶、劳作便是修道。赵州从谂禅师有"吃茶去"法语，开"茶禅一味"的先河。赵朴初诗曰："空持百千偈，不如吃茶去"。随缘任运，日用是道，道就体现在担水、砍柴、饮茶的平常生活之中。

道法自然，平常心是道。大道至简，不修乃修。取火候汤，烧水煎茶，无非是道。顺乎自然，无心而为，于自然的饮茶中默契天真、冥合大道。法无定法，不要拘泥于饮茶的程序、礼法、规则，贵在朴素、简单，要饮则饮，从心所欲，自然无为。

饮茶即道，是修道的结果，是悟道后的智慧，是人生的最高境界，是中国茶道的终极追求。

二、茶道构成

中国茶道，就其构成要素来说，有茶境、茶礼、茶艺、茶修四大要素。其中茶艺是基础，茶修是目的，茶境、茶礼是辅助。

（一）茶境

茶境就是茶道活动的环境，茶道是在一定的环境下所进行的茶事活动。环境可以陶冶、净化人的心灵，因而要有一个与茶道精神相一致的环境。茶道活动的环境不是任意、随便的，而是经过精心的选择或营造。

茶道环境基本上可以分三类，一是天然存在的自然环境，选择清静、清洁、清雅的室外自然环境，或松间石上、泉侧溪畔，或清风丽日、竹茂林幽。这里不需要人为的布置，四季景物变化就是最好的布景，风声水声鸟鸣声就是最好的音乐。"或会于泉石之间，或处于松竹之下，或对皓月清风"（朱权《茶谱·序》）。徐渭则提出品茶"宜云林、宜松风下、宜花鸟间、宜清流白云、宜绿鲜苍苔、宜素手汲泉、宜红妆扫雪、宜竹里飘烟"（《徐文长秘集》）。茶禀山川之灵性，集天地之精华，性本自然。因此在大自然的气息中、在绿水青山中品茗，更能品出茶之真味，体悟茶的超凡脱俗的意境，更能净化人的心灵、高扬人的精神品格。

二是人工环境（图3-1），如僧寮道院、亭台楼阁、画舫水榭、书房客厅。"凉台静室、曲几明窗、僧寮道院"（陆树声《茶寮记》）。许次纾《茶疏·饮时》提出"明窗净几、小桥画舫、荷亭避暑、小院焚香、清幽寺院"等二十四宜。"山堂夜坐，汲泉烹茗，至水火相战，俨听松涛，倾泻入杯，云光潋滟，此时幽趣，未易与俗人言者"（罗廪《茶解》）。选择幽静高雅之所，也不需刻意布置，约好友三二人，无拘无束，放怀烹点，间得赏乐、观画、谈禅、咏诗的助兴。优游于茶艺之中，将物质生活转换提升为精神生活。

三是专设环境，即专门用来从事茶道活动的茶室。"小斋之外，别置茶寮。高燥明爽，勿令闭塞。寮前置一几，以顿茶注、茶盂、为临时供具。别置一几，以顿他器。旁列一架，巾帨悬之"（许次纾《茶疏·茶所》）。"构一斗室，相傍书斋，内设茶具，教一童子专主茶役，以供长日清谈，寒宵兀坐"（屠隆《茶说·茶寮》）。明代高濂的《遵生八笺》和文震亨《长物志》也都有关于茶寮的记载。明代茶人尤其刻意与留心茶室、茶寮的规划，如陆树声《茶寮记》、程季白《白苧草堂记》中所叙述，高濂的《遵生八笺》和文震亨《长物志》也都有关于茶寮规划布置的记载。

茶室包括室外环境和室内环境两方面。茶室

图 3-1　沈贞《竹炉山房图》

的室外环境是指茶室的庭院及相关建筑和环境实施。茶室的庭院往往栽植青松翠竹等常绿植物和花草；茶室的室内环境是指茶席及相关器物的布置状态。除茶席外，室内还往往有挂画、插花、盆景、古玩、文房清供等。尤其是挂画、插花，一般不可少。茶道活动最先给人以潜移默化影响的就是环境，这就需要在茶席设计、环境布置上下功夫。在茶席设计中，茶几、铺垫、茶器、插花（盆花、盆景）、挂轴、相关工艺装饰品等的摆放位置也很重要。

总之，茶道的环境要清雅幽静，朴素自然，使人进入到此环境中，忘却俗世，洗尽尘心，熏陶德化。

（二）茶礼

茶礼是指茶道活动中所遵照的一定礼法，礼即礼貌、礼节、礼仪，法即规范、法则。茶道不仅是独修，多数场合下是多人同修。多人之间的茶事，免不了有一些礼节、礼仪等。因而在茶艺中，有一些约定俗成的规范、法则，如茶器物的摆置和移动的位置和路线、奉茶的规仪等。

"夫珍鲜馥烈者，其碗数三，次之者，碗数五。若坐客数至五，行三碗。至七，行五碗。若六人已下，不约碗数，但阙一人，而以其隽永补所阙人"（陆羽《茶经·六之饮》）。此为唐代煎茶道中的行茶规矩。

"童子捧献于前，主起举瓯奉客曰：为君以泻清臆。客起接，举瓯曰：非此不足以破孤闷。乃复坐。饮毕，童子接瓯而退。话久情长，礼陈再三"（朱权《茶谱·序》）。此为宋代、明代点茶道主、客间的端、接、饮、叙礼仪，颇为谨严。

"注茶杯中奉客，客必衔杯玩味，若饮稍急，主人必怒其不韵"（《清朝野史大观·清代述异·工夫茶》）。"洒茶既毕，乘热人各一杯饮之。杯缘接唇，杯面迎鼻，香味齐到，一啜而尽，三嗅杯底"（翁辉东《潮州茶经·工夫茶》）。此为清代以来工夫茶的斟法和饮法。

礼是约定俗成的行为规范，是表示友好和尊敬的仪容、态度、语言、动作。"礼"的本质是"诚"与"和"，其核心是互相尊重、互相谦让，其内涵包括礼貌、礼节、礼仪三个既相互联系又相互区别的概念。

茶道中的礼节是指鞠躬、伸掌、奉茶、鼓掌等行为；礼貌是茶艺活动中容貌、服饰、表情、言语、举止等谦逊、恭敬的外在表现，贯穿于人的言、听、视、动的整个过程之中；礼仪是为表示礼貌与尊敬所采取的一种行为、语言的规范。茶道中的礼仪还要求参与者讲究仪容仪态，注重整体仪表的美。其中，仪容包括了服装、容貌、修饰和整洁程度等应该具有的一定要求；仪态包括姿态和风度，是人的所有行为举止的反映。

茶人可以适当修饰仪表。女性也可以着淡妆，但以恬静素雅为基调，切忌浓妆艳抹，以体现茶道的素朴、淡雅之美。服饰以简洁、明快为主。

风度泛指美好的举止气质，是个人性格、气质、情趣、素养、精神世界和生活习惯的综合外在表现。在茶道活动中，各种动作均要求有美好优雅的举止。茶道中的动作要圆活、柔和，而动作之间又要有连贯、起伏、节奏，表现出韵味。在泡茶的过程中，身心合一，双手配合，心、眼、手、身相随，意气相合，动作优雅自如。主客都全神贯注于茶的沏泡及品饮过程中，忘却俗务缠身的烦恼，怡养心性，陶冶情操。

茶道之法是整个茶事过程中的一系列规范与法度，涉及到人与人、人与物、物与物之间一些规定，如位置、顺序、动作、语言、姿态等。

茶道的礼法随着时代的变迁而有所损益，与时偕行。在不同的茶道流派中，礼法有不同，但有些基本的礼法内容却是相对固定不变的。总体来说，中国茶道的礼法偏重自然，反对造作。重内在，轻形式。有时甚至从心所欲，不拘礼法。

（三）茶艺

茶艺是茶道的基础，是茶道的必要条件。茶道以茶艺为载体，依存于茶艺。

（四）茶修

茶修即是藉茶修行。修行的路径有千万条，藉茶事而修行的茶道只是其中之一。

"茶之为饮，最宜精形修德之人，兼以白石清泉，烹煮如法，不时废而或兴，能熟习而深味，神融心醉，觉与醍醐甘露抗衡，斯善赏鉴者矣。使佳茗而饮非其人，犹汲泉以灌蒿莱，罪莫大焉；有其人而未识其趣，一吸而尽，不暇辨味，俗莫甚焉"（屠隆《茶笺》）。品茗利于精形修德，苟有佳茗而饮非其人，也是憾事。不识茶趣的牛饮，则是庸俗不堪。

茶道是要践行的，须在日常生活中修持。茶道往往与焚香、读史、涤砚、观画、鼓琴、养花等日常生活相结合，在不拘形式下赋予生趣，也唯有如此人生境界才能升华。

修行是为了每个参加者自身素质和境界的提高，塑造完美的人格。修行是茶道的根本，是茶道的宗旨，茶人正是通过茶事活动来怡情悦性、陶冶情操、修心悟道。中国茶道的特点是"性命双修"，修性即修心、修神，修命即修身、修形，性命双修也即身心双修、形神双修。修命、修身，也谓养生，在于祛病健体、延年益寿，道家、道教对此阐述较多；修性、修心在于志道立德、怡情悦性、明心见性，儒道释三家对此都有论述。性命双修，二者同时进行，最终落实于尽性至命。修命旨在形神俱妙而同化，修性旨在超凡入圣而登真。要在燮理阴阳，参天地而同造化。

中国茶道的根本追求就是养生、怡情、修性、证道。证道是修道的结果，是茶道的理想，是茶人的终极追求，是人生的最高境界。

茶道的宗旨、目的在于修行，茶境也好，茶礼也好，茶艺也好，都是为着一个共同的目的——茶修而设，并服务于茶修。

三、茶道史略

茶道的形成是在饮茶普及、茶艺完备之后。唐代以前虽有饮茶，但不普及。西晋虽有茶艺的雏形，还未完备。晋代、宋代以迄盛唐时期，是中华茶道的酝酿时期。

中唐时期，陆羽著《茶经》，奠定了中华茶道的基础。又经皎然、常伯熊等人的倡导、完善和实践，形成了"煎茶道"；北宋时期，蔡襄著《茶录》、赵佶著《大观茶论》，奠定了"点茶道"；明代后期，张源著《茶录》、许次纾著《茶疏》，标志着"泡茶道"的诞生。

（一）古典的煎茶道

"茶道"一词，首见于陆羽的至交、诗人、茶人释皎然《饮茶歌诮崔石使君》诗。皎然常与陆羽酬诗唱和，共同探讨茶道艺术，对中国茶道的创立及发展有着极大的贡献，堪称中国茶道之父。

中国茶道的最初的创立的形式是煎茶道，陆羽《茶经》奠定了煎茶道的基础，因此，陆羽可谓是中国茶道的奠基人。

封演《封氏闻见记》卷六"饮茶"记："楚人陆鸿渐为《茶论》，说茶之功效，并煎茶炙茶之法，造茶具二十四事，以都统笼贮之。远近倾慕，好事者家藏一副。有常伯熊者，又因鸿渐之《论》广润色之，于是茶道大行，王公朝士无不饮者。御史大夫李季卿宣慰江南，至临淮县馆，或言伯熊善茶者，李公请为之。伯熊着黄被衫乌纱帽，手执茶器，口通茶名，区分指点，左右刮目。"常伯熊不仅从理论上对陆羽《茶论》（《茶经》的前身）进行了广泛的润色，而且擅长茶道实践，是中华煎茶道的开拓者之一。

除陆羽著经之外，皎然、卢仝作茶歌，裴汶撰《茶述》，张又新撰《煎茶水记》，温庭筠撰《采茶录》，推波助澜，致使煎茶道日益成熟。

煎茶是从煮茶演化而来的，是从末茶的煮饮改进而来。在末茶煮饮情况下，茶叶中的内含物在沸水中容易浸出，故不需较长时间的煮熬。根据陆羽《茶经》，煎茶的程序有：备器、择水、取火、候汤、炙茶、碾罗、煎茶、酌茶、品茶等。

备器：煎茶器具有风炉、茶镀、茶碾、茶罗、竹夹、茶碗等二十四式，崇尚越窑青瓷和邢窑白瓷茶碗。

择水："其水，用山水上，江水中，井水下。""其山水，拣乳泉、石池漫流者上。""其江水，取去人远者。井，取汲多者"（《茶经·五之煮》）。

取火：《茶经》记"其火，用炭，次用劲薪（谓桑、桐、枥之类也）。其炭曾经燔炙为膻腻所及，及膏木、败器不用之（原注：膏木为柏、桂、桧也，败器谓朽废器也）"（《茶经·五之煮》）。

候汤：陆羽为烧火煮水设计了风炉和镀。风炉形状像古鼎，三足间设三孔，底一孔作通风漏灰用。鍑比釜要小些，宽边、长脐、有两只方形耳。无鍑也可用铛（盆形平底锅）、铫（有柄有流的烹器）代替。《茶经》云："其沸，如鱼目，微有声为一沸，缘边如涌泉连珠为二沸，腾波鼓浪为三沸。已上水老，不可食"（《茶经·五之煮》）。

炙茶：炙烤茶饼，一是进一步烘干茶饼，以利于碾末；二是进一步消除残存的青草气，激发茶的香气。唐时茶叶以团饼为主，此外尚有粗茶、散茶、末茶。

碾罗：炙好的茶饼趁热用纸袋装好，隔纸用棰敲碎。纸袋既可免香气散失，又防茶块飞溅。继之入碾碾成末，再用罗筛去细末，使碎末大小均匀。《茶经》云，茶末以像米粒般大小为好。

煎茶：水一沸时，加盐调味。二沸时，舀出一瓢水备用。随后用"则"量取适当量的末茶当中心投下，并用"竹夹"环搅鍑中心。不消片刻，水涛翻滚，这时用先前舀出备用的水倒回茶鍑以止其沸腾，使其生成"华"。华就是茶汤表面所形成的沫、饽、花。薄的称"沫"，厚的称"饽"，细而轻的称"花"。

酌茶：三沸茶成。最先舀出的称"隽永"，而后依次舀出第一、第二、第三碗，茶味要次于"隽永"。"夫珍鲜馥烈者，其碗数三；次之者，碗数五"（《茶经·六之饮》）。好茶，仅舀出二碗；差些的茶，可舀出五碗。煮水一升，酌分五碗。

品茶：用匏瓢舀茶到碗中，趁热喝，冷则精英随气而散。这时重浊凝下，精英浮上。

煎茶法在实际操作过程中，视情况可省略一些程序和器具。若用散、末茶，或是新制的饼的茶，则只碾罗而不须炙烤。

煎茶道形成于8世纪后期的唐代宗、德宗朝，广泛流行于九世纪的中晚唐。九世纪初，一代茶圣陆羽和茶道之父皎然、茶道大师常伯熊相继去世，但由他们创立的煎茶道却深入社会，在中晚唐（9世纪）获得了空前的发展，风行天下。

中唐时期，煎茶茶艺完备，以茶修道思想确立，注重对饮茶环境的选择，具备初步的饮茶礼仪，标志着中国茶道的正式形成。煎茶道是中国最先形成的茶道形式，酝酿于两晋南北朝，形成于中唐，盛行于晚唐，经五代、北宋，至南宋而亡，历时500年左右。

（二）浪漫的点茶道

点茶源于煎茶，是对煎茶的革新。煎茶是在鍑（铛、铫）中进行，待水二沸时下茶末，三沸时煎茶成。由此想到，既然以茶末入沸水（水沸后下茶）可行，那么用沸水浸茶末（先置茶后加沸水）也应该可行，于是有了在茶盏冲点茶末的点茶。因用沸水点茶，水温是渐低的，故而将茶碾磨成极细的茶粉（煎茶用碎茶末），又先将茶盏预热（熁盏令热）。煎茶的竹夹演化为茶筅，在盏中搅拌，但称"击拂"。为便于注水，发明了高肩长流的煮水器——汤瓶。

苏廙《十六汤品》写作汤禁忌、点茶注汤技要，陶谷《荈茗录》有"生成盏""茶百戏""漏影春"条，故点茶约始于唐末五代。

北宋中叶，蔡襄著《茶录》，首次记录了点茶的器具和方法，斗茶的优劣标准等，奠定了点茶茶艺的基础。

北宋末，徽宗赵佶著《大观茶论》，对北宋时期蒸青团茶的产地、采制、品质、茶器、烹试、斗茶风尚等均有详细记述，讨论相当切实。宋徽宗并非纸上谈兵，实是他本人的经验之谈。据蔡京的《保和殿曲宴记》和李邦彦《延福宫曲宴记》，徽宗曾亲自点茶赐予大臣，确是点茶高手。

南宋末，审安老人著《茶具图赞》，列十二茶器。明初，朱权著《茶谱》，对点茶道崇新改易。

据蔡襄《茶录》和赵佶《大观茶论》，归纳点茶的程序有备器、择水、取火、候汤、熁盏、洗茶、炙茶、碾磨罗、点茶、品茶等。

（1）备器　点茶法的主要器具有风炉、汤瓶、茶碾、茶磨、茶罗、茶盏、茶匙、茶筅等，崇尚建窑黑釉茶盏。

（2）候汤　"候汤最难，未熟则沫浮，过熟则茶沉"（《茶录·候汤》）。"汤以蟹目鱼眼连绎迸跃为度。"（《大观茶论·水》）风炉形如古鼎，也有用火盆及其他炉灶代替的。煮水用汤瓶，汤瓶细口、长流、有柄。瓶小易候汤，且点茶注汤有准。

（3）熁盏　点茶前先熁盏，即用火烤盏或用沸水烫盏，盏冷则茶末不浮。

（4）洗茶　用热水浸泡团茶，去其尘垢冷气，并刮去表面的油膏。

（5）炙茶　以微火将团茶炙干，若当年新茶则不须炙烤。

（6）碾、磨、罗茶　炙烤好的茶用纸密裹捶碎，然后入碾碾碎，继之用磨（碨、硙）磨成粉，再用罗筛去末。若是散、末茶则直接碾、磨、罗，不用洗、炙。煎茶用茶末，点茶则用茶粉。

（7）点茶　用茶匙抄茶入盏，先注少许水调令均匀，谓之"调膏"。继之量茶受汤，边注汤边用茶筅"击拂"。"乳雾汹涌，周回凝而不动，谓之咬盏"（《大观茶论·点》）。"视其面色鲜白，著盏无水痕为绝佳"（《茶录·点茶》）。点茶之色以纯白为上，青白次之，灰白、黄白又次。茶汤在盏中以四至六分为宜，茶少汤多则云脚散，汤少茶多则粥面聚。

（8）品茶　点茶一般是在茶盏里直接点，不加任何作料，直接持盏饮用。若人多，也可在大茶瓯中点好茶，再分到小茶盏里品饮。

点茶道形成于五代宋初，流行于两宋时期，鼎盛于北宋徽宗朝。宋徽宗撰著茶书，倡导茶道，精于点茶，有力地推动了点茶道在宋代的广泛流行。点茶道的代表人物是苏廙、蔡襄、赵佶、梅尧臣、苏轼、黄庭坚、陆游、审安老人、朱权等。点茶道鼎盛于北宋后期至明代前期，亡于明代后期，为时约600年。

（三）自然的泡茶道

明太祖朱元璋罢贡团饼茶，促进了散茶的普及。但明朝初期，饮茶延续着宋元以来的点茶法。直到明朝中叶，以散茶直接用沸水冲瀹的泡茶才逐渐流行。"今人惟取初萌之精者，汲泉置鼎，一瀹便啜，遂开千古茗饮之宗"（沈德符的《万历野获编补遗》）。

泡茶有两个来源，一是源于唐代"痷茶"的壶泡法，一是源于宋代点茶的"撮泡法"。

陆羽《茶经·六之饮》记："贮于瓶缶之中，以汤沃焉，谓之痷茶。"纳茶于瓶或缶中，以沸水（汤）淹泡（沃），有如后来的泡茶。陆羽倡导煎茶，故对这种"痷茶"持反对态度。用瓶、缶泡茶时斟茶不便，于是改用有柄有流的壶来泡茶，斟茶也方便，从而形成壶泡法。

在点茶法中，略去调膏、击拂，便是末茶的沸水冲泡。再将末茶改为散茶，就形成了杯盏"撮泡"法。撮泡肇始于南宋，在南宋画家刘松年《茗园赌市图》中，人物便是左手持盏，右手拿汤瓶，直接在盏中注汤泡茶。

明代田艺蘅《煮泉小品》"宜茶"条记："芽茶以火作者为次，生晒者为上，亦更近自然……生晒茶瀹之瓯中，则枪旗舒畅，清翠鲜明，方为可爱。"以芽茶在茶瓯中冲泡，芽叶舒展，清翠鲜明。这是散茶在瓯盏中冲泡的最早记录，时在明朝中期。田艺蘅为钱塘（今浙江杭州）人，杯盏泡茶可能是浙江杭州一带人的发明。杭州人陈师《茶考》也记："杭俗烹茶，用细茗置茶瓯，以沸汤点之，名为撮泡。北客多晒之，予亦不满。"这种用细茗置茶瓯以沸水冲泡的方法称"撮泡"，也即撮茶入瓯而泡，是杭州的习俗。

壶泡法起始于什么时代？从唐寅《事茗图》等明代绘画可知，壶泡法应形成在明代嘉靖以前。因壶泡法的兴起与宜兴紫砂壶的兴起同步，壶泡法则恐是苏吴一带的发明。

明代后期，张源著《茶录》，许次纾著《茶疏》，奠定了泡茶道的基础。同时或稍后，罗廪撰《茶解》、黄龙德撰《茶说》、冯可宾撰《岕茶笺》，进一步补充、发展、完善了泡茶道。

据张源《茶录》和许次纾《茶疏》，壶泡茶法归纳起来有备器、择水、取火、候汤、泡茶、酌茶、品茶等程序。

（1）备器：泡茶法的主要器具有茶炉、茶铫、茶壶、茶盏等，崇尚景德镇白瓷茶盏。

（2）候汤："水一入铫，便须急煮"（许次纾《茶疏》）。"烹茶要旨，火候为先。炉火通红，茶铫始上。扇起要轻疾，待有声稍稍重疾，斯文武之候也。""汤有三大辨十五小辨。三大辨为形辨、声辨、气辨。形为内辨，如虾眼、蟹眼、鱼眼、连珠，直至腾波鼓浪方是纯熟；声为外辨，如初声、始声、振声、骤声，直至无声方是纯熟；气为捷辨，如气浮一缕二缕、三缕四缕、缕乱不分、氤氲乱绕，直至气直冲贯，方是纯熟。"（张源《茶录》）

（3）泡茶：探汤纯熟便取起，先注少许入壶中祛荡冷气，然后倾出。量壶投茶，有上中下三种投法。先汤后茶谓上投，先茶后汤下投。汤半下茶，复以汤满谓中投。茶壶以小为贵，小则香气氤氲，大则易于散漫。若独自斟，壶越小越佳。

（4）酌茶：一壶常配四只左右的茶杯，一壶之茶，一般只能分酌二三次。杯、盏以雪白为上，蓝白次之。

（5）品茶：醋不宜早，饮不宜迟，旋注旋饮。

撮泡法有备器、择水、取火、候汤、投茶、冲注、品啜等。直接置茶入杯盏，然后注沸水即可。

明代茶人尤其刻意与留心茶室、茶寮的规划，如陆树声《茶寮记》、程季白《白苎草堂记》中所叙述。"小斋之外，别置茶寮。高燥明爽，勿令闭寒。寮前置一几，以顿茶注、茶盂、为临时供具。别置一几，以顿他器。旁列一架，巾［巾兑］悬之"（许次纾《茶疏·茶所》）。"构一斗室，相傍书斋，内设茶具，教一童子专主茶役，以供长日清谈，寒宵兀坐"（屠隆《茶说·茶寮》）。高濂的《遵生八笺》和文震亨《长物志》也都有关于茶寮规划布置的记载。茶寮的形制可见文徵明《品茶图》和唐寅《事茗图》，是在书斋旁的独立建筑物。

若无茶寮的专设，多半于书斋、书屋中摆置茶具，以备品茶之时的需求，如费元禄的晃彩馆、周履靖的梅墟书屋，皆於斋室中备置茶炉、茶器。知己友朋来访，或萧然独处一室，汲泉烹茶，也适合茶人的身份。

明代中期以后的社会，外有国家存亡的危机，内有安身立命的困扰。文人处此境遇，各有其调适的方式，或与世无争，或恬退放闲，纷纷以茶为性灵之寄托。

泡茶道形成于16世纪中叶的明代中期，代表人物有田艺蘅、张源、许次纾、罗廪、冯可宾、陈继儒、徐渭、徐献忠、张大复、黄龙德、张岱、冒襄、袁枚等人。泡茶道酝酿于元代至明代前期，正式形成于明代中期，鼎盛于明代后期。

清代，茶道艺术总体上呈现由盛转衰。当然，茶道入清后开始衰落，但并非消亡。作为中国茶道代表的工夫茶道就形成、兴盛于清代。

工夫茶主要流行于广东、福建和台湾地区，是用小壶冲泡乌龙茶（青茶），属泡茶道的一种，主要程序有治壶、投茶、出浴、淋壶、烫杯、醋茶、品茶等。

"工夫茶，烹治之法，本诸陆羽《茶经》，而器具更为精致。炉形如截筒，高约一尺二三寸，以细白泥为之。壶出宜兴窑者最佳，圆体扁腹，努咀曲柄，大者可受半升许。杯盘则花瓷居多，内外写山水人物，极工致，类非近代物。然无款志，制自何年，不能考也。炉及壶、盘各一，惟杯之数，则视客之多寡。杯小而盘如满月。此外尚有瓦铛、棕垫、纸扇、竹夹，制皆朴雅。壶、盘与杯，旧而佳者，贵如拱璧，寻常舟中不易得也。先将泉水贮铛，用细炭煎至初沸，投闽茶于壶内冲之；盖定，复遍浇其上；然后斟而细呷之，气味芳烈，较嚼梅花更为清绝，非拇战轰饮者得领其风味。……"（俞蛟《梦厂杂著·潮嘉风月·工夫茶》）。俞蛟，字清源，又字六爱，号梦厂居士，乾嘉时人。所记器具有白泥炉、宜兴砂壶、瓷盘、瓷杯、瓦铛、棕垫、纸扇、竹夹等，其泡饮程序则为治器、候汤、纳茶、冲点、淋壶、斟茶、品茶等。工夫茶得名在清朝中叶的乾嘉年间。

但是，工夫茶只流行福建、广东、台湾的部分地区，影响范围有限。

（四）茶道的复兴

中国茶道的复兴始于20世纪80年代，经过了20世纪90年代的复苏，进入新世纪的新发展阶段。

1. 茶道理论研究和实践

台湾是现代中国茶道的最早复兴之地。林馥泉、娄子匡、林资尧、蔡荣章、林瑞萱、范增平、吴智和、张宏庸、周渝等是台湾较早致力茶道理论研究和实践的人。

林资尧（1941—2004），字易山，曾任台湾中华茶艺协会秘书长，后转任天仁茶艺文化基金会秘书长，长期致力于国际茶文化交流和茶道教学，尤爱茶礼，致力茶礼生活化、社会化。为体现大自然的运作、时节的更替，创设四序茶会。

大陆方面，在茶道的理论和实践的探索上有突出表现的则有庄晚芳、张天福、童启庆、阮浩耕、陈文华、余悦、马守仁、丁以寿等。

庄晚芳在1990年第2期《文化交流》杂志上发表的《茶文化浅议》一文中明确主张"发扬茶德，妥用茶艺，为茶人修养之道。"他提出中国的茶德应是"廉、美、和、敬"，并加以解释：廉俭有德，美真康乐，和诚处世，敬爱为人（图3-2）。

图3-2　庄晚芳书《中国茶德》立轴

张天福深入研究中外茶道、茶礼，于1996年提出以"俭、清、和、静"为内涵的中国茶礼。他认为"茶尚俭、勤俭朴素；茶贵清，清正廉明；茶导和，和衷共济；茶致静，宁静致远。"

2. 当代茶会的创立

（1）四序茶会　四序茶会是由林资尧所制定，透过茶会，表现一种大自然圆融的律动。

在会场内，悬挂"四季山水图"和"名壶名器名山在，佳茗佳人佳气生"或"万物静观皆自得，四时佳兴与人同"的对联，烘衬出茶会的主题。茶席的布置为正四方形，东面代表春季的青色条桌，南面为表示夏季的赤色桌，西面是白色的秋季，北面是黑色的冬季。正中央的花香案则铺以黄色桌巾；这分别象征着四序迁流、五行变易。花香案设"主花", 旨意 "六合", 天地四方之意, 用黄色花器。球型香炉二件, 象征 "日""月"; 四部茶桌设 "使花", 旨意 "春晖""夏声""秋心""冬节"。主花与使花相应涵摄, 说明了大自然的节序, 及普遍生命之美。

在悠扬的古琴曲声中, 主人引茶友入席, 二十四把座椅象征二十四个节气。两位司香行香礼, 以香礼敬天地及宾客。四位司茶(花)则依时序, 手捧代表四季的插花入场, 先行花礼, 之后入座。司茶(花)优雅地烫杯、取茶、冲水, 然后均匀斟进小茶盅, 分敬给客人。司茶(花)依序奉上第一道茶、第二道茶、第三道茶以及第四道茶。按顺时针次序转动, 象征四季更迭。每位客人都品到象征四季的四道茶, 时光在不知不觉中流转。司茶(花)起身, 依序收回茶杯和茶托。司香入席行香礼, 退席。司茶(花)起席行花礼, 退席。接着, 司香、司茶(花)列队恭送主人、茶友离席。人们在这样一个宁静、舒适的场所, 通过茶艺、茶道、茶礼的熏陶, 完全将自己融入大自然的韵律、秩序和生机之中。

（2）无我茶会　无我茶会（图3-3）是由原台北陆羽茶艺中心总经理蔡荣章所创立的一种茶会形式, 茶会中每个人自备茶具、茶叶, 大家围成一圈或数圈, 人人泡茶、奉茶、品茶。

无我茶会有七大精神。第一, 抽签决定座位——无尊卑之分。茶会不设贵宾席, 参加茶会者的座位由抽签决定, 不论职业职务、性别年龄、肤色国籍, 人人平等; 第二, 依同一方向奉茶——无求报偿之心。参加茶会的每个人泡的茶都是奉给左边的茶侣, 而自己所品之茶却来自右边茶侣, 而不求对方报偿; 第三, 接纳、欣赏各种茶——无好恶之心。每人品尝四杯不同的茶, 由于茶类和沏泡技艺的差别, 品味是不一样的, 要以客观心情来欣赏每一杯茶, 从中感受到别人的长处, 不能只喝自己喜欢的茶; 第四, 泡茶方式不拘——无地域流派之分; 第五, 努力把茶泡好——求精进之心。自己每泡一道茶, 自己都品一杯, 每杯泡得如何, 与他人泡的相比有何差别, 要时时检讨, 使自己的茶艺日益精深; 第六, 无须指挥与司仪——遵守公告约定。茶会进行时并无司仪或指挥, 大家都按事先公告进行, 养成自觉遵守约定的美德; 第七, 席间不语——培养默契, 体现群体律动之美。茶会进行时, 均不说话, 大家用心于泡茶、奉茶、品茶, 时时自觉调整, 约束自己, 配合他人, 使整个茶会快慢节拍一致。

图3-3　无我茶会一角

第二节
茶道与文学

一、茶道与诗

虽然在唐代以前就有茶诗的萌芽，但茶道与诗的结缘却始于唐代。这是因为，茶道形成于中唐，茶诗也兴起于中唐，两者结合始于中唐。

（一）唐代茶道与诗

1. 李白

有"诗仙"之称的李白是唐朝最负盛名的诗人，他的《答族侄僧中孚赠玉泉仙人掌茶》就是一首著名的茶诗，诗写得雄奇豪放。

尝闻玉泉山，山洞多乳窟。仙鼠如白鸦，倒悬清溪月。

茗生此中石，玉泉流不歇。根柯洒芳津，采服润肌骨。

丛老卷绿叶，枝枝相接连。曝成仙人掌，似拍洪崖肩。

……

这是茶史上真正意义上的第一首以茶为主题的茶诗。在这首诗中，李白对仙人掌茶的生长环境、加工方法、品质、功效等都做了生动和神奇的描述。特别是"采服润肌骨"的功效，后来卢仝的"五碗肌骨清"与之如出一辙。李白在该诗序中更写道："玉泉真公常采而饮之，年八十余岁，颜色如桃花。而此茗清香滑熟异于他者，所以能还童振枯扶人寿也。"饮茶能使人返老还童、延年益寿，作为道教徒的李白表达了道教以茶为长生仙药的饮茶观。

2. 释皎然

广为流行的"茶道"一词，最早便是出现在唐释皎然的诗中。皎然俗姓谢，字清昼，南朝宋诗人谢灵运十世孙，诗人和诗歌理论家，是茶圣陆羽的忘年至交。他的《饮茶歌·诮崔石使君》一诗中首见"茶道"：

越人遗我剡溪茗，采得金芽爨金鼎。素瓷雪色缥沫香，何似诸仙琼蕊浆。

一饮涤昏寐，情思爽朗满天地。再饮清我神，忽如飞雨洒轻尘。

三饮便得道，何须苦心破烦恼。此物清高世莫知，世人饮酒多自欺。

愁看毕卓瓮间夜，笑向陶潜篱下时。崔侯啜之意不已，狂歌一曲惊人耳。

孰知茶道全尔真，唯有丹丘得如此。

皎然此诗与卢仝茶歌有异曲同工之妙。"三饮便得道"，"孰知茶道全尔真，唯有丹丘得如此。"谁人能知晓茶道能使人全真得道，仙人丹丘子就是通过饮茶而得道羽化的。皎然作为中国茶道的倡导者、开拓者之一，认为通过饮茶可以涤昏寐、清心神、得道、全真，揭示了茶道的修行宗旨。作为佛教徒的皎然，大力推崇道教的茶道观。他在另一首诗《饮茶歌·送郑容》中表达了同样的观念，即丹丘子就是饮茶而羽化成仙的。"丹丘羽人轻玉食，采茶饮之生羽翼。名藏仙府世空知，骨化云宫人不识。云山童子调金铛，楚人茶经虚得名。霜天半夜芳草折，烂漫缃花啜又生。尝君此茶祛我疾，使人胸中荡忧栗。"

3. 钱起

钱起，字仲文，大历十才子之一。其《过长孙宅与朗上人茶会》：

偶与息心侣，忘归才子家。玄谈兼藻思，绿茗代榴花。

岸帻看云卷，含毫任景斜。松乔若逢此，不复醉流霞。

作者与佛徒朗上人在长孙家三人一边品茶，一边谈玄理、论诗文、看云卷、任景斜、忘归家。仙人赤松子、王子乔遇上此情此景，也会品茗论道而不饮酒的。其另一首诗《与赵莒茶宴》也表现出同样的意境，"竹下忘言对紫茶，全胜羽客醉流霞。尘心洗尽兴难尽，一树蝉声片影斜。"日影长斜，蝉鸣林静。竹下品茶，清心涤滤，言忘而道存。

4. 武元衡

武元衡，建中四年进士，曾官居宰相。其《资圣寺贲法师晚春茶会》写晚春芳暮在佛寺的一次茶会，通篇不见茶字，却处处渗透着道境禅意。

虚室昼常掩，心源知悟空。禅庭一雨后，莲界万花中。

时节流芳暮，人天此会同。不知方便理，何路出樊笼。

5. 卢仝

在咏茶的诗歌中，最脍炙人口的，首推卢仝的《走笔谢孟谏议寄新茶》。卢仝，自号玉川子，年轻时隐居少室山，不愿仕进。该诗是他在品尝友人谏议大夫孟简所赠新茶之后的即兴作品，直抒胸臆，一气呵成。

日高丈五睡正浓，军将打门惊周公。口云谏议送书信，白绢斜封三道印。

开缄宛见谏议面，手阅月团三百片。闻道新年入山里，蛰虫惊动春风起。

天子须尝阳美茶，百草不敢先开花。仁风暗结珠蓓蕾，先春抽出黄金芽。

摘鲜焙芳旋封裹，至精至好且不奢。至尊之余合王公，何事便到山人家。

柴门反关无俗客，纱帽笼头自煎吃。碧云引风吹不断，白花浮光凝碗面。

一碗喉吻润。二碗破孤闷。三碗搜枯肠，唯有文字五千卷。

四碗发轻汗，平生不平事，尽向毛孔散。五碗肌骨清。六碗通仙灵。

七碗吃不得也，唯觉两腋习习清风生。蓬莱山，在何处？玉川子乘此清风欲归去。

山中群仙司下土，地位清高隔风雨。安得知百万亿苍生命，堕在颠崖受辛苦。

便为谏议问苍生，到头合得苏息否？

卢全的此诗细致地描写了饮茶的身心感受和心灵境界，特别是五碗茶肌骨俱清，六碗茶通仙灵，七碗茶得道成仙、羽化飞升，提高了饮茶和精神境界。所以此诗对茶文化的传播，起到推波助澜的作用。自宋以来，"七碗""两腋清风"成了人们吟唱茶的典故。诗人墨客，常喜与卢全相比。如宋人杨万里："不待清风生两腋，清风先向舌端生。"苏轼："何须魏帝一丸药，且尽卢全七碗茶。"

6. 刘禹锡

中唐诗人刘禹锡，被誉为"诗豪"，其《西山兰若试茶歌》：

山僧后檐茶数丛，春来映竹抽新茸。

宛然为客振衣起，自傍芳丛摘鹰嘴。

斯须炒成满室香，便酌砌下金沙水。

骤雨松风入鼎来，白云满碗花徘徊。

悠扬喷鼻宿酲散，清峭彻骨烦襟开。

阳崖阴岭各殊气，未若竹下莓苔地。

炎帝虽尝未解煎，桐君有录那知味。

新芽连拳半未舒，自摘至煎俄顷馀。

木兰沾露香微似，瑶草临波色不如。

僧言灵味宜幽寂，采采翘英为嘉客。

不辞缄封寄郡斋，砖井铜炉损标格。

何况蒙山顾渚春，白泥赤印走风尘。

欲知花乳清泠味，须是眠云跂石人。

作者到寺院里与僧人茶会，共试新茶。茶乃寺院所产，僧人旋摘、旋炒、旋煎。春茶抽茸，斯须炒成，用金沙泉水，入鼎后听聆水声如骤雨、松风之美，注碗后观赏茶末如白云、流花，鼻闻茶香之悠扬、清峭，鉴察茶气阳崖、阴岭、竹下之别，品观茶叶新芽连拳，似木兰沾露、胜瑶草临波，赞美了茶的色香和超凡品格。此茶最具"幽寂"灵味、花乳清泠味，须是眠云跂石之人方能体会。

7. 温庭筠

晚唐诗人温庭筠，有首《西陵道士茶歌》：

乳窦溅溅通石脉，绿尘愁草春江色。涧花入井水味香，山月当人松影直。

仙翁白扇霜乌翎，拂坛夜读黄庭经。疏香皓齿有馀味，更觉鹤心通杳冥。

描写深山道观里道士汲泉烹茶，夜读《黄庭经》的情形。淡淡的流水，高远的山月，在这样宁静的夜晚，连井水都透着一股幽淡的香气。仙翁道士一边读经，一边煎茶、品茶。只觉齿颊生香，心入杳冥。道家与茶结缘既早又深，道士视茶为养生延年的仙药，以茶助修行，深悟茶理。在深山道观，

8. 郑遨

晚唐郑遨，唐昭宗时举进士不第，入少室山为道士，号逍遥先生。其《茶诗》：

嫩芽香且灵，吾谓草中英。夜白和烟捣，寒炉对雪烹。

惟忧碧粉散，常见绿花生。最是堪珍重，能令睡思清。

诗的首联赞美茶叶"香且灵"，是"草中英"。颈联、颔联写雪夜碾茶、煎茶的情景，一边是风炉煮水热气袅袅，一边用茶臼将茶饼捣碎，还担心碧色茶粉散落，不一会就看见绿色汤华浮现。尾联写茶的功效，"能令睡思清"。

（二）宋代以来茶道与诗

1. 苏轼

苏轼（1037—1101）字子瞻，号东坡居士，眉山（今四川眉山市）人，是宋代文坛上著名的诗人、词人、散文家。他一生嗜茶，为茶道大家，茶诗数量多，佳作也多。熙宁六年（1073），在杭州任通判时，一日，以病告假，独游湖上净慈、南屏、惠昭、小昭庆诸寺，是晚又到孤山去谒惠勤禅师。这一天他先后品饮了七碗茶，颇觉身轻体爽，病已不治而愈，便作了一首《游诸佛舍，一日饮酽茶七盏，戏书勤师壁》：

示病维摩元不病，在家灵运已忘家。何须魏帝一丸药，且尽卢全七碗茶。

昔魏文帝曹丕曾赋诗："与我一丸朗，光耀有五色，服之四五日，身体生羽翼"。苏轼却认为且饮"七碗茶"更胜于这"一丸药"。

2. 杜耒

南宋诗人杜耒，字小山，其《寒夜》诗脍炙人口：

寒夜客来茶当酒，竹炉汤沸火初红。寻常一样窗前月，才有梅花便不同。

寒夜来客，以茶当酒。松风汤沸，竹炉火红，主人的热情似沸汤、炉火一般。窗外，月光如水，枝头寒梅数点，人、茶、梅、月俱清。

3. 刘克庄

南宋文人刘克庄，其《西山》诗：

绝顶遥知有隐君，餐芝种术麝为群。多应午灶茶烟起，山下看来是白云。

西山在江西南昌郊外，道教四大天师之一的许逊曾在这里修道、传道，是道教净明派的发源地。诗中写道，西山绝顶道士午间煎茶所起的茶烟，远看如同白云一般。

4. 白玉蟾

南宋时，栖止于武夷山止止庵的道教内丹派南宗第五祖白玉蟾，爱茶、种茶。他的《和朱熹棹歌》云：

仙掌峰前仙子家，客来活火煮新茶。主人遥指青烟里，瀑布悬崖剪雪花。

在青烟缥缈的仙掌峰，瀑布凌空似飞雪飘洒。峰前道观里，客来献茶，活火烹煮。

白玉蟾《茶歌》还咏道：

……未如甘露胜醍醐，服之顿觉沉疴苏。身轻便欲登天衢，不知天上有茶无。

谓茶虽不比甘露却胜醍醐，却能使人祛病轻身、羽化飞升。

5. 王喆

金元时期，全真道派创教人王喆（1112—1169），道号重阳子。47岁时弃家修道，于终南山南时村挖洞而居，自称"活死人墓"，内则修炼金丹，外则佯狂装疯，自号"王害风"。作诗《咏茶》：

昔时曾见赵州来，今日卢仝七碗猜。烹罢不知何处去，清风送我到蓬莱。

诗中化用赵州禅师吃茶去和卢仝七碗茶的典故，茶罢两腋清风上蓬莱。又效唐代诗人元稹作宝塔诗《咏茶》：

茶，茶，

瑶萼，琼芽。

生空慧，出虚华，

清爽神气，招召云霞。

正是吾心事，休言世味夸。

一杯唯李白兴，七碗属卢仝家。

金则独能烹玉蕊，便令传透放金花。

赞茶为"瑶萼，琼芽"，能"生空慧，出虚华"，"清爽神气，招召云霞"，道出茶的超凡品性。

6. 胡奎、朱朴和徐溥

明代，胡奎："三月青桐已着花，我来欲吃赵州茶；应门童子长三尺，说道阇黎不在家"（《访僧不遇》）。朱朴："洗钵修斋煮茗芽，道心涵泳静尘砂；闲来礼佛无余供，汲取瓷瓶浸野花"（《为养泉上人题》）。徐溥："人间行迹如蓬转，物外禅心若镜虚；飞起竹边双白鹤，谈玄未已煮茶初"（《留别虎丘简上人》）。僧家因不与外事，一片清净善心，山中又空旷沉寂，处此境地或坐或息，对于"茶禅一味"自然有深切的体认。

7. 杜浚

清初诗人杜浚（1611—1687），字于皇，号茶村，隐逸不仕，甘于贫寒，秉持操守。杜浚有茶癖，也写了不少茶诗，其《茶喜》诗：

> 维舟折桂花，香色到君家。露气澄秋水，江天卷暮霞。
>
> 南轩人去尽，碧月夜来赊。寂寂忘言说，心亲一盏茶。

此诗所描绘的意境正是杜濬所倡导的"湛、幽、灵、远"四妙的体现，"寂寂忘言说"也正是"导吾杳冥"的写照。桂花、香色、露气、秋水、江天、暮霞、南轩、碧月，在茶的陶冶下，融合在一起，使人得意忘言，宁静致远。

8. 赵朴初

赵朴初（1907—2000），佛教居士、诗人、书法家，他的《吃茶去》诗，化用唐代诗人卢仝的"七碗茶"诗意，引用唐代高僧从谂禅师"吃茶去"的禅林法语，诗写得空灵洒脱，饱含禅机，为世人所传诵，是体现茶禅一味的佳作：

> 七碗受至味，一壶得真趣。空持百千偈，不如吃茶去。

二、茶道与词曲联

（一）茶道与词

全真道派重阳祖师王喆曾作《无梦令·赠丹阳子》：

> 啜尽卢仝七碗，方把赵州呼唤。烹碎这机关，明月清风堪玩。光灿，光灿，此日同超彼岸。

丹阳子是王喆高徒马钰的号，这首词是王喆题赠马钰的。马钰（1123—1183），号丹阳子，为"北七真"之一，世称"丹阳真人"。马钰也作和词《无梦令·继重阳韵》：

> 不论赵州几碗。更不卢仝请唤。祷告太原公，免了睡魔厮玩。明灿。明灿，得见长生道岸。

王重阳师徒以茶明志，藉茶修行，以期证得长生，同超彼岸。王喆的《解佩令·茶肆茶无绝品至真》：

> 茶无绝品，至真为上。相邀命、贵宾来往。盏热瓶煎，水沸时、云翻雪浪。轻轻吸、气清神爽。/卢仝七碗，吃来豁畅。知滋味、赵州和尚。解佩新词，王害风、新成同唱。月明中、四人分朗。
>
> 茶无绝品，至真为上。轻轻吸来，气清神爽。赵州知味，卢仝豁畅。

马钰撰有多首咏茶词，其《长思仙·茶》云：

一枪茶，二旗茶，休献机心名利家，无眠为作差。/无为茶，自然茶，天赐休心与道家，无眠功行加。

茶不要给存有"机心""名利心"的人饮用，因为那样的话，"无眠"反而助长其"机心"。无为、自然的茶，是上天赐予道家用来"休心"以养性的灵丹妙药，有功于道家的修行。王重阳师徒的诗词反映出全真道教对茶助修道的重视。

（二）茶道与元曲

张可久（约1270—？），字小山，元曲大家。其［黄钟］《人月圆·山中书事》：

兴亡千古繁华梦，诗眼倦天涯。孔林乔木，吴宫蔓草，楚庙寒鸦。数间茅舍，藏书万卷，投老村家。山中何事？松花酿酒，春水煎茶。

春水煎茶，山中生活，数间茅舍，诗酒书茶，逍遥自在。

乔吉（约1280—1345），又名吉甫，元后期杰出的杂剧家、散曲家。［南吕］《玉交枝·闲适》：

山间林下，有草舍蓬窗优雅。苍松翠竹堪图画，近烟二四家。飘飘好梦碎落花，纷纷世味如嚼蜡。一任他苍头皓发，莫徒劳心猿意马。自种瓜，自种茶，炉内炼丹砂。看一卷道德经，讲一会渔樵话。闲上槿树篱，醉卧在葫芦架。尽情闲，自在煞。

此曲描述了具有道家特征和诗化了的隐逸者的生活境界。抒情主人公生活在远离尘世的山林里，过着简朴却优雅的生活，没有世俗的纷扰，有自食其力的快乐，大有陶渊明的遗风。道家经典《老子》是他闲暇中的必读之物，道家思想是他的精神支柱；此外，他又炼着丹砂，像一位道教徒。不过，他并不刻意追求长生，他"一任苍头皓发"，与渔夫们樵夫们闲谈来消磨时光，高卧葫芦架下，悠闲自在。

（三）茶道与对联

在茶道活动中，往往少不了挂画。茶道中的挂画，是指悬挂在茶席背景环境中的书画的统称，而对联是其中的主要形式。

人们常说竹解心虚，茶性清淡，竹被视为刚直谦恭的君子。同样诗人们也说"茶有君子性"，茶总是和精行俭德之人相模拟。正因如此，茶竹结缘。

竹雨松风琴韵，茶烟梧月书声。

此联恰是一幅素描风景名画，潇潇竹雨，阵阵松风，在这样的环境中调琴煮茗，读书赏月，的确是无边风光的雅事。

秋夜凉风夏时雨，石上清泉竹里茶。

秋夜凉风，夏时阵雨，其清爽，其舒逸，有何能比？松涛环绕，竹影婆娑，唯此境隔竹支灶，听风声水声，始可与夏雨秋风相配。

融通三教儒释道，汇聚一壶色味香。

联语中虽无一"茶"字，但分明是在写茶，很好地表现了茶与儒释道的不解之缘。

古今茶联层出不穷，细读品味，有的确有很高的意境，读联品茗，启人心性。下列茶联就是如此：

诗写梅花月，茶煎谷雨春。

一杯春露暂留客，两腋清风几欲仙。

竹雨松风蕉叶影，茶烟琴韵读书声。

一帘春影云拖地，半夜茶声月在天。

半壁山房待明月，一盏清茗酬知音。

茗外风清移月影，壶边夜静听松涛。

千载奇逢，无如好书良友；一生清福，只在碗茗炉烟。

三、茶道与散文小说

（一）茶道与散文

1. 文震亨

文震亨（1585—1645），字启美，江苏苏州人。他是著名书画家文徵明的曾孙，书画咸有家风。平时游园、咏园、画园，也在居家自造园林。《长物志》全书十二卷，直接有关园艺的有室庐、花木、水石、禽鱼、蔬果五志，另外七志书画、几榻、器具、衣饰、舟车、位置、香茗也与园林有间接的关系。卷十二《香茗》：

香、茗之用，其利最溥：物外高隐，坐语道德，可以清心悦神；初阳薄暝，兴味萧骚，可以畅怀舒啸；晴窗拓帖，挥麈闲吟，篝灯夜读，可以远辟睡魔；青衣红袖，密语谈私，可以助情热意；坐雨闭窗，饭余散步，可以遣寂除烦；醉筵醒客，夜雨蓬窗，长啸空楼，冰弦戛指，可以佐欢解渴；品之最优者，以沉香、岕茶为首，第焚煮有法，必贞夫韵士乃能究心耳。

焚香品茗，本是文人雅事。高隐大德、贞夫韵士，坐语道德，可以清心悦神。

2. 袁枚

清代袁枚，字子才，号简斋，又号随园老人，生当康乾盛世，曾任溧水、江浦、江宁等县知县，因父丧辞官归里。在江宁城西小仓山筑随园，著述颇丰。袁枚《随园食单·茶酒单·武夷茶》记：

余向不喜武夷茶，嫌其浓苦如饮药然。丙午秋，余游武夷，到曼亭峰、天游寺诸处，僧道争以茶献。杯小如胡桃，壶小如香橼，每斟无一两。上口不忍遽咽，先嗅其香。再试其味，徐徐咀嚼而体贴之。果然清芬扑鼻，舌有余甘。一杯之后，再试一二杯，令人释躁平矜，怡情悦性。

乾隆丙午（1786年），袁枚上武夷山，僧道献以武夷岩茶，小壶，小杯，嗅香、试味，徐徐咀嚼。特别指出饮茶能令人释躁平矜，怡情悦性。

3. 周作人

周作人的《喝茶》一语道破茶道的天机，"茶道的意思，用平凡的话来说，可以称作'忙里偷闲，苦中作乐'，在不完全的现世享乐一点美与和谐，在刹那间体会永久。"

前回徐志摩先生在北平中学讲"吃茶"，——并不是胡适之先生所说的"吃讲茶"，——我没工夫去听，又可惜没有见到他精心结构的讲稿，但我推想他是在讲日本的"茶道"，英文译作"Teaism"，而且一定说得很好。茶道的意思，用平凡的话来说，可以称作"忙里偷闲，苦中作乐"，在不完全的现世享乐一点美与和谐，在刹那间体会永久，在日本之"象征的文化"里的一种代表艺术。……

喝茶当于瓦屋纸窗之下，清泉绿茶，用素雅的陶瓷茶具，同二三人同饮，得半日之闲，可抵上十年尘梦。喝茶之后，再去继续修各人的胜业，无论为名为利，都无不可，但偶然的片刻优游乃正亦断不可少。……

（二）茶道与小说

《红楼梦》是我国清代一部著名的古典小说，写到茶的地方就有200多处，所以有人说："茶香四溢满红楼"。

《红楼梦》第四十一回："贾宝玉品茶栊翠庵，刘姥姥醉卧怡红院"，写史老太君带了刘姥姥一行诸人来到栊翠庵，妙玉以茶相待的情形，其中这样写道：

……那妙玉便把宝钗和黛玉的衣襟一拉，二人随他出去。宝玉悄悄的随后跟了来。只见妙玉让他二人在耳房内，宝钗便坐在榻上，黛玉便坐在妙玉的蒲团上。妙玉自向风炉上扇滚了水，另泡了一壶茶。宝玉便轻轻走了进来，笑道："偏你们吃体己茶呢！"二人都笑道："你又赶了来饕茶吃！这里并没你的。"

妙玉刚要去取杯，只见道婆收了上面的茶盏来。妙玉忙命："将那成窑的茶杯别收了，搁在外头去罢。"宝玉会意，知为刘姥姥吃了，他嫌腌脏，不要了。又见妙玉另拿出两只杯来。一个傍边有一耳，杯上镌着"瓟斝"三个隶字，后有一行小真字，是"晋王恺珍玩"，又有"宋元丰五年四月眉山苏轼见于秘府"一行小字。妙玉便斟了一斝，递与宝钗。那一只形似钵而小，也有三个垂珠篆字，镌着"点犀盉"。妙玉斟了一盉与黛玉。仍将前番自己常日吃茶的那只绿玉斗来斟与宝玉。宝玉笑道：

"常言'世法平等'，他两个就用那样古玩奇珍，我就是个俗器了？"妙玉道："这是俗器？不是我说狂话，只怕你家里未必找的出这么一个俗器来呢！"宝玉笑道："俗语说'随乡入乡'，到了你这里，自然把那金玉珠宝一概贬为俗器了。"

妙玉听如此说，十分欢喜，遂又寻出一只九曲十环一百二十节蟠虬整雕竹根的一个大盉出来，笑道："就剩了这一个，你可吃的了这一海？"宝玉喜的忙道："吃的了。"妙玉笑道："你虽吃的了，也没这些茶你糟蹋。岂不闻'一杯为品，二杯即是解渴的蠢物，三杯便是饮牛饮骡了'。你吃这一海，更成什么？"说的宝钗、黛玉、宝玉都笑了。妙玉执壶，只向海内斟了约有一杯。宝玉细细吃了，果觉轻浮无比，赏赞不绝。妙玉正色道："你这遭吃茶，是托他两个的福，独你来了，我是不给你吃的。"宝玉笑道："我深知道，我也不领你的情，只谢他二人便了。"妙玉听了，方说："这话明白。"
……

图3-4 戴敦邦绘《红楼梦》插图

"妙玉自向风炉上扇滚了水，另泡了一壶茶。"从泡茶、饮茶中可以看出人的知识和修养，古人讲品茗，把饮茶提升到一种高雅的境界，展现出生活的情趣和艺术化。妙玉可以说得中国茶道之真传，深谙茶道真谛，她的"一杯为品"的妙论为后来的茶人们所津津乐道（图3-4）。

第三节
茶道与艺术

中国茶文化在发展过程中，吸收琴棋书画、插花、焚香等艺术元素，不断整合已经出现的生活文化。到了宋代，焚香、点茶、挂画、插花，被称为"四般闲事"而流行于世。明代，"士大夫以儒雅相尚，若评书品画，瀹茗焚香，弹琴选石等事，无一不精。"（文震亨《长物志》）茶事活动中，常见焚香入静、听琴观画、赏花弈棋、挥毫泼墨等项目，将茶与各种艺术融合在一起，展现出风雅韵致的生活美学。

一、茶道与琴棋书画

（一）茶道与琴

琴通常指的是古琴，在茶事活动中也泛指各种乐器。茶具有清、淡、静、真、和的自然物性，音乐追求和、雅、清、淡、柔、静的审美情趣。品茶赏乐，可以领略味外之旨、弦外之音的独特意境。

唐代，诗人白居易以琴、茶相伴的生活为乐，"琴里知闻唯渌水，茶中故旧是蒙山。穷通行止常相伴，谁道吾今无往还。"（《琴茶》）"斑竹盛茶柜，红泥罨饭炉。……小面琵琶婢，苍头觱篥奴"（白居易《宿杜曲花下》）。琵琶是弹拨乐器，觱篥是管乐器，均与茶柜相随。"隔石尝茶坐，当山抱瑟吟"（郑巢《秋日陪姚郎中登郡中南亭》）。瑟是拨弦乐器，与朋友相伴于南亭，品茶拨瑟。

宋代，吴文英作《望江南·茶》词："松风远，莺燕静幽坊，妆褪宫梅人倦绣，梦回春草日初长，瓷碗试新汤。笙歌断，情与絮悠飏，石乳飞时离凤怨，玉纤分处露花香，人去月侵廊。"苏轼《行香子·茶词》也有"放笙歌散，庭馆静，略从容。"听笙歌，品茶汤，情思飞扬。"祠宇沈沈海岸头，况逢冷夜耿青秋。风前尘外笛三弄，饭后月中茶一瓯"（曾丰《宿南海神祠东廊候月烹茶吹笛》）。烹茶吹笛，别有一番风味。

明代文徵明《烹茶》诗云："落日高松下午阴，尽闻飞涧激清音。幽人相对无余事，啜罢茶瓯再鼓琴。"

在古代画作中，常见琴与茶相伴的场景。唐代周昉绘《调琴啜茗图》，描写三位贵妇，坐在庭院里，在两个女仆的伺候下，弹琴、品茶、听乐，享受闲散恬静的生活。明代，唐寅绘《琴士图》，描写一位高士，在青山旷野中，静坐苍松前，面对飞瀑流泉，边抚琴边品茶。琴声与煮水声、松涛声、泉声交相融合，在不知不觉中回归了自然。明末清初陈洪绶绘《停琴啜茗图》，抚琴间隙，啜茗一杯。

茶事音乐的内容和形式十分丰富。尤其是民族音乐最能入茶，代表性乐曲有《阳关三叠》《梅花三弄》《平沙落雁》《高山流水》《雨打芭蕉》《平湖秋月》等，常见乐器有古琴、古筝、洞箫、竹笛、琵琶、二胡、埙、瑟等。一边品茶一边听音乐，让心灵变得闲适淡雅。茶的色、香、味随着音乐逐渐内化深入到禅的意境，让人再三回味。

（二）茶道与棋

古人将棋声、煎茶声都列入清音。弈棋、品茶，可以启迪智慧、陶冶情操。边弈棋，边品茗，平添闲情雅趣。

唐代，刘禹锡《浙西李大夫述梦四十》诗云："茶炉依绿笋，棋局就红桃。"陈陶《题僧院紫竹》诗："幽香入茶灶，静翠直棋局。"李中《献徐舍人》诗："藓点生棋石，茶烟过竹阴。"李中《献中书潘舍人》诗："茶谱传溪叟，棋经受羽人。"茶、棋并列。

宋代，陆游《晚晴至索笑亭》诗："堂空响棋子，盏小聚茶香。兴尽扶藜去，斜阳满画廊。"描绘在自然状态下，品茶、弈棋、览胜，自在悠闲。陆游在《山行过僧庵不入》诗里写道："茶炉烟起知高兴，棋子声疏识苦心。"想必诗人和寺僧是老棋友，彼此熟悉相知，所以诗人虽未步入僧庵，见到茶炉烟起，就知道寺僧又在高兴地下棋了。但是，诗人听到棋子声响渐疏，就知道弈棋者遇到困难，需要焦思苦虑。寥寥十四个字，让人联想到庙内有人在下棋，小僧在旁边煮茶助兴。

在古代画作中，常有下棋与品茶相伴的场景。新疆吐鲁番地区的唐代墓葬中，有一幅壁画《对弈图》，上面画一个侍女，手捧茶托端着茶，侍奉对弈之人。

清代曹雪芹《红楼梦》中有题联"宝鼎茶闲烟尚绿，幽窗棋罢指犹凉。"鼎炉虽然不煮茶了，但是由于翠竹遮映，还飘散着绿色的水汽。幽静的窗下，棋局已经结束了，手指还觉得有凉意。视角形象与触觉感知二者兼具，品茶、下棋，闲情逸致之情态似乎映入眼帘。

（三）茶道与书法

茶与书法在本质上有着共通的审美理想、审美趣味和艺术特性，因此两者联系密切。

唐代，杜甫在《重过何氏五首》之一写道："落日平台上，春风啜茗时。石阑斜点笔，桐叶坐题诗。"春日傍晚在何氏家的平台上茶会，兴致来了便倚着石阑在桐叶挥翰题起诗来。

一些茶事书法佳作，就是在茶事活动之际创作而成。清代，汪士慎嗜茶如癖，

图3-5　茶室书法挂轴

人称"茶仙"，与管希宁（号幼孚）是诗友、书友、画友、茶友。汪士慎在管希宁的斋室中品试泾县茶时，挥翰作诗《幼孚斋中试泾县茶》。

茶室的挂轴也多悬挂茶人、诗人、僧人、道士的名言警句书法作品（图3-5）。

（四）茶道与绘画

自古以来，文人雅士在茶会中常有观画、泼墨的习惯。

唐代，朱庆馀《和刘补阙秋园寓兴之什十首》诗云"闲来寻古画，未废执茶瓯"。

明代龚学描述唐代阎立本的名画《瀛洲学士图》说："童子三人，一垂髫者捧盆，一垂髫者展画，一髻而垂髫者涤茶瓯。"边品茶，边赏画。

宋代，文同《送通判喻郎中》诗曰"惟于试茶并看画，以此过从不知几"。梅尧臣也有诗句："弹琴阅古画，煮茗仍有期"。苏轼也有诗曰"尝茶看画亦不恶"。张耒《游武昌》诗说："看画烹茶每醉饱，还家闭门空寂历"。可见，文人雅士们往往陶醉在品茶赏画中。

图3-6　仇英《松溪论画图》　　　扫码看大图

南宋刘松年的《撵茶图》，明代王问的《煮茶图》，都有描摹文人品茗赏画的场景。明代仇英《松溪论画图》（图3-6），品茗之余，展卷论画。

茶事活动中，通常采用挂画营造品茗环境，或者现场展轴赏画，或者即兴挥毫作画。

二、茶道与插花

唐代，花卉出现在茶会中，茶与花开始结合。品茶赏花习惯还被日本遣唐使、留学生、学问僧带回去。在日本平安时代御敕诗集《凌云集》中，仲雄王的《谒海上人》诗云："石泉洗钵童，炉炭煎茶鬻。……瓶口插时花，瓷心盛野芋。"品茶汤，吃茶点，欣赏花瓶里的四时鲜花，插花后来逐渐成为日本茶道的重要组成部分。

明代，茶与花成为文人日常生活的组成部分，开始出现系统论述插花的专著，以袁宏道的《瓶史》最为著名，传播到日本还形成了宏道流插花派别。明代张谦德、高濂、屠隆、文震亨、屠本畯等，以至清代乾隆皇帝及文人们，无不在书斋茶室中插花。

在茶事活动中，插花以自然、朴实为美，避免矫揉造作。自然界的花枝千姿百态，线条千变万化，表现力非常丰富。粗枝劲干表现雄壮气势，纤细柔枝表现温馨秀丽，飞动的线条有挥洒自如的韵味，顺势而下的线条有一泻千里之美感。茶事插花也注重自然情趣，着力表现花材自然的形式美、色彩美。根据线条的粗细、曲直、刚柔、疏密，形成简洁、飘逸、瘦硬、粗犷等多种造型。顺乎花枝叶片的自然之势，或直或曲，或仰或俯，巧妙组合，各得其所。即使经过了人工修剪，也不显露丝毫痕迹，"虽由人作，宛若天成"。茶事插花要色泽淡雅，清纯而不艳。香气不宜太浓，否则容易冲淡茶香。同时，运用花材的寓意和象征性，或谐音，或谐意，以有限的形象表达深邃的茶文化内涵，创造出诗情画意的意境，使人不仅获得视觉的美感，更能感悟到茶文化的无穷艺术魅力。

由于茶事活动讲究人与自然的和谐，因而插花也具有很强的季节感，要选择和月令一致、开在原野或自己院子里的鲜花，体现出季节之美与生命活力。假如是秋天，采摘几茎雪白的芦花，或者几枝无名山果，就能让人联想到原野中的秋风秋色。台湾茶人林资尧创立的四序茶会，通过茶会表现大自然的圆融律动，不同的季节分别采用该季节的代表性花卉，辅助体现四季更迭、岁月流转。

茶事插花追求的风格特点主要有：线条优美的造型、简洁淡雅的用材、自然清新的情趣、诗情画意的意境。多选择山花野卉，花枝数量不多，一枝或两三枝，颜色一般不超过三种，用最自然的方法摆放在花器里，清雅脱俗，极具自然美。

三、茶道与焚香

香是气味芬芳的物质，让人闻过之后感觉舒适愉快。唐代，调香、熏香、品香已经成为高雅艺术，香文化趋于成熟与完备。宋代，不仅佛家、道家、儒家提倡用香，香更成为普通百姓日常生活的一部分，香文化达到鼎盛与普及。不仅在居室厅堂里熏香，而且各种宴会庆典场合有专人负责焚香事务。不仅有熏烧的香料，还有各式各样用于佩挂的香囊、香袋，并且制作点心、茶汤、墨锭等物品时也调入香料。广泛使用香饼、香丸、线香，还大量使用印香，也称篆香，调配好香粉，再用模具压成回环往复的图案或文字，既方便贮存与使用，又增添美观与情趣。

品茶与品香都能使人清醒、平和、理智，契合儒家的中庸之道。明代徐𤊹《茗谭》说："品茶最是清事，若无好香在炉，遂乏一段幽趣。焚香雅有逸韵，若无名茶浮碗，终少一番胜缘。是故，茶、香两相为用，缺一不可。"茶和焚香结合，让人身心得到调理与清净，精神获得松弛与安宁，压力得以缓解与释放。当茶的清香与香品的妙香圆融之时，尽情享受茶和香带来的韵味与心灵感应，领略茶与香的深邃意境。

文人生活中，常有品茗论道，书画会友，调弦抚琴，案头燃香，笔下写香。明代文震亨《长物志》说"香、茗之用，其利最溥"。香料之香与茶叶之香都使人感到身心愉悦，用心品味都能达到陶冶性情之目的。

焚香、品茶等生活艺术均源起于中国。伴随着中国佛教向日本传播，品香、用香也传入了日本。香文化在日本不断发展壮大，逐渐形成具有民族特色的日本香道，并且已经融入日本茶道之中。

第四节
茶道与宗教哲学

儒家提倡积极进取的生活态度，奉行"修身齐家治国平天下"的价值追求。而道家则倡导随遇而安、自然无为，主要影响人们的宇宙自然观念。佛教传入中国后吸取儒、道思想，与中国本土文化融为一体，进一步强化人们的审美情感。中国文人往往兼修儒释道，茶文化自唐代形成时就承载了儒、道、佛的哲学思想。

一、茶道与道家

道家是先秦时期的哲学流派之一，老子和庄子是主要代表人物。道教是东汉时期形成的中国本土宗教，尊奉老子为教主，以老子的《道德经》为主要教义。通常所说的道家包含了作为学派的道家和作为宗教的道教两个方面。

（一）茶道的形成与道家

道家主张清静淡泊、自然无为的思想，与茶所具清、淡、静、真、和的属性吻合。隐士崇尚自然、返璞归真的人生旨趣，与道家有着不解之缘。他们退居山林以道教方术怡情悦性，茶是隐士生活的必需品。

古代巴蜀地区是中国饮茶习俗的起始地，也是道教的发源地。道教很早就了解茶叶具有轻身换骨的养生功效。南朝道教思想家陶弘景在《杂录》中说"苦茶轻身换骨，昔丹丘子、黄山君服之。"汉代仙人丹丘子、黄山君是最早涉茶的道教人物。《神异记》中有丹丘子乞茶的故事。"余姚人虞洪入山采茗，遇一道士，牵三青牛，引洪至瀑布山，曰：'予丹丘子也。闻子善具饮，常思见惠。山中有大茗可以相给。祈子他日有瓯牺之余，乞相遗也。'"道教注重炼丹、服食、吐纳、导引等养生延年之术，以"得道成仙"飞升羽化为理想。茶是道教服食药物以养生的一种草木仙药。下能除病，中能养性，上能益寿，养生延年是茶与道教形成关联的结合点。

唐代，各个社会阶层普遍信仰道教。隐士陆羽著《茶经》，中国茶道正式形成。道士常伯熊对陆羽《茶经》进行广泛润色，促成"茶道大行"。道家学者李约、隐士卢仝等进一步推动了茶道的发展和传播。李白曾受箓入道，写下中国历史上第一首以茶为主题的茶诗《答族侄僧中孚赠玉泉仙人掌茶》，在诗序中说："玉泉真公常采而饮之，年八十余岁，颜色如桃花。而此茗清香滑熟异于他者，所以能还童振枯扶人寿也。"夸赞饮茶使人返老还童、延年益寿，全诗表现了道教的饮茶观。诗中"采服润肌骨"一说得到后人继承，并由诗人卢仝将其发挥为"五碗肌骨清"。

中唐，诗僧释皎然曾学过道教长生之术，与道士往来，写了很多游仙诗。《饮茶歌诮崔石使君》将茶比作"诸仙琼蕊浆"，饮茶可以修道成仙，"一饮涤昏寐，情思爽朗满天地。再饮清我神，忽如飞雨洒轻尘。三饮便得道，何须苦心破烦恼。……孰知茶道全尔真，唯有丹丘得如此。"肯定道家仙人丹丘子懂得"三饮便得道"的茶道真谛，修习茶道保全真性。僧人皎然认同道教饮茶可得道、全真的理念，将茶道的起始归于道教。

中唐，"有常伯熊者，又因鸿渐之《论》广润色之。于是茶道大行，王公朝士无不饮者。御史大夫李季卿宣慰江南，至临淮县馆。或言伯熊善茶者，李公请为之。伯熊著黄被衫、乌纱帽，手执茶器，口通茶名，区分指点，左右刮目"（封演《封氏闻见记》）。道士常伯熊的茶艺演示似乎也借鉴了道教斋醮的仪式。由于常伯熊对陆羽《茶论》进行了广泛的润色，并且精通茶艺，促成唐代"茶道大行"。

（二）茶道思想精神与道家及道教

老子的《道德经》是中国古代哲学的精髓，也是中国茶道哲学思想的源泉。茶性的清纯、淡雅、质朴与人性的静、清、虚、淡相近，茶的自然禀赋蕴含了道家淡泊、宁静、返璞归真的神韵，茶可作为追求天人合一思想的载体，于是道家之道与饮茶之道和谐地融在一起。

茶与道教结缘后，道教思想就逐渐渗透到茶道精神之中。唐代温庭筠《西陵道士茶歌》云："仙翁白扇霜乌翎，拂坛夜读黄庭经。疏香皓齿有余味，更觉鹤心通杳冥。"道士夜间以茶伴读，品饮着清静无为、契合自然之性的茶，思绪进入空灵虚无的神仙境界。道教"八仙"之一的吕洞宾即唐代吕岩，在《大云寺茶诗》中以茶自喻，"幽丛自落溪岩外，不肯移根入上都"，表示宁可"自落"山林幽居，却不肯在上都为官，茶性正好契合了茶人淡泊名利的平常心。

古代知识分子遵循"达则兼济天下，穷则独善其身"的人生态度，在受到挫折难以实现人生抱负时，淡泊名利、回归自然的道家思想就开始占上风。在明代唐寅的《事茗图》、文徵明的《惠山茶会图》等许多茶事绘画中，均描绘了文人雅士们在野石清泉旁、松风竹林里煮茶论道、寄情山水。明代徐渭的《徐文长秘集》指出品茶适宜精舍、云林、竹灶、幽人雅士、寒宵兀坐、松月下、花鸟间、清流白石、绿藓苍苔、素手汲泉、红妆扫雪、船头吹火、竹里飘烟等场合，将人与自然融为一体，充分体现了道家的思想。

老子《道德经》说："人法地，地法天，天法道，道法自然。"道法自然的观念也渗透进入茶道。明代朱权《茶谱》说："然天地生物，各遂其性，莫若叶茶，烹而啜之，以遂其自然之性也。"朱权信奉道教，把品茶当作忘却烦恼逍遥享乐之事。在道家养生、乐生思想的影响下，中国茶道特别重视茶的保健养生与怡情养性功能。

道家把"静"看成人与生俱来的本质特征，主张静修，饮茶能使静修得到提高，所以茶是道家修行时的必需之物。《老子》说："致虚极，守静笃，万物并作，吾以观其复。夫物芸芸，各复归其根。归根曰静，静曰复命"。认为世间万物致虚守静可以归其根底。归根称为静，静就是复原生命。精神虚静就能洞察一切，可以像明镜一样反映世间万物的真实面目。《庄子》说："以虚静推于天地，通于万物，此谓之天乐"。虚静使人达到物我两忘、天人合一的"天乐"境界，因此道家特别重视"静"。茶叶自然属性中的"静"，与道家学说中的"虚静"有相通之处。品茶时，"独啜曰神"，通过入静，融化物我之间的界限，人与自然相互沟通，心境达到一尘不染、一妄不存的空灵境界。品茶审美过程其实就是修身养性，庄子所说"独与天地精神往来，而不傲倪于万物"正是茶道的审美追求。

二、茶道与儒家

儒家经典从唐代起成为科举考试的重要内容，对知识分子影响更加深刻。儒家茶人是发展和传播茶文化的主力军，因此儒家思想自然融入了茶文化。儒家追求人际关系的和谐，关注社会秩序的稳定，"和"是儒家哲学的核心思想。儒家以"修身齐家治国平天下"为人生信条，重视道德教化，追求人格完善，奉行积极入世的人生观。茶是儒家思想的一个很好载体。

（一）茶文化与儒家的中庸和谐思想

中庸是儒家的道德标准和处世信条。《中庸》说"喜怒哀乐之未发谓之中，发而皆中节谓之和。中也者，天下之大本也；和也者，天下之大道也。致中和，天地位焉，万物育焉。"中是"大本"，和是"大道"，中和思想反映在品饮等诸多茶事活动中，在泡茶时表现为"酸甜苦涩调太和，掌握迟速量适中"的中庸之美，在待客时表现为"奉茶为礼尊长者，备茶浓意表浓情"的明礼之伦。儒家将茶道视为一种修身的过程，陶冶心性的方式，体验天理的途径。中国茶文化精神的核心就是"和"，提倡通过茶文化营造和谐稳定的社会秩序，引导人与人之间的和睦相处。中庸之道及中和精神是儒家茶人自觉追求的哲理境界与审美情趣。

唐代陆羽《茶经》吸收了儒家思想，淋漓尽致地表达了和谐统一的精神。设计煮茶用具风炉时，采用《周易》的象数原理，风炉厚三分，缘阔九分，令六分虚中。炉有三足，足间三窗，中有三格。风炉的一足上铸有"坎上巽下离于中"的铭文，采用周易八卦思想。坎、巽、离都是《周易》的八卦名，分别指水、风、火，将三卦及其代表物鱼（水虫）、彪（风兽）、翟（火禽）绘于炉上，以此表达煮茶过程中风助火，火熟水，水煮茶，三者相生相助，以茶协调五行，达到和谐的平衡状态，其结果正如另一足上铭文"体均五行去百疾"所示。"五行"指金、木、水、火、土。风炉以铜铁铸从金象；上有盛水器皿从水象；中有木炭从木象；用木生火得火象；炉置于地得土象。五行相生相克，阴阳调和，从而可以达到"去百疾"的养生目的。第三足铭文"圣唐灭胡明年铸"，圣唐灭胡是人们向往的和谐安定的社会，陆羽通过《茶经》显扬了儒家的和谐理想。

唐代裴汶《茶述》说茶叶"其性精清，其味淡洁，其用涤烦，其功致和"，因此"参百品而不混，越众饮而独高。"宋代宋徽宗《大观茶论》说茶"擅瓯闽之秀气，钟山川之灵禀"，能够"祛襟涤滞，致清导和。"茶叶具有中和、恬淡、精清、高雅的品性，深受儒家茶人喜爱。儒学大师朱熹在《朱子语类·杂说》中云："先生因吃茶罢，曰：'物之甘者，吃过而酸，苦者吃过却甘。茶本苦物，吃过却甘。'问：'此理何如？'曰：'也是一个道理，如始于忧勤，终于逸乐，理而后和。盖理天下至严，行之各得其分，则至和'"。以茶喻理，巧妙地将中和之道的哲学理念与政治、伦理制度结合起来。茶道兴起对社会风俗的醇化作用是显而易见的。

儒家认为要达到中庸和谐，不可忽视礼的作用。孔子强调"礼之用，和为贵"，把礼作为调整人际关系的行为规范。儒家思想融入茶文化的显著特点之一就是茶礼的形成。古代朝廷以茶荐社稷、祭宗庙，以至朝廷会试与进退应对之事皆有茶礼。有些皇帝不仅自己嗜茶，还常以茶为赐，赐茶已成宫廷大礼。在民间，客来敬茶、朋友赠茶、以茶代酒等茶礼成为普遍习俗。宋代朱彧《萍洲可谈》云："今世俗，客至则啜茶，去则啜汤……此俗遍天下"。在江南婚俗中，订婚时下茶，结婚时定茶，同房时合茶，茶用于嫁娶的各种礼节，"三茶六礼"在民俗中几乎成为明媒正娶的代名词。因为茶已被赋予特殊的文化意义，如明代郎瑛《七修汇稿》所说"种茶下子，不可移植，移植则不复生也。故女子受聘，谓之吃茶。又聘以茶为礼者，见其从一之义也"，人们视茶为崇高的道德象征，体现了中华民族崇尚礼义的精神追求。

（二）茶文化与儒家的道德观人生观

唐代陆羽在《茶经》中提出茶饮适宜"精行俭德之人"，将儒家修身养性的道德追求引入茶文化。宋徽宗赵佶在《大观茶论》中说"缙绅之士，韦布之流，沐浴膏泽，熏陶德化，盛以雅尚相推，从事茗饮。"概括茶有清、和、淡、洁、韵、静的禀性，饮茶有助修德。当代茶圣吴觉农提出茶道是"把茶视为珍贵、高尚的饮料，因茶是一种精神上的享受，是一种艺术，或是一种修身养性的手段。"茶学家庄晚芳指出茶道是通过饮茶的方式，对人民进行礼法教育、道德修养的一种仪式。庄晚芳先生还归纳出中国茶道的基本精神为"廉、美、和、敬"，并解释其含义为"廉俭育德、美真康乐、和诚处世、敬爱为人"。

孔子说："饭疏食饮水，曲肱而枕之，乐亦在其中矣"。在儒家人生观的影响下，人们总是充满信心地展望未来，并且重视现实人生，往往能从日常生活中找到乐趣。儒家乐感文化与茶事结合，使茶艺成为一门雅俗共赏的艺能。饮茶的乐感体现在以茶为饮料使口腹获得满足，体现在以茶为欣赏对象在审美中获得愉悦。宋代苏东坡的《寄周安孺茶》诗云："乳瓯十分满，人世真局促。意爽飘欲仙，头轻快如沐。昔人固多癖，我癖良可赎。为问刘伯伦，胡然枕糟曲？"晋代刘伶沉湎于饮酒之中，而苏东坡以茶为乐。宋代黄庭坚的《品令》词吟："恰如灯下，故人万里，归来对影。口不能言，心下快活自省。"将只可意会不可言传的品茗感受，化为鲜明的视觉形象，淋漓尽致地表达了饮茶之乐。

儒家知识分子在修齐治平时，以茶修性、励志，获得怡情悦志的愉快；而在失意或经历坎坷时，也将茶作为安慰人生，平衡心灵的重要手段。唐代白居易经历宦海沉浮后，在《琴茶》诗中云："兀兀寄形群动内，陶陶任性一生间。自抛官后春多醉，不读书来老更闲。琴里知闻唯渌水，茶中故旧是蒙山。穷通行止长相伴，谁道吾今无往还"。琴与茶是白居易终生相伴的良友，以茶品悟人生的真谛，清心寡欲，乐天安命。儒家的乐观主义精神融入茶文化，使中国茶文化呈现出欢快、积极、乐观的主格调。正因为品茶有"乐感"，茶事才能连绵千载并且风靡全球。

儒家的人格思想也是中国茶文化的思想基础。唐代陆羽《六羡歌》云："不羡黄金罍，不羡白玉杯，不羡朝入省，不羡暮入台，千羡万羡西江水，曾向竟陵城下来。"将品茶作为修炼"精行俭德"理想人格的重要途径。宋代苏轼为茶叶立传，在《叶嘉传》中赞美茶叶"风味恬淡，清白可爱。"将茶品与人品相连，将茶德比人德。当代茶圣吴觉农说："君子爱茶，因为茶性无邪。"现代作家林语堂也说："茶是象征着尘世的纯洁。"茶是文明的饮料，是"饮中君子"，具有"君子性"，其形貌风范为人景仰。由于儒家思想在我国长期占据主导地位，因而中国茶文化精神所呈现的儒家色彩更为明显。

三、茶道与佛教

佛教约在两汉之际从古印度传入中国，经魏晋南北朝传播与发展，至隋唐达到鼎盛。唐代以后，佛教吸收了儒家和道家思想，形成了具有中国特色的佛教。宋代，禅宗逐渐发展为中国佛教的主流。佛教尤其是禅宗与茶道的形成、发展和传播密切相关，佛门茶事为茶道提供了具体的表现形式，佛家思想强化了人们的审美情感。人们通过茶道明心见性，从小小茶壶中探求宇宙玄机，从淡淡茶汤中品悟人生百味。

（一）茶道与戒定

茶与佛教结缘首先就是来自禅定和遵守佛教戒律的需要。戒定慧合称三学，戒能生定，定能生慧。戒为防非止恶，完善道德品行。定为息虑静缘，致力于内心平静。慧为破惑证真，彻底去除烦恼。禅的意思是"修心"或"静虑"。禅宗的定与慧，要求僧侣坐禅修行，息心静坐，心无杂念，以此体悟大道。坐禅时要注意调心、调身、调食、调息、调睡眠，这五调与饮茶都有一定关联。茶性俭，能抑制人的欲念，有助于更快地入静。白居易《赠东邻王十三》诗云"破睡见茶功"，茶能提神益思、生津止渴，加上含有丰富的营养物质，所以禅宗视茶为最理想的饮料。

图3-7 佛门茶礼

茶事在佛门中形成一套庄重严肃的茶礼仪式，被列入佛门清规。在诸如佛降诞日、佛成道日、达摩祭日等日子里，均要行礼供茶，这就是佛事茶礼（图3-7）。佛门结、解、冬、年四节及愣严会礼佛仪式中均要举行茶礼，端午节点菖蒲茶，重阳节点茱萸茶。新方丈上任，山门有"新命茶汤礼"，通过茶礼，让各寺僧众与新任住持见面，承认住持的合法地位。住持遇大事，也采取茶会的形式召集大家共同商议。特别是在每年一次的"大请职"时，住持设茶会请新旧两序职事僧，举行"鸣鼓讲茶礼"。住持请新首座饮茶，有一定的礼仪程序。事先由住持侍者写好茶状，形式如同请柬。新首座接到茶状，应先拜请住持，后由住持亲自送其入座，并为之执盏点茶。新首座也要写茶状派人交与茶头，张贴在僧堂之前，然后挂起点茶牌，待僧众云集法堂，新首座亲自为僧众一一执盏点茶。

寺院茶礼因适应禅僧集体生活需要而形成，是禅门普遍遵守的规章制度。宋代禅僧道原《景德传灯录》记载："问：如何是和尚家风？师曰：饭后三碗茶"，茶事成为佛寺日常活动的重要组成部分。寺院茶礼有不少名目，在佛前、堂前、灵前供奉茶汤称"奠茶"，平时住持请全寺僧侣吃茶称作"普茶"。在佛的圣诞日，以汤沐浴佛身，称作"浴佛茶"，供香客取饮，祈求消灾延年。

（二）茶道与茶禅一味

禅宗是中国士大夫的佛教，浸染中国思想文化最深，比以前其他佛学流派更多地吸收了儒家和道家的思想，从而使儒、释、道三家思想得以融通。禅宗强调对本性真心的自悟，茶与禅在"悟"上有共通之处，通过饮茶引发出某种精神感悟，殊途同归。

僧人坐禅入静，摒弃杂念，心无旁骛，进入虚静的状态，在领悟佛法真谛的过程中，达到空灵澄静、物我两忘的境界，也就是禅意或禅境。唐代诗僧灵一的《与元居士青山潭饮茶》诗吟："野泉烟火白云间，坐饮香茶爱此山。岩下维舟不忍去，青溪流水暮潺潺"。唐代刘得仁《慈恩寺塔下避暑》诗曰："古松凌巨塔，修竹映空廊。竟日闻虚籁，深山只此凉。僧真生我静，水淡发茶香。坐久东楼望，钟声振夕阳"。曹松（828—

903）《宿僧溪院》诗吟："少年云溪里，禅心夜更闲。煎茶留静者，靠月坐苍山"。饮茶有助于坐禅悟道。而茶道也追求空灵静寂的禅境。

禅与茶相得益彰，禅借茶以入静悟道，茶因禅而提高美学意境。唐代郑巢《送琇上人》诗云："古殿焚香处，清羸坐石棱。茶烟开瓦雪，鹤迹上潭冰。孤磬侵云动，灵山隔水登。白云归意远，旧寺在庐陵"。茶道追求具有禅味的茶境，给人以苦索静寂的美感。陆树声（1509—1605）《茶寮记》记载："其禅客过从予者，每与余相对结跏趺坐。啜茗汁，举无生话。……而僧所烹点味绝清，乳面不黩，是具入清静味中三昧者。要之，此一味非眠云跂石人，未易领略。余方远俗，雅意禅栖，安知不因是遂悟入赵州耶？"文人喜欢与僧人一块品茗，"雅意禅栖"。陆树声设计品茶场所茶寮，从择地、置具、择人到烹茗之法，皆极力仿效赵州禅茶，追求清静脱俗的美学旨趣，茶人的追求与禅宗的审美意境息息相通。

佛教僧侣对茶的认识逐渐加深，发现茶味苦后回甘，茶汤清淡洁净，契合佛教提倡的寂静淡泊的人生态度，由于饮茶有助于参禅悟道，佛教对茶的认识就从物质层面上升到精神层面，由茶入佛，禅僧从参悟茶理而上升至参悟禅理。佛教僧侣发现了茶与禅在精神本质上有相似之处，提炼发挥之后，终至形成"茶禅一味"的理念。

"茶禅一味"与佛教禅宗"本无一物"境界相通，体现了僧人对佛理的体悟。清代《广群芳谱·茶谱》记载有一则唐代禅僧的故事：有僧到赵州，从谂法师问："新近曾到此间么？"曰："曾到"。师曰："吃茶去"。又问僧，僧曰："不曾到"。师曰："吃茶去"。后院主问曰："为什么曾到也云吃茶去，不曾到也云吃茶去？"师召院主，主应诺，师曰："吃茶去"。从谂禅师的"吃茶去"成了禅林法语，开"茶禅一味"的先河。

佛教禅宗主张"直指人心，见性成佛"，形成直觉观照、沉思默想的参禅方式与顿悟的领悟方式。禅林法语"吃茶去"和"德山棒""临济喝"一样，都是这种悟道方式。禅宗强调对本性真心的自悟，茶与禅在"悟"上有共通之处，茶道与禅宗的结合点也体现在"悟"上。钱钟书在《妙悟与参禅》中说：凡体验有得处，皆是悟。当然，茶道所修之禅，既可为寺院禅，也可为生活禅，因此，讲究饮茶之道，并不要求必须遁入空门，只要通过饮茶引发出某种精神感悟即是殊途同归。

茶道主张以茶修德、强调内省的思想，与禅宗主张"静心""自悟"是一致的。品茶于清淡隽永中完成自身人性升华，习禅于"净心自悟"中求得超越尘世，两者于内在精神上高度契合。同时，茶道讲究井然有序地喝茶，追求环境和心境的宁静、清静；而禅宗修行，常以"法令无亲，三思为戒"，也是追求清寂。茶性平和，饮茶易入静，心内产生中和之气，就可保持平衡心态，便于收心向佛。杜牧（803—约852）《题禅院》诗云："今日鬓丝禅榻畔，茶烟轻飏落花风。"在禅院煎茶，看着茶烟袅袅，闻着茶香悠悠，端杯细品慢啜，沉迷茶境，于是杂念顿消，由茶入佛，禅僧从参悟茶理而上升至参悟禅理。

当禅宗将日常生活中常见的茶，与宗教最为内在的精神顿悟结合起来时，实质上就已经创立和开辟了一种新的文化形式和文化道路。而"茶禅一味"本身所展示的高超智慧境界也就成了文化人与文化创造的新天地。苏轼《参寥上人初得智果院会者十六人分韵赋诗轼得》诗云："涨水返旧壑，飞云思故岑。念君忘家客，亦有怀归心。三间得幽寂，数步藏清深。攒金卢橘坞，散火杨梅林。茶笋尽禅味，松杉真法音"。释道潜，字参寥，北宋著名诗僧。茶笋是刚生长出的鲜嫩茶芽，禅味是入于禅定时安稳寂静的妙趣。茶即是禅，禅即是茶，禅茶一味。

四、茶道精神

（一）茶道精神要义

中唐释皎然是中华茶道的开拓者之一，其在《饮茶歌诮崔石使君》诗中提出："一饮涤昏寐""再饮清我神""三饮便得道""此物清高世莫知，世人饮酒徒自欺""孰知茶道全尔真，唯有丹丘得如此"。清神、清高、全真是皎然提出的茶道精神。

中唐裴汶《茶述》指出："其性精清，其味淡洁，其用涤烦，其功致和。"清、淡、和是茶的品性和精神。

北宋宋徽宗赵佶在《大观茶论》中说："至若茶之为物，擅瓯闽之秀气，钟山川之灵禀。祛襟涤滞，致清导和，则非庸人孺子可得而知矣；冲淡闲洁，韵高致静，非惶遽之时可得而好尚矣。"赵佶强调茶的清、和、淡、闲、洁、韵、静的精神。

北宋苏轼作茶事散文《叶嘉传》，"臣邑人叶嘉，风味恬淡，清白可爱"，"其志尤淡泊也"。清白、恬淡、淡泊，苏轼高扬茶的清、淡品性。

明初朱权在《茶谱》序中称："予尝举白眼而望青天，汲清泉而烹活火，自谓与天语以扩心志之大，符水火以副内练之功，得非游心于茶灶，又将有裨于修养之道矣，其惟清哉！""探虚玄而参造化，清心神而出尘表。"朱权高扬"清"的茶道精神。

晚明，周子夫序喻政《茶书全集》曰："喻正之不甚嗜茶，而淡、远、清、真，雅合茶理。"淡、远、清、真乃为茶之精神。

综上所述，中华茶道精神可概括为清、淡、静、真、和。此五个方面，同时也是茶的基本品性，茶人的精神追求和人格理想。

（二）清

首先，"清"的基本内涵是明晰省净，概言清净，含清洁、清纯、清晰、清明、清朗等义，这是由"清"字的本义"澄水"引申而来；其次，"清"是指清新绝尘和超凡脱俗的境界。清新是"清"的重要内涵，含清越、清婉、清远、清奇、清丽等义；再次，"清"

有清俭、清廉、清简等义。

茶道中，"清"主要有清净、清雅之义。"茶事极清"（徐煍《茗潭》），"品茗最为清事"（黄龙德《茶说》），"造时精、藏时燥、泡时洁，茶道尽矣"（张源《茶录》）。不但要求水清、器清、境清，而且还要求人清、心清。

1. 水清

"水则岷方之注，挹彼清流"（杜育《荈赋》），"自临钓石取深清"（苏轼《试院煎茶》），"水以清轻甘洁为美"（赵佶《大观茶论》）。大凡取清流、清泉，更有取雪水、露水煎茶。"雪水烹茶，味极清冽，不受尘垢，所谓当天半落银河水也"（费元禄《晁采馆清课》）。

2. 器清

"泉甘器洁天色好"（欧阳修《尝新茶呈圣俞》）。"禅窗丽午景，蜀井出冰雪。坐客皆可人，鼎器手自洁"（苏轼《到官病倦未尝会客毛正仲惠茶乃以端午小集石塔戏作一诗为谢》）。"予制以斑竹、紫竹，最清"（朱权《茶谱》"茶架"）。茶道器具必须清洁。

3. 境清

茶道活动的环境必选择清幽、清洁、清雅的所在，或松间石上，泉侧溪畔。清风丽日、竹茂林幽。"或会于泉石之间，或处于松竹之下，或对皓月清风，或坐明窗静牖"（朱权《茶谱》序），"凉台静室，曲几明窗，僧寮道院，松风竹月"（陆树声《茶寮记》）。

茶室宜在松竹花草之间，闲云封户，花瓣沾衣，芳草盈阶。茶烟几缕，春光满眼。黄鸟一声，幽趣无限。山水能蝉蜕尘俗之累，霞外清音，幽绝之景，令人心地清凉畅舒。茶是清心之品，最宜于山林水际。

4. 人清

"五碗肌骨清"（卢仝《走笔谢孟谏议寄新茶》）。"故人风味茶样清"（范成大《谢木韫之舍人赐茶》）。"茶神清如竹"（蔡复一《茶事咏》）。茶侣皆为清流。

清，不仅人清，更要心清。只有心灵之清，才能把握住自然世界之清。通过茶事之清而达到人清、心清，这是中华茶道的追求。

（三）淡

庄子不但提出"游心于淡"（《庄子·应帝王》），以淡作为人生的最高境界，而且是以"虚静恬淡""淡然无极"为"众美"之所出。"淡泊以明志，宁静以致远"（诸葛亮

《诫子书》）。这里的淡泊是指一种平和质朴的人生状态，是与那种浓丽华艳的生活方式相对的一种生命态度。

"淡"有古淡、枯淡、素淡、平淡、冲淡、闲淡、恬淡等含义。淡强调的是朴实自然，但是又要求在平淡中显出不平淡的一面，即在平淡中显露出深远意蕴。

"淡"的真正意味，不是枯淡无味，而是平淡之中有华采，平淡之中有滋味。在质朴枯淡的表面，实着含着丰腴和美丽，昭示出人格精神和艺术趣味的平淡充盈、余味无穷的境界。它不仅是一种艺术上的要求，同时也是生命本身的要求。

在茶道活动中，淡主要是指环境、器物的素淡，茶味的冲淡，人心的恬淡。从茶、水、器、境之淡，导向人心之淡。淡与浓相反，所以在茶道中反对浓艳、华丽、缤纷。

1. 素淡

在茶席和环境布置中，茶具、铺垫、插花及茶室环境，尽量布置得淡雅、素淡。就连插花中的花材，乃至花朵都不能选用香气浓烈、色彩艳丽的材料，而是选用花朵小、色彩素、香气淡的花材。

2. 冲淡

清人陆次云曰："龙井茶，真者甘香如兰，幽而不冽，啜之淡然，似乎无味。饮过之后，觉有一种太和之气，弥沦于齿颊之间，此无味之味，乃至味也。"苏轼说："发纤秾于简古，寄至味于淡泊。"从淡而无味体会淡而有味，至淡无味就是一种最高的味，是味之极，味之至。

3. 恬淡

"臣邑人叶嘉，风味恬淡"（苏轼《叶嘉传》）。超然物外，淡然处之，淡泊恬静。

（四）静

"清静而为天下正"（《老子》四十五章），清静可以正天下。"人生而静，天之性也；感于物而动，性之欲也"（《乐记》），静乃人之天性。《庄子·天道》说："水静则明。烛须眉，平中准，大匠取法焉。水静犹明，而况精神！"以水静照物来形容人心要静，静思可明万理。心在"静"的状况下，才能不被世俗欲望所干扰，才能如明镜般观照万物，"万物静观皆自得"（程颐《秋日偶成》）。

在茶道中，静，主要含静境、静心两个方面。

1. 静境

静境是指环境的幽静，茶事过程中的安静。

"独饮日神，二客日胜，三四日趣，五六日泛，七八施茶耳"（张源《茶录》）。茶宜独饮静品，众则喧嚣。若独坐书房，潇然无事，烹茶一壶，不觉心静神清。茶人通过茶事活动，在纷扰的社会中，获得心灵的安灵。

钱起《与赵莒茶宴》表现出静的意境，"竹下忘言对紫茶，全胜羽客醉流霞。尘心洗尽兴难尽，一树蝉声片影斜。"竹下品茶，蝉噪林静，言忘无声，一片静谧。

2. 静心

静心是指茶人的心绪的宁静。静是修心的入门功夫，是茶道的追求。茶人通过茶道活动，先境静尔后心静。心体清明，从而"致广大而尽精微"。

心静则智慧生，世事洞明，静中气象万千。"涤滤发真照"（柳宗元《巽上人以竹闲自采新茶见赠，酬之以诗》）。静心也是净心，"尘心洗尽兴难尽"（钱起《与赵莒茶宴》）。

（五）真

"真者，精诚之至也，不精不诚，不能动人"，"真者，所以受于天也，自然不可易也。故圣人法天贵真，不拘于俗，愚者反也。真悲无声而哀，真怒未发而威，真亲未笑而和。真在内者，神动于外，是所以贵真也。"（《庄子·渔父篇》）"真"即不事雕琢、质直平淡的自然状态，是秉受于天、本然的存在。

"真"有两层含义，其一是真诚，没有矫饰，没有虚伪，是发自内心的情感，是真情流露；其二是自然。自然而然，无为而无不为。自然的特点是随手拈来，不加雕琢。虽对客观事物进行艺术加工却不见加工的痕迹，仍然保持了事物的自然形态的美的本色，"豪华落尽见真淳"；人性的自然流露就是真性，是天然的本性。

在茶事过程中崇尚本真、自然，不事雕琢，质朴无华，返璞归真。茶人之间讲究真诚、坦诚、率直。从茶的真香、真味体悟其自然之性，从而通达大道。

（六）和

"万物负阴而抱阳，冲气以为和"（《老子》四十二章）。"礼之用，和为贵。先王之道，斯为美"（《论语·学而》）。"天时不如地利，地利不如人和"（《孟子·公孙丑》）。"和也者，天下之达道也"（《中庸》）。中华文化重视"和"，"天人合一"的和谐思想是中国文化的宝贵遗产。"和"有和敬、和睦、和平、和谐、和合、和顺、中和等含义，乃至人与自我、人与他人、人与社会、人与自然的和谐统一。

茶道中的"和"，主要是指人与人之和敬，人与环境、人与器物的和谐，物与物间的协调。与人和、与物和、与天和、与地和，从而达到"物我无二、天人合一"的境界。

1. 谐和

"茶滋于水，水籍乎器，汤成于火，四者相须，缺一不可"（张源《茶录》）。茶、水、器、火四者相辅相成。器乃土、木、金，茶汤的调制是金、木、水、火、土五行的调和。

"中和的此茗"（晁补之《次韵苏翰林五日扬州大塔寺烹茶》），茶性中和。"调神和内"（杜育《荈赋》），"体均五行调百疾"（陆羽《茶经》），"惟素心同调，始可呼朋篝火"（屠隆《茶说》）。茶人同心谐趣。

2. 太和

通过茶道活动，从茶之和，参悟人茶之和，人伦之和，人天之和，至于天人合一。

第五节
国外茶道

世界上饮茶的国家很多，形成了丰富多彩的世界茶文化。但是从茶道的概念角度来看，除了中国，形成了茶道的国家还有日本与韩国。

一、日本茶道

日本有日常、非日常两个茶文化系统。日本茶道是非日常茶文化的代表，是日本特有的综合文化体系，因特征鲜明而备受世界瞩目。日本茶道是一种仪式化的、待客奉茶之事，将日常生活行为与宗教、哲学、伦理和美学熔为一炉，成为一门综合性的文化艺术活动。并不仅是饮茶，而是通过茶会学习礼仪，陶冶性情。分为抹茶道与煎茶道两类，一般指的是较早形成的抹茶道。

（一）日本茶道小史

荣西（1141—1215）是日本的禅宗之祖，也是"日本的茶祖"。1214年，源实朝将军（1192—1219）饮酒过量，荣西劝他饮茶解酒，并借机献上了《吃茶养生记》一书。该书由荣西用汉文写成，开篇便是"茶也，末代养生之仙药也，人伦延龄之妙术也。山谷生之，其地神灵也。人伦采之，其人长命也。古今奇特仙药也，不可不摘乎。"荣西记录了中国的末茶点饮法，宣传茶的药效。这是日本第一部茶书，问世之后，促进日本饮茶文化不断普及，导致三百年后日本茶道成立。

日本镰仓时代（1192—1333），引进宋朝禅院的茶风，建立每日修行中吃茶的风习。1267年，筑前崇福寺开山南浦绍明禅师（1235—1308），自宋归国，获赠径山寺茶道具"台子"（茶具架）一式并茶典七部。"台子"后传入大德寺，梦窗疏石国师（1275—1351）率先在茶事中使用了台子。此后，台子茶式在日本普及起来。

室町时代（1333—1573），北山文化和东山文化相继展开。室町幕府第四代将军足利义持（1386—1428）在京都的北边兴建了金阁寺，以此为中心展开北山文化。在他的指令、支持下，小笠原长秀、今川氏赖、伊势满忠协主持完成了武家礼法的古典著述《三义一统大双纸》，这一武家礼法成为后来日本茶道礼法的基础。

室町幕府第八代将军足利义政（1436—1490）在京都的东山修建了银阁寺，以此为中心展开东山文化。由娱乐型的斗茶会发展为宗教性的茶道，是在东山时代初步形成的。足利义政建造了同仁斋，地面用四张半榻榻米铺就，成为后来日本茶室的标准面积。在这种书院式建筑里进行的茶文化活动称作书院茶，主客都跪坐，主人在客人前庄重地为客人点茶，没有品茶比赛的内容，也没有奖品，茶室里很安静。书院式建筑设计为日本茶道的茶礼形成起了决定性作用，点茶程序基本确定下来，立式的中国禅院茶礼变成了纯日本式的跪坐茶礼。书院茶将外来的中国文化与日本文化结合在一起，在日本茶道史上占有重要的地位。

在以东山文化为中心的室町书院茶文化里，起主导作用的是足利义政的文化侍从能阿弥（1397—1471）。他是一位杰出的艺术家，通晓书、画、茶，推行"极真台子"茶法，创造了"书院饰"、"台子饰"的新茶风。点茶时要穿武士的礼服狩衣，点茶用具放在极真台子上面，茶具的位置、拿发，动作的顺序，移动的路线，进出茶室的步数都有严格的规定，后来的日本茶道点茶程序在此时基本上已经形成。能阿弥推荐村田珠光（1423—1502）作足利义政的茶道老师，使村田珠光有机会融合书院的贵族茶和奈良的庶民茶，为村田珠光成为日本茶道的鼻祖提供了条件。

1417年，由一般百姓主办参加的"云脚茶会"诞生。云脚茶会使用粗茶，伴随酒宴活动，是日本民间茶会活动的肇始。云脚茶会自由、开放、轻松、愉快，受到欢迎。1469年，奈良兴福寺信徒古市播磨澄胤举办大型"淋汗茶会"，邀请安位寺经觉大僧正为首席客人，古市播磨后来成为村田珠光的高徒。淋汗茶会是云脚茶会的典型，淋汗茶会的茶室建筑采用草庵风格。这种古朴的乡村建筑风格，成为后来日本茶室的风格。

村田珠光曾在著名的临济禅宗寺院大德寺，跟一体宗纯（1394—1481）参禅，获得一休的印可。他将禅宗思想引入茶道，形成独特的草庵茶风，把茶道由饮茶娱乐形式提高为一种艺术、哲学、宗教。村田珠光排除赌博游戏、饮酒取乐等内容，使用质朴粗糙的"珠光茶碗"，注重主客的精神交流。村田珠光完成了茶与禅、民间茶与贵族茶的结合，将日本茶文化真正上升到了"道"的地位。村田珠光给大弟子古市播磨澄胤的一封信，也就是被后世称为《心之文》中，首次出现对茶道的理论诠释。

"古市播磨法师：

此道最忌自高自大、固执己见。嫉妒能手，蔑视新手，最最违道。须请教于上者，提携于下者。此道一大要事为兼和汉之体，最最重要。目下，人言道劲枯高，初学者争索备前、信乐之物，真可谓荒唐之极。要得道劲枯高，应先欣赏唐物之美，理解其中之妙，其后道劲从心底里发出，而后达到枯高。即使没有好道具也不要为此而忧虑，如何养成欣赏艺术品的眼力最为重要。说最忌自高自大，固执己见。又不要失去主见和创意。

成为心之师，莫以心为师。此非古人之言。

珠光"

连歌的创作与理论站在了时代文化的前端，是贵族文化与最富活力的五山禅文化结合的产物。村田珠光把连歌的理论运用于茶道，提出了兼备和汉的冷枯境界，而这种美集中体现在备前、信乐的陶瓷上，于是侘茶起源了。侘茶将简素的日本茶具与精致的进口"唐物"一同使用，探求"和物"以至寻常器物的美，使得茶道从精英贵族的专属之物渗透到市井阶层。

武野绍鸥（1502—1555）是堺市具有代表性的商人，也是一位连歌师。他继承了日本的传统文化，将村田珠光的茶道理论付诸实践，并将村田珠光的茶道发扬光大。武野绍鸥师从当时第一的古典学者、和歌界最高权威、朝臣三条西实隆学习和歌道，又师从村田珠光的三个徒弟藤田宗理、十四屋宗悟、十四屋宗陈修习茶道。武野绍鸥将日本的歌道理论中表现日本民族特有的素淡、纯净、典雅的思想导入茶道，对村田珠光的茶道进行了补充和完善，为日本茶道的进一步民族化、正规化做出了巨大贡献。武野绍鸥的另一个功绩是对弟子千利休（1522—1592）的教育和影响。

室町幕府解体，武士集团之间展开了激烈的争夺战，日本进入战国时代，群雄中最强一派为织田信长-丰臣秀吉-德川家康系统。战国时代，茶道是武士的必修课。宁静的茶室可以慰藉武士们的心灵，使他们得以忘却战场的厮杀，抛开生死的烦恼，所以静下心来点一碗茶成了武士们日常生活中不可缺少的内容。

安土、桃山时代（1573—1603），茶道与政治关系密切。千利休少时便热心茶道，先拜北向道陈为师学习书院茶，后经北向道陈介绍拜武野绍鸥为师学习草庵茶。1574年，千利休做了织田信长（1534—1582）的茶道侍从，后来又成了丰臣秀吉（1537—1598）的茶道侍从。千利休在继承村田珠光、武野绍鸥的基础上，让草庵茶更深化了一步，使茶道摆脱了物质因素的束缚。村田珠光曾提出"谨敬清寂"为茶道精神，千利休改成"和敬清寂"，使日本茶道成为融宗教、哲学、伦理、美学为一体的文化艺术活动。千利休是日本茶道的集大成者，最后完成了侘茶建设，日本茶道完成了草创，民族特色形成。

江户时代（1603—1867），形成了不同流派的茶道，产生了家元制度。千利休去世后，由他的子孙和弟子们分别继承了他的茶道，形成了许多流派。主要有里千家流派、表千家流派、武者小路流派、远州流派、薮内流派、宗偏流派、松尾流派、织部流派、庸轩流派、不昧流派等。

"三千家"是日本茶道的栋梁与中枢。千利休的第二子少庵，继续复兴利休的茶道，少庵之子千宗旦（1578—1658）也继承父志。宗旦的第三子江岑宗左承袭了他的茶室不审庵，开辟了表千家流派；第四子仙叟宗室（1622—1697）承袭了他退隐时代的茶室今日庵，开辟了里千家流派；第二子一翁宗守在京都的武者小路建立了官休庵，开辟了武者小路流派。继承利休茶道的除三千家之外，还有千利休最有名的七个弟子：细川三斋、濑田扫部、芝山监物、蒲生氏乡、高山右近、牧村兵部、古田织部，又称为"利休七哲"。其中，古田织部（1544—1615）是一位卓有成就的大茶人，将利休的市井平民茶法改造成武士风格的茶法。

古田织部的弟子很多，其中最杰出的是小堀远州（1579—1647）。小堀远州是一位多才多艺的茶人，一生设计建筑了许多茶室，其中桂离宫被称为日本庭园艺术的最高代表。小堀远州曾向第三代将军德川家光（1604—1651）献茶，他的茶道被称赞为"美丽的侘"。片桐石州（1605—1673）接替小堀远州作了江户幕府第四代将军秀纲的茶道师范，他对武士茶道作了具体的规定。石州流派的茶道在当时十分流行，后继者很多。其中著名的有松平不昧（1751—1818）、井伊直弼（1815—1860）。

江户时期是日本茶道的灿烂辉煌时期，日本吸收、消化中国茶文化后终于形成了具有本民族特色的日本茶道。由村田珠光奠基，中经武野绍鸥发展，至千利休集大成的日本茶道称抹茶道，是日本茶道的主流。在中国明清时期泡茶法的影响下，日本茶人又参考抹茶道的一些礼仪规范，形成了日本煎茶道。公认的"煎茶道始祖"是中国去日僧人黄檗山万福寺住持隐元隆琦（1592—1673），他把中国当时流行的壶泡茶艺传入日本。经过"煎茶道中兴之祖"，自称卖茶翁的柴山元昭（1675—1763）的努力，煎茶道在日本立住了脚。后又经田中鹤翁、小川可进（1786—1855）使得煎茶道地位确立。日本茶道源于中国茶道，但是发扬光大了中国茶道。

（二）日本茶道形式

日本人把茶道视为一种修身养性和进行社交的平台。茶道活动中，更衣、观赏茶庭、初茶、茶食、中立、浓茶、后炭、薄茶、退出等顺序，都有礼仪规定。

日本茶道活动讲究场所，一般均在茶室（图3-8）中进行。茶室多起名为"某某庵"的雅号，有广间和小间之分。茶室面积一般以放

图3-8 日本茶室外观

置四叠半榻榻米为标准，大约为9平方米。结构紧凑，小巧雅致，以便于宾主倾心交谈。大于四叠半的称为广间，小于四叠半的称为小间。室内设置壁龛、地炉和各式木窗，周围设主、宾席位等。茶室右侧设置水屋，供备放煮水、沏茶、品茶的器具和清洁用具。壁龛正面悬挂名人字画，底座置花瓶，瓶中插花，插花品种必须与季节时令相配。

图3-9　日本茶庭中的洗手钵

客人进入茶室前，必须经过茶庭的一小段自然景观区，目的是静下心来，除去一切凡尘杂念。在茶室门外的洗手钵（图3-9）里，用长柄的水瓢盛水，洗手、漱口，将身体内外的凡尘洗净。然后，把一个干净的手绢，放入前胸衣襟内，再取一把小折扇，插在身后的腰带上，再进入茶室。

每次茶道活动举行时，主人先在茶室的活动格子门外跪迎宾客。虽然进入茶室后，强调不分尊卑，但是头一位进茶室的必须是来宾中的一位首席宾客，称为正客，其他客人则随后入室。

来宾入室后，宾主均要行鞠躬礼。有站式和跪式两种，且根据鞠躬的弯腰程度可分为真、行、草三种。真礼用于主客之间，行礼用于客人之间，草礼用于说话前后。主客面对而坐，客人身份不同，所坐位置也不同。正客须坐在主人上手，也就是左手边。这时主人即去水屋取风炉、茶釜、水注、白炭等器物，而客人可欣赏茶室内的陈设布置及字画、插花等装饰。主人取器物回茶室后，跪于榻榻米上生火煮水，并从香盒中取出少许香点燃。在风炉上煮水期间，主人要再次至水屋忙碌，这时众宾客则可自由在茶室前的花园中散步。待主人备齐所有茶道器具时，这时水也将要煮沸了，宾客们再重新进入茶室，茶道仪式才正式开始。

主人按照规定的程序和规则，依次起炭火、煮水、点茶，然后奉给宾客。点茶时，主人要先用茶巾将茶碗擦拭后，用茶勺从茶罐中取茶末，置于茶碗中，然后注入沸水，再用茶筅搅拌，直至茶汤泛起泡沫为止。

奉茶时，主人用左手掌托碗，右手五指持碗边，跪地后举起茶碗，恭送至正客面前。客人要恭敬地双手接茶，致谢，而后三转茶碗，轻品、慢饮、奉还，动作轻盈优雅。待正客饮茶后，余下宾客才能依次饮用。饮茶时口中要发出"啧啧"的赞声，表示称誉主人的好茶，饮毕将茶碗递回给主人。客人饮茶可分为"轮饮"或"单饮"。轮饮是众客人轮流品一碗茶。单饮是宾客每人单独饮一碗茶。

茶道仪式不局限于饮茶，还在于欣赏以茶碗为主的茶道用具、茶室的装饰、茶室前的茶庭环境及主客间的交流。饮茶完毕，按照礼仪，客人要对各种茶具进行鉴赏和赞美。主人随后可从里侧门内退出，让客人自由交谈，不允许谈论金钱、政治、生意等话题，更多是有关茶和自然的话题。客人离开时需向主人跪拜告别，主人则再次在茶室格子门外跪送宾客，同时接受宾客的临别赞颂。

（三）日本茶道礼法

整个茶会，主客的行、立、坐、送、接茶碗、饮茶、观看茶具，以至于擦碗、放置物件和说话，都有特定礼法。

炭礼法是为烧沏茶水的地炉或者茶炉准备炭的程序。无论是初座，还是后座，都分别设有初炭礼法和后炭礼法。炭礼法的程序包括准备烧炭工具、打扫地炉、调整火候、除炭灰、添炭、点香等。

茶会中，主人先将少许茶粉放入茶碗，用长柄水勺向茶碗中加水，用特制的竹筅把茶粉搅成黏稠状。客人喝时用右手拿起茶碗，放至左手掌上，再把茶碗从对面向身前转，经细品、慢啜后奉还主人。浓茶礼法是茶道中最郑重其事的一项仪式，主人必须穿黑色和服，礼法进行期间，主客之间对话很少。

日本茶道礼法的特点主要体现在六个方面。

1. 主与客之礼

在主人与客人之间，客人为上，主人为下。主人要时时处处站在客人的立场考虑问题。客人也要站在主人的立场上多为主人着想。主人与客人要互相理解、互相关心、互相配合，形成一个整体，才能圆满地完成茶会。

2. 客与客之礼

茶会中的客人是有级别的，其中有首席客人、次席客人、末席客人，大家要尊重首席客人。

3. 人与物之礼

茶道礼法中独特的部分，茶人们把所有的道具都视为有生命。

4. 无言之礼

通过主人的行动、姿态或物与物的碰撞声来实现。

5. 有言之礼

大部分是关于道具鉴赏，其问答的内容往往模式化。

6. 约定之礼

茶会上的约定之礼极其丰富。

（四）日本茶道精神

日本茶文化的传播者，主要是佛教徒，如最澄、空海、永忠、荣西、明惠上人、南浦绍明、希玄道元、清拙正澄、村田珠光、隐元隆琦等。日本茶道以"禅茶一味"为宗旨，借茶道悟禅道。日本茶道精神源于"禅茶一味"，以"一期一会"与"和、敬、清、寂"为根本。

日本茶道鼻祖村田珠光（1423—1502）吸收禅院茶礼，创立了具有禅意的茶道，提出"谨、敬、清、寂"为茶道精神。日本茶道集大成者千利休（1522—1592），改动了一个字，成为"和、敬、清、寂"，在继承村田珠光、武野绍鸥的基础上，确立了日本茶道。

在茶室中品茶时，无论是客是主，"请先""请慢用"等种种言词，茶道具的布置、摆设等，都代表了茶道所蕴含的"和"之意，平和、和谐、和悦。

敬，是主客间互敬互爱，对长辈尊敬，对友人与同侪敬爱。以和而敬，展示了茶道的真髓。

清，清净、清洁，是茶道的种种礼仪中十分强调的。许多人认为茶会中，一定要使用古老的器物，注重是那个时代的哪个大师所做，以及是否是那个时代的那个名人所用过，总是把古老摆在所有事物之前，事实上这是错误的观念，其实最注重的应该是清洁，诚如利休百首中说"水与汤可洗净茶巾与茶筅，而炳杓则可以洗净内心"。

由清而静，也就是所谓的"静寂"，就如在不受外界干扰的寂静空间里，内心加以深深沉淀的感觉。寂是茶道中美的最高理念，在求取"静"的同时，能观察自己知足的内心，在深沉的思索中让自己内心沉淀。

"寂"这种美的意识具体表现在"侘"字上，日本茶道中的茶又称为侘茶。侘的日语音为"wabi"，原有寂寞、贫穷、寒碜、苦闷的意思。平安时期"侘人"一词，是指失意、落魄、郁闷、孤独的人。到平安末期，"侘"逐渐演变为"静寂""悠闲"的意思，成为当时一些人欣赏的美意识。这种美意识的产生，有社会历史原因和思想根源。平安末期至镰仓时代，是日本社会动荡、改组时期，原来占统治地位的贵族失势，新兴的武士阶层走上了政治舞台。失去天堂的贵族感到世事无常而悲观厌世，因此佛教净土宗应运而生。失意的僧人把当时社会看成秽土，号召人们"厌离秽土，欣求净土"。在这种思想影响下，很多贵族文人离家出走，或隐居山林，或流浪荒野，在深山野外建造草庵，过着隐逸的生活，创作所谓"草庵文学"，以抒发他们思古之幽情，排遣胸中积愤。这种文学色调阴郁，文风"幽玄"。到了室町时代，随着商业经济的发展，竞争日趋激烈，商务活动繁忙，城市奢华喧嚣。不少人厌弃这种生活，追求"侘"的审美意识，在郊外或城市中找块僻静的处所，过起隐居的生活，享受一点古朴的田园生活乐趣，寻求心灵上的安逸，以冷峻、恬淡、闲寂为美。茶人村田珠光等人把这种美意识引进茶道中来，使"清寂"之美得到广泛的传播。

日本茶道的目的不是为了饮茶止渴，也不是为了鉴别茶质的优劣。而是通过复杂的程序和仪式，达到追求幽静，陶冶情操，培养人的审美观和道德观念。正如桑田中亲所说："茶道已从单纯的趣味、娱乐，前进成为表现日本人日常生活文化的规范和理想。"邀来几个朋友，坐在幽寂的茶室里，边品茶边闲谈，无牵无挂，无忧无虑，修身养性，心灵净化，别有一番美的意境。千利休的"茶禅一味""茶即禅"观点，可以视为茶道的真谛所在。自镰仓以来，大量唐物宋品运销日本。特别是茶具、艺术品，为日本茶会增辉。但也因此出现了豪奢之风，一味崇尚唐物，轻视倭物茶会。热心于茶道艺术的村田珠光、武野绍鸥等人，反对奢侈华丽之风，提倡清贫简朴，认为本国产的黑色陶器，幽暗的色彩，自有它朴素、清寂之美。用这种质朴的茶具，真心实意地待客，既有审美情趣，也利于道德情操的修养。

日本茶人在举行茶会时均抱有"一期一会"的心态。江户幕府末期，大茶人井伊直弼（1815—1860）所著《茶汤一会集》说："茶会也可为'一期一会'之缘也。即便主客多次相会也罢。但也许再无相会之时，为此作为主人应尽心招待客人而不可有半点马虎，而作为客人也要理会主人之心意，并应将主人的一片心意铭记于心中，因此主客皆应以诚相待。此乃为'一期一会'也。"一期一会，实质上是佛教无常观的体现，提醒人们重视一分一秒，认真对待一时一事。举行茶事活动时，主客都怀着"一生一次"的信念，体味人生如同茶的泡沫转瞬即逝，由此产生共鸣，感到彼此紧紧相连，互相依存，产生生命的充实感。这是其他场合无法体验到的感觉。

"和、敬、清、寂"又称四规，是日本茶道的精髓。除了"四规"，日本茶道还讲究"七则"。七则指的是：提前备好茶，提前放好炭，茶室应保持冬暖夏凉，室内要插花保持自然清新的美，遵守时间，备好雨具，时刻把客人放在心上等。在茶道的最高礼遇中，献茶前请客人吃丰盛美味的"怀石料理"，即用鱼、蔬菜、海草、竹笋等精制的菜肴。

日本茶室直到今天依然保持小巧玲珑的设计风格，茶室壁上挂着古朴的书画，室内插有鲜花，显得高雅幽静。几张干净的"榻榻米"上除了放上茶道中必需的几件茶具以外，不会放入任何一件多余的东西。这一切都为了显出朴素、清寂之美。日本茶道精神蕴含在看似烦琐的喝茶程序之中，如茶叶要碾得精细，茶具要擦得干净，插花要根据季节和来宾的名望、地位、辈分、年龄和文化教养等选择。主持人的动作要规范，既要有舞蹈般的节奏感和飘逸感，又要准确到位。整个茶会期间，从主客对话到杯箸放置都有严格规定，甚至点茶者伸哪只手、先迈哪只脚、每一步要踩在榻榻米的哪个格子里也有定式，茶人与茶客、茶客与茶客之间很少交流，用眼睛和心灵去体会"和、敬、清、寂"的茶道精神。

二、韩国茶道

韩国茶道习惯上称作韩国茶礼。韩国茶礼始于新罗统一（668—917），兴于高丽时期（936—1392），在朝鲜时期（1392—1910）随着茶礼器具及技艺化的发展，茶礼的形式被固定下来。

（一）韩国茶道小史

新罗统一时期，引入中国饮茶风俗，用茶祭祀、礼佛等。高丽时期，以佛教为国教。宋代的《禅苑清规》、元代的《敕修百丈清规》和《禅林备用清规》等传到高丽，高丽的僧人效仿中国禅门清规中的茶礼，建立韩国的佛教茶礼。

僧侣们不仅以茶供佛，而且将茶礼用于自己的修行。真觉国师意欲参悟"吃茶去"之要旨，其《茶偈》曰："呼儿音落松萝雾，煮茗香传石径风。才入白云山下路，已参庵内老师翁。"涵虚和尚在祭文中写："一杯茶出自一片心，一片心即在一杯茶。"

高丽时期，茶礼普及于王室、官员、僧道、百姓中。每年燃灯会和八关会等两大节必行茶礼。燃灯会为2月25日，供释迦。八关会为敬神而设，对五岳神、名山大川神、龙王等在秋季11月15日设祭。由国王出面敬献茶于释迦佛，向诸天神敬祷。太子寿日宴、王子王妃册封日、公主吉期均行茶礼，君王、臣民宴会有茶礼（图3-10）。朝廷的其他各种仪式中也行茶礼。百姓可买茶而饮，在冠礼、婚丧、祭祖、祭神、敬佛、祈雨等典礼中均用茶。

高丽末期，由于儒者赵浚、郑梦周和李崇仁等人不懈努力，接受了朱文子家礼。男子冠礼、男女婚礼、丧葬礼、祭祀礼、茶礼均为儒家遵行。著名茶人、大学者郑梦周有《石鼎煎茶》诗云："报国无效老书生，吃茶成癖无世情。幽斋独卧风雪夜，爱听石鼎松风声。"

朝鲜时期，中国泡茶道传入韩国，并被韩国茶礼采用，茶礼的形式固定下来。丁若镛（1762—1836），号茶山，著名学者，对茶推崇备至。著有《东茶记》，是韩国第一部茶书，可惜已经散佚。金正喜（1786—1856）是与丁若镛齐名的哲学家，得到清朝考证学泰斗翁方纲、阮元的亲自指导。他对禅宗和佛教有着渊博的知识，有咏茶诗多篇传世，如《留草衣禅师》诗："眼前白吃赵州茶，手里牢拈焚志华。喝

图3-10 韩国仿古宫廷茶礼表演

后耳门软个渐，春风何处不山家。"草衣禅师（1786—1866），曾在丁若镛门下学习，通过40年的茶生活，领悟了禅的玄妙和茶道的精神，著有《东茶颂》和《茶神传》，成为韩国茶道精神最后的总结人，被尊为韩国的茶圣。

丁若镛、金正喜、草衣禅师（1786—1866）等人，对韩国茶文化发展贡献突出，推进茶道精神发展到顶峰。

（二）韩国茶道形式

韩国有宫廷礼宾茶礼、花郎茶礼、结婚纳采茶礼、佛寺供佛茶礼等形式，种类繁多，各具特色。每年5月25日是韩国茶日，主要活动有韩国茶道协会的传统茶礼表演，如成人茶礼、高丽五行茶礼、八正禅茶礼、新罗茶礼等。

1. 宫廷礼宾茶礼

高丽时期以来，韩国宫廷接待外国使臣时均行茶礼。李氏朝鲜时期，《世宗实录》详尽记载了接待明朝使臣所行茶礼。

（1）行仪场所在今首尔西人门区的人平馆正厅。

（2）国王在西向使者行揖，使者回揖，靠右边而行。国王进门靠左行至正厅，坐于西壁。使者从东边入，国王向使者行揖，使者答揖，升坐。

（3）国王在正厅，坐于西壁，使者坐于东壁。北壁设香案，南壁设茶桌。护卫官吏均立于国王之后。

（4）侍者一人捧茶瓶，立于茶桌之东，一人端放有茶盏的盘子立于茶桌西侧。

（5）侍者二人捧果盘，分别立于正副使之侧。侍者一人捧果盘，立于国王之右侧。

（6）侍者倒茶于茶盏之中，跪进国王。国王举此茶盏以奉正使，复位。

（7）侍者再捧茶盏，跪进国王。国王举此茶盏以奉副使，复位。

（8）侍者以茶盏进于正使之前。正使接茶盏，奉于国王，复位。

（9）国王、正副使各自就座饮茶。

（10）侍者走向使者之前，收回其茶盏。侍者走向国王，跪接茶盏。

（11）献果，奏乐。

（12）茶礼毕，依国王、正使、副使之顺序离室。

2. 结婚纳采茶礼

韩国婚礼有问名、纳言、请期、纳采、纳币、迎亲六礼。在纳采仪礼中，主人主妇必在祠堂之前以茶行礼，宾主间也行茶礼。仪式如下：

序立、盥洗、启椟、出主、复位、降神、主人诣香案前、跪、焚香、爵酒、尽倾茅沙上、俯伏、兴拜、平身、复位、参神、众拜、鞠躬、拜兴、平身、主人斟酒、主妇点茶。

宾至女家门，媒人先入告主人、执事者，陈礼物于大门内，用盘子盛书函。主人出外迎宾，主人举手作揖，请宾行，入堂。宾主东西相向立揖，礼物陈庭中前或桌子上。宾主各就座，主宾俱坐，奉茶，执事者以茶进，啜讫。

前段是男家敬告祖宗，行将纳采。后段是女家纳采宾主相待，行纳采礼，两者皆行茶礼。

3. 成人茶礼

成人茶礼是通过茶礼仪式，对刚满20岁即将步入社会的青年男女进行传统文化和礼仪教育，培养年轻人的社会责任感。程序是司会主持、成人者、赞者同时入场，会长献烛，副会长献花，成年向父母、宾客致礼，司会致成年祝词，进行献茶式，成年合掌致答词，成年再拜父母，父母答礼。冠礼者13人，其中女性8人，男性5人。

4. 佛寺供佛茶礼

供佛茶礼是佛教最常见的仪式。每日凌晨三时、午前十一时及午后六时，在大雄宝殿释迦牟尼佛像之前，礼拜念经，是为早课、午课、晚课，并供养香、灯、果、茶、米、花六物。

供养时念劝供：香供养，燃香供养。灯供养，燃灯供养。茶供养，仙茶供养。果供养，仙果供养。米供养，香米供养。花供养，鲜花供养。

行茶时有各种念佛茶偈。大雄宝殿上供佛行茶仪，念佛茶偈：我今清净水，变为甘露茶。奉献三宝前，愿垂衰纳受。

奉献十八罗汉茶偈：今将甘露茶，奉献罗汉前。鉴察虔恳心，愿垂衰纳受。

供点眼佛像茶偈：清净茗茶药，能除病昏沉。唯冀拥护家，愿垂衰纳受。

5. 高丽五行茶礼

高丽五行茶礼，核心是祭祀韩国崇敬的"茶祖炎帝神农氏"，规模宏大、人数众多、内涵丰富，成为韩国最高层次的茶礼。高丽五行茶礼是古代茶祭的一种仪式。茶叶在古高丽的历史上，历来是"功德祭"和"祈雨祭"中必备的祭品。

五行茶礼的祭坛设置：在洁白的帐篷下，挑八只绘有鲜艳花卉的屏风，正中张挂着用汉文繁体字书写的"茶圣炎帝神农氏神位"的条幅，条幅下的长桌上铺着白布，长桌前置放小圆台三只，中间一只小圆台上放青瓷茶碗一只。茶礼中的五行均为东方哲学，包含十二个方面：五方，东西南北中；五季，除春夏秋冬四季外，还有换季节；五行，金木水火土；五色，黄色、青色、赤色、白色、黑色；五脏，脾、肝、心、肺、肾；五味，甘、酸、苦、辛、咸；五常，仁、义、礼、智、信；五旗，太极、青龙、朱雀、白虎、玄武；五行茶礼，献茶、进茶、饮茶、品茶、饮福；五行茶，黄色井户、青色青磁、赤色铁砂、白色粉青、黑色天目；五之器，灰、大灰、真火、风炉、真水；五色茶，黄茶、绿茶、红茶、白茶、黑茶。

高丽五行茶礼是韩国的国家级进茶仪式。所有参与茶礼的人都有严谨有序的入场顺序，一次参与者多达50余人。入场式开始，由茶礼主祭人进行题为"天、地、人、和"合一的茶礼诗朗诵。这时，身着灰、黄、黑、白短装，分别举着红、蓝、白、黄，并持绘有图案旗帜的四名旗官进场，站立于场内四角。随后依次是两名身着蓝、紫两色宫廷服饰的执事人、高举着圣火（太阳火）的两名男士、两名手持宝剑的武士入场。执事人入场互相致礼后分立两旁，武士入场要作剑术表演。接着是两名中年女子持红、蓝两色蜡烛进场献烛、两名女子献香、两名梳长辫着淡黄上装红色长裙的少女手捧着青瓷花瓶进场，另有两名献花女则将两大把艳丽的鲜花插入青花瓷瓶。

此时，"五行茶礼行者"共10名妇女始进场。皆身着白色短上衣，穿红、黄、蓝、白、黑各色长裙，头发梳理成各式发型均盘于头上，成两列坐于两边。用置于茶盘中的茶壶、茶盅、茶碗等茶具表演沏茶，沏茶毕全体分两行站立，分别手捧青、赤、白、黑、黄各色的茶碗向炎帝神农氏神位献茶。献茶时，由五行献礼祭坛的祭主，一名身着华贵套装的女子宣读祭文，祭奠神位毕，即由10名五行茶礼行者向各位来宾进茶并献茶食。最后由祭主宣布祭礼毕，这时四方旗官退场，整个茶祭结束。

（三）韩国茶道精神

韩国茶道精神以新罗统一时期高僧元晓大师的和静思想为源头，中经高丽时期文人李行、权近、郑梦周、李崇仁的发展，尤其以李奎报集大成，最后在朝鲜时期由高僧西山大师、丁若镛、崔怡、金正喜、草衣禅师得以完整地体现。

新罗时期，著名僧人元晓大师（617—686），韩国净土宗的先驱者，提出"一心""和静"的思想，致力于佛教思想的融合与实践，为佛教普及做出了重大贡献。由于佛教与韩国茶道发展关系密切，元晓大师的和静思想遂成为韩国茶道精神之根源。

高丽时期，著名诗人、学者李奎报（1168—1241）是韩国茶道精神集大成者，把茶道精神归结为清和、清虚和禅茶一味。其有诗云："草庵他日扣禅居，数卷玄书讨深旨。虽老犹堪手汲泉，一瓯即是参禅始。"把饮茶与参禅联系在一起，体现了禅茶一味的精神。

朝鲜时期，茶道精神发展到了高峰。韩国茶圣草衣禅师茶道的核心思想是"中正"。中正思想是草衣禅师毕生修行的成果，《东茶颂》是中正思想保留至今的载体。中正指的是为人处世不偏不倚，行茶修禅心平气和。"中"有如儒家的中庸思想和佛家的平常心，落实到茶事上则是制茶、行茶、品茶时保持平常的心态，一举一动恰到好处。"正"意同正直仁爱和禅茶一味，要求正确认识自然和茶理，在采茶、制茶时不失仁爱之心，在行茶修禅中获得精神休憩。

在茶文化的传播中，新罗、高丽的佛教徒发挥了重要作用，但是在韩国社会政治和日常生活中，儒家，特别是以朱熹、王阳明为代表的宋明道学起着最重要的作用，朱子家礼被普遍接受。韩国茶道受儒家思想影响最大，儒家礼仪起主导作用，重礼、重仪，因而又称茶礼。韩国茶道精神内涵丰富，概括起来说，以"和、敬、俭、真"为宗旨。和为心地善良，和平相处。敬为彼此敬重，以礼待人。俭为俭朴、清廉。真为心地真诚，以诚相待。从迎客、环境、茶室陈设、书画、茶具造型与排列，到投茶、注茶、茶点、吃茶等程序，

图3-11　现代韩国茶礼

韩国茶礼均有严格的规范，即便是现代韩国茶礼（图3-11），也力求给人以清静、悠闲、高雅、文明之感。

思考题

1 茶道的要义是什么？构成要素有哪些？

2 茶道文学中有哪些经典作品？

3 茶道插花有什么特点？

4 儒家思想对茶道的影响表现在哪些方面？

5 茶道与道家思想有什么关联？

6 佛教思想对茶道有哪些影响？

7 中国茶道的精神特征是什么？

8 日本茶道有什么特色？

9 韩国茶道精神是什么？

10 比较中日韩三国茶道的特点。

因为茶能治病，所以古人把茶归入药材一类。司马相如在《凡将篇》中列举了20多种药材，其中就有"荈诧"即茶叶。茶叶能够提神、益思，西汉以后的文献对茶的药用记述增多，这说明茶作为药用越来越广泛。

（3）茶的饮用　茶的饮用起源较晚，是在食用和药用的基础上慢慢形成的。中国有"药食同源"的说法，所以到底是从食用还是药用演变出饮用，已无从探究，抑或兼而有之。

在茶的食用——药用——饮用的利用过程中，其实也有交叉。也就是说茶叶一开始是作为果腹之用，一旦认识到它还有神奇的医药作用，就把重心转移到药用上来，药用价值高于食用。茶除了药效成分外，还有安神、兴奋和营养成分，这样对茶的利用就逐渐向饮料过渡。饮茶归根到底是利用茶叶的营养成分和药效成分，茶的饮用与茶的药用其实也是难解难分。所以，茶的食用、药用、饮用是相互交叉的。只是，茶的饮用在确立之后便逐渐发展成为对茶的利用的主流，茶的食用、药用降为支流，但三者并行不悖。

2. 饮茶的起始

陆羽根据《神农食经》"茶茗久服，令人有力、悦志"的记载，认为饮茶始于神农时代，"茶之为饮，发乎神农氏"（《茶经·六之饮》）。然而《神农食经》据今人考证，其成书在汉代以后。饮茶始于上古时代只是传说，不是信史。

清人顾炎武认为，"自秦人取蜀，而后始有茗饮之事"（《日知录·茶》）。顾炎武认为饮茶始于战国时代也只是推测。

中国人利用茶的年代久远，但饮茶的历史相对要晚一些。有关先秦的饮茶，不是源于传说，就是间接推测，并无直接的材料来证明。推测先秦时期，在局部地区已有饮茶，但目前还缺乏文献和考古的直接支持。

"茗饮之法，始见于汉末，而已萌芽于前汉"（清·郝懿行《证俗文》）。郝懿行认为饮茶始见于东汉末，而萌芽于西汉。因为西汉时王褒《僮约》有"烹茶尽具"，东汉末的华佗《食论》有"苦茶久服，益意思"，所以郝懿行此言不虚。

晋代陈寿《三国志·吴书·韦曜传》记："曜饮酒不过二升。皓初礼异，密赐茶荈以代酒。""密赐茶荈以代酒"，这种能代酒的茶荈当为茶饮料。三国时代已有饮茶应是确凿无疑。但是，中国的饮茶的起始一定早于三国时代。

近年在咸阳渭城西汉景帝（公元前157—公元前141年在位）阳陵的考古发掘中，在随葬品中发现了芽型茶叶。这里的茶叶应该是日常生活用品，即作为饮料用的茶。时在西汉早期，距今两千一百五十多年。

应该说，中国人饮茶不晚于西汉，西汉著名辞赋家王褒《僮约》是关于饮茶最早的可信文字记载。《僮约》中有"烹茶尽具""武阳买茶"，一般都认为"烹茶""买茶"之"茶"为茶。既然用来待客，不会是药而是饮料。《僮约》订于西汉宣帝神爵三年（公元前59年），属西汉晚期。西汉晚期，中国不仅饮茶，茶叶作为商品已开始流通。

王褒是四川资中人，买茶之地为今四川彭山，最早在文献中对茶有过记述的司马相如、王褒、扬雄均是蜀人，可以确定是巴蜀之人发明饮茶。饮茶最初发生在四川，最根本的原因是四川地区巴蜀民族的发达文化、浓厚的神仙思想，以及与这种思想文化相呼应的发达的制药技术共同造就了茶饮料。

3. 茶煮饮的流行

汉魏六朝茶叶加工粗放，往往采集芽叶晒干或烘干，是为原始的散茶。此时期的饮茶方式，古籍虽有零星记录，但是语焉不详。

茶的饮用脱胎于茶的食用和药用，故早先的饮茶方式源于茶的食用和药用方式。从食用而来，是用鲜叶或干叶烹煮成羹汤而饮，往往加盐调味；从药用而来，用鲜叶或干叶，往往佐以姜、桂、椒、橘皮、薄荷等熬煮成汤汁而饮。那时也没有专门的煮茶、饮茶器具，往往是在鼎、釜中煮茶，用食器、酒器饮茶。

西汉王褒《僮约》称"烹茶尽具"。东晋郭璞注《尔雅》"槚，苦荼"说："树小如栀子，冬生，叶可煮作羹饮。"《桐君录》记："巴东别有真香茗，煎饮，令人不眠。"或烹或煮或煎，茶叶加水煮熬成羹汤而饮。

晚唐皮日休《茶中杂咏》序说："自周以降及于国朝茶事，竟陵子陆季疵言之详矣。然季疵以前称茗饮者，必浑以烹之，与夫瀹蔬而啜者无异也。"皮日休认为陆羽以前的饮茶，"浑以烹之"，喝茶如同喝蔬菜汤。

唐杨晔《膳夫经手录》记："茶，古不闻食之。近晋、宋以降，吴人采其叶煮，谓之茗粥。"茗粥即是用茶叶煮成浓稠的羹汤。

汉魏六朝时期的饮茶方式，诚如皮日休所言，"浑以烹之"，煮成羹汤而饮。煮茶，茶叶加水，煮至沸腾，乃至百沸。

饮茶始于巴蜀地区，源于药用的煎熬和源于食用的烹煮是其主要形式。煮茶法的发明当属于巴蜀之人，时间不晚于西汉。

4. 饮茶习俗的形成

中国人饮茶习俗的形成，是在两晋南北朝时期。当此时期，上自帝王将相，下到平民百姓，中及文人士大夫、宗教徒，社会各个阶层普遍饮茶，成一时风尚。

（1）宫廷饮茶　陆羽《茶经·七之事》引《晋四王起事》："惠帝蒙尘，还洛阳，黄门以瓦盂盛茶上至尊。"晋惠帝在蒙难而初返洛阳时，侍从以"瓦盂盛茶"供惠帝饮用，可见晋室宫廷日常生活中应当饮茶。

东晋元帝（317—322）时，宣城郡太守温峤上表称"贡茶千斤、茗三百斤"（寇宗奭《本草衍义》）。宣城郡一地就向皇室进贡茶叶1300斤。

南朝宋人山谦之《吴兴记》载："乌程温山，出御荈。"在吴兴（今湖州）温山建御茶园，茶叶专供皇室。

两晋南北朝，宫廷皇室普遍饮茶。

（2）**文人士大夫饮茶** 从两汉到三国，在巴蜀之外，茶是供上层社会享用的珍稀之物，饮茶限于王公朝士。晋以后，饮茶进入中下层社会。

两晋南北朝时期，张载、杜育、陆纳、谢安、桓温、刘琨、王濛、褚裒、王肃、刘镐等文人士大夫均喜饮茶。茶，作为风流雅尚而被士人广泛接受。

刘琨《与兄子兖州刺史演书》："吾体中溃闷，恒假真茶，汝可致之。"

南朝宋刘义庆《世说新语·轻诋》记，褚裒"初渡江，尝入东至金昌亭，吴中豪右宴集亭中"，因褚裒初来乍到，吴中豪右不识，故意捉弄他，"敕左右多与茗汁"，"使终不得食"，可见士大夫宴会前敬茶已成规矩。

北魏杨衒之《洛阳伽蓝记》卷三《城南报德寺》："肃初入国，不食羊肉及酪浆，常饭鲫鱼羹，渴饮茗汁。……时给事中刘镐，慕肃之风，专习茗饮。"北朝人原本渴饮酪浆，但受南朝人的影响，如刘镐等，也喜欢上饮茶，并向王肃专习茶艺。

两晋南北朝时期，文人士大夫饮茶风气很盛。

（3）**宗教徒饮茶** 汉魏六朝时期，是中国固有的宗教——道教的形成和发展时期，同时也是起源于印度的佛教在中国的传播和发展时期，茶以其清淡、虚静的本性和却睡疗病的功能广受宗教徒的青睐。

①道教与茶：道家清静淡泊、自然无为的思想，与茶的清和淡静的自然属性极其吻合。中国的饮茶始于古巴蜀，而巴蜀也是道教的诞生地。道教徒很早就接触到茶，并在实践中视茶为成道的"仙药"。道教徒炼丹服药，以求脱胎换骨、羽化成仙，于是茶成为道教徒的首选之药。在茶从食用、药用向饮用的转变中，道教发挥了重要作用。

壶居士《食忌》："苦茶久食，羽化"，把茶与道教最高目标羽化登仙联系在一起。南朝著名道教理论家陶弘景在药书《杂录》记："苦茶轻身换骨，昔丹丘子、黄山君服之"。丹丘子、黄山君是传说中的神仙人物，饮茶使人"轻身换骨"，可满足道教对长生不老、羽化登仙的追求。

道教徒崇尚饮茶，其对饮茶功效的宣扬，提高了茶的地位，促进了饮茶的广泛传播和饮茶习俗的形成。

②佛教与茶：《续名僧录》中记载"宋释法瑶，姓杨氏，河东人……年垂悬车，饭所饮茶。"法瑶是东晋名僧慧远的再传弟子，以擅长讲解《涅槃经》著称。法瑶性喜饮茶，每饭必饮茶，并且活到七十九岁。

《宋录》："新安王子鸾、鸾弟豫章王子尚诣昙济道人于八公山，道人设茶茗，子尚味之曰：'此甘露也，何言茶茗。'"昙济十三岁出家，后拜鸠摩罗什高徒僧导为师。他从关中来到寿春（今安徽寿县），与其师一起创立了成实师说的南派——寿春系。昙济擅长讲解《成唯识论》，对"三论"、《涅槃》也颇有研究，曾著《六家七宗论》。他在八公山东山寺住了很长时间，后移居京城的中兴寺和庄严寺。两位小王子造访昙济，昙济设茶待客。

两晋南北朝时期，佛教徒以茶资修行，以茶待客。

（4）平民饮茶 《广陵耆老传》："晋元帝时有老姥，每旦独提一器茗，往市鬻之，市人竞买。"老妇人每天早晨到街市卖茶，市民争相购买，这反映平民的饮茶风尚。

《南齐书·武帝本纪》："我灵上慎勿以牲为祭，唯设饼、茶饮、干饭、酒脯而已，天下贵贱，咸同此制。"南齐武帝诏告天下，灵前祭品设茶等四样，不论贵贱，一概如此，可见南朝时茶已进入寻常百姓家中。

其他如陆羽《茶经·七之事》所载宣城秦精（陶潜《搜神后记》）、剡县陈务妻（刘敬叔《异苑》）、余姚虞洪（王浮《神异记》）、沛国夏侯恺（干宝《搜神记》），都是平民饮茶的例子。

两晋南北朝时期，平民阶层的饮茶也越来越普遍。

饮茶起源于巴蜀，经两汉、三国、两晋、南北朝，逐渐向中原广大地区传播，饮茶由上层社会向民间发展，饮茶的地区越来越广。在四川、重庆之外，湖北、湖南、安徽、江苏、浙江、广东、云南、贵州这些地区已有茶叶生产。晋代张载《登成都白菟楼》诗云："芳茶冠六清，溢味播九区。"诗中说四川的香茶传遍九州，这里虽有文人的夸张，却也近于事实。至两晋南北朝，中国人的饮茶习俗终于形成。

5. 茶艺萌芽

西晋杜育《荈赋》关于茶艺的描写，如择水："水则岷方之注，挹彼清流"，择取岷江中的清水；如选器，"器择陶简，出自东瓯"，茶具选用产自东瓯（今浙江东部）的瓷器；如煎茶，"沫沉华浮，焕如积雪，晔若春敷。"煎好的茶汤，汤华浮泛，像白雪般明亮，如春花般灿烂；如酌茶，"酌之以匏，取式公刘。"用匏瓢酌分茶汤。

岷江是流经川西的主要河流，由此可见中国茶艺萌芽于蜀。虽然在西晋就有茶艺的萌芽，但在当时还不普及，而且局限在饮茶的发源地巴蜀一带。

（二）茶与社会生活

两晋南北朝时期，茶在社会活动中的功用逐渐加大，在人际交往、祭祀祖先活动中都少不了茶。

1. 以茶待客

王褒《僮约》中的"烹茶尽具"便是规定在家中来客之后烹茶敬客。

南朝宋人何法盛《晋中兴书》记："陆纳为吴兴太守时，卫将军谢安常欲诣纳，……安既至，所设唯茶、果而已。"陆纳以茶和水果待客。

南朝宋人刘义庆《世语新说·纰漏》记："任育长年少时，甚有令名。……坐席竟，下饮，便问人云：'此为茶，为茗？'"客人入座完毕，便开始上茶。同书还记："晋司徒长史王濛好饮茶，人至辄命饮之，士大夫皆患之。每欲往候，必云今日有水厄。"王濛"人至辄命饮之"，这是他好客的表现。

弘君举《食檄》："寒温既毕，应下霜华之茗，三爵而终。"客来到来，见面寒暄之后，先饮三杯茶。

两晋南北朝时期，客来敬茶成为中华民族普遍的礼俗。客来敬茶不仅是世俗社会的礼仪，也影响到宗教界，如昙济和尚也是以茶待客，道俗相同。

2. 以茶祭祀

《南齐书·武帝本纪》："我灵上慎勿以牲为祭，唯设饼、茶饮、干饭、酒脯而已，天下贵贱，咸同此制。"

南朝宋刘敬叔《异苑》记剡县陈务妻，好饮茶茗。宅中有一古冢，每饮，辄先祀之。

用茶祭祀亡灵、先祖，这一风俗后来成为中国社会的普遍风俗。

3. 茶与宗教结缘

仙人丹丘子、黄山君因饮茶而"轻身换骨"，释法瑶"饭所饮茶"，释昙济以茶待客，等等，茶与宗教在两晋南北朝时期广为结缘。

（三）茶字草创

秦代以前，中国各地的文字还不统一，茶的名称也存在同物异名。因此在汉魏六朝时期，表示茶的字有多个，"其字，或从草，或从木，或草木并。其名，一曰茶，二曰槚，三曰蔎，四曰茗，五曰荈"（陆羽《茶经·一之源》）。"茶"字是由"荼"字直接演变而来的，所以，在"茶"字形成之前，荼、槚、蔎、茗、荈都曾用来表示茶。

1. 借"荼"为茶的由来

（1）荼的本义

①苦菜：《尔雅·释草第十三》中记载"荼，苦菜"。苦菜为田野自生之多年生草本，菊科。《诗经·国风·邶风之谷风》有"谁谓荼苦，其甘如荠"，《诗经·国风·豳风之七月》有"采荼樗薪"，《诗经·大雅·绵》有"堇荼如饴"，一般都认为上述诗中之"荼"是指苦菜。三国·吴国陆玑《毛诗草木鸟兽鱼疏》记苦菜的特征是生长在山田或沼泽中，经霜之后味甜而脆。

苦菜是荼的本义，其味苦，经霜后味转甜，故有"其甘如荠""堇荼如饴"。

②茅秀：东汉郑玄《周官》注云"荼，茅秀"，茅秀是茅草种子上所附生的白芒。

《诗经·国风·郑国之出其东门》有"有女如荼"，成语有"如火如荼"，上述之荼一般认为是指白色的茅秀。

茅秀是荼的引申义，因苦菜的种子附生白芒，进而由苦菜白芒引申为茅草之"茅秀"。

③其他：由"茅秀"进一步引申为"芦苇花"。还有解释为"紫蓼""秽草"的。

（2）荼何时被用来借指茶

茶具苦涩味，所以，便用同样具有苦味的荼（苦菜）来借指茶。

《尔雅·释木第十四》，"槚，苦荼"。槚从木，当为木本，则苦荼也为木本，由此知苦荼非从草的苦菜而是从木的茶。《尔雅》一书，非一人一时所作，最后成书于西汉，乃西汉以前古书训诂之总汇。由《尔雅》最后成书于西汉，可以确定以荼借为茶不会晚于西汉。

西汉王褒《僮约》中有"烹荼尽具""武阳买荼"，一般认为这里的"荼"指茶。王褒《僮约》订于西汉宣帝神爵三年，由此也可知，用荼借指茶当在西汉宣帝之前。

在汉魏六朝时期的茶文献中，荼、苦荼、荼茗、荼荈多见，茗、荈也较荼为少见，槚、蔎都是偶见，由此看来，荼是汉魏六朝时期对茶的最主要称谓。

2. 茶的异名

（1）槚　槚，又作檟。《说文解字》："槚，楸也。""楸，梓也。"按照《说文解字》，槚即楸即梓。《埤雅》："楸梧早落，故楸谓之秋。楸，美木也。"楸叶在早秋落叶，故音秋，是一种质地美好的树木。《通志》："梓与楸相似。"《韵会》："楸与梓本末异。"陆玑《毛诗草木鸟兽鱼疏》："楸之疏理白色而生子者为梓。"《埤雅》："梓为百木长，故呼梓为木王。"综上所述，槚（檟）为楸、梓一类树木，且楸、梓是美木、木王。

"槚，苦荼"（《尔雅》）。槚为楸、梓之类如何借指茶？《说文解字》："槚，楸也，从木，贾声。"因茶为木本而非草本，遂用槚来借指茶。"其味甘，槚也；"（《茶经》"五之煮"）由美木借为美味、甘味的茶。

因《尔雅》最后成书于西汉，则槚借指茶不晚于西汉。

（2）茗　茗，古通萌。《说文解字》："萌，草木芽也，从草明声。""芽，萌也，从草牙声。"，茗、萌本义是指草木的嫩芽，茶树的嫩芽当然也可称茗。后来茗、萌、芽分工，以茗专指茶嫩芽，"嫩叶谓之茗"（《魏王花木志》）。所以，北宋徐铉校定《说文解字》时补："茗，茶芽也。从草名声。"

旧题汉东方朔著、晋张华注《神异记》载："余姚人虞洪入山采茗"，晋郭璞《尔雅》"槚，苦荼"注云："早取为荼，晚取为茗，或一曰荈，蜀人名之苦荼。"唐前饮茶往往是生煮羹饮，因此，年初正、二月采的是上年生的老叶，三、四月采的才是当年的新芽，所以晚采的反而是"茗"。以茗专指茶芽，当在汉晋之时。

（3）荈　《茶经》"五之煮"载："不甘而苦，荈也；啜苦咽甘，茶也。"陆德明《经典释文·尔雅音义下·释木第十四》："荈、荼、茗，其实一也。"《魏王花木志》："茶，……其老叶谓之荈，嫩叶谓之茗。"南朝梁人顾野王《玉篇》："荈，……茶叶老者。"综上所述，荈是指粗老茶叶，因而苦涩味较重，所以《茶经》称"不甘而苦，荈也。"

荈为茶的可靠记载见于《三国志·吴书·韦曜传》："密赐茶荈以代酒"，茶荈代酒，当是茶饮。

荈不像槚、荼等字是借指茶，只有茶一种含义。"荈"字可能是在"茶"字出现之前的茶的专有名字，但南北朝后就很少使用了。

（4）蔎　《说文解字》："蔎，香草也，从草设声。"段玉裁注云："香草当作草香。"蔎本义是指香草或草香。因茶具香味，故用蔎借指茶。西汉杨雄《方言注》："蜀西南人谓茶曰蔎。"但以蔎指茶仅蜀西南这样用，应属方言用法，古籍仅此一见。

3. 茶字的创造

在荼、槚、茗、荈、蔎五种茶的称谓中，以荼为最普遍，流传最广。但"荼"字多义，容易引起误解。"荼"是形声字，从草余（通涂）声。草头是义符，说明它是草本。但从《尔雅》起，已发现茶是木本，用荼指茶名实不符，故借用"槚"，但槚本指楸、梓之类树木，借为茶也会引起误解。所以，在"槚，苦荼"的基础上，造一形声"梌"字，从木茶声，以代替原先的槚、荼字。另一方面，仍用"荼"字，改读"加、诧"音。

陆德明《经典释文·尔雅音义下·释木第十四》云："荼，埤苍作梌。"《埤苍》乃三国魏张缉所著文字训诂书，则"梌"字至迟出现在三国初年。

南朝梁代顾野王《玉篇》"廿部"第一百六十二，"荼，杜胡切。……又除加切。"隋陆德明《经典释文·尔雅音义下·释木第十四》："荼，音徒，下同。埤苍作梌。按：今蜀人以作饮，音直加反，茗之类。"除加切，直加切，音茶。"荼"读茶音约始于南北朝时期。

"梌"（音徒）形改音未改，"荼"（音茶）音改形未改，所以，梌在读音上及荼在书写上还会引起误解，于是进一步出现既改形又改音的"梌"（音茶）和"茶"。

隋陆法言《广韵》"下平声，莫霞麻第九；春藏叶可以为饮，巴南人曰葭荼。""荼，俗。""茶"字列入"麻韵"，下平声，当读"茶"，非读"徒"。"茶"字由"荼"字减去一画，仍从草，不合造字法，但它比"梌"书写简单，所以"梌"的俗字"茶"，首先使用于民间。"梌"（音茶）和"茶"大约都起始于梁陈之际。

尽管《广韵》收有"茶"字，但在正式场合，仍用"梌"（音茶）。直到后世陆羽著《茶经》之后，"茶"字才逐渐流传开来。

（四）茶文学初起

1. 茶诗

现存最早的涉茶诗，是西晋诗人孙楚（约218—293）的《出歌》：

茱萸出芳树颠，鲤鱼出洛水泉。白盐出河东，美豉出鲁渊。

姜桂茶荈出巴蜀，椒橘木兰出高山。……

"茶荈"即是茶，"茶荈出巴蜀"，说明直到西晋时期，茶仍是巴蜀的特产。

西晋张载，字孟阳，性格闲雅，博学多闻。与其弟张协、张亢，都以文学著称，时称"三张"。"太康（280—289）初，至蜀省父"，其父张收时为蜀郡太守。其《登成都白菟楼》诗应是当时的作品。诗的最后四句：

芳茶冠六清，溢味播九区。人生苟安乐，兹土聊可娱。

"六清"是指古代的六种饮料，即水、浆、醴、凉、医、酏。"芳茶冠六清"是说香茶胜过其他六种饮料，可以说茶是所有饮料之冠。"九区"即九州，泛指全国，"溢味播九区"是说茶的美味传遍全国各地。

2. 茶文

最早的涉茶文是西汉王褒的记事散文《僮约》，其中有"烹茶尽具""武阳买茶"。南朝鲍令晖曾撰《香茗赋》，但已散佚。

西晋杜育的《荈赋》是现存最早的一篇茶文，原文散佚，幸赖唐代欧阳询编纂的《艺文类聚》得以部分保留下来。杜育，字方叔，与左思、陆机、刘琨、潘岳等合称"二十四友"。《荈赋》存文如下：

灵山惟岳，奇产所钟。厥生荈草，弥谷被岗。承丰壤之滋润，受甘霖之宵降。月惟初秋，农功少休。结偶同旅，是采是求。水则岷方之注，挹彼清流；器择陶简，出自东瓯。酌之以匏，取式公刘。惟兹初成，沫沉华浮，焕如积雪，晔若春敷。……调神和内，慵解倦除。

《荈赋》写到"弥谷被岗"的植茶规模，写到秋茶的采制，特别是其中对于茶艺的描写，还写到饮茶的功用："调神和内，慵解倦除"。《荈赋》是文学史中第一篇以茶为题材的散文，才辞丰美，对后世的茶文学颇有影响。宋代吴淑《茶赋》称："清文既传于杜育，精思亦闻于陆羽。"可见杜育《荈赋》在茶文化史上的影响。

两晋南北朝，茶由巴蜀向中原广大地区传播，茶叶生产地区不断扩大，饮茶从上层社会逐渐向民间发展。茶字草创，有多个异名。煮茶流行，茶艺也于西晋时萌芽。从汉代开始，就有了客来敬茶的礼节，到两晋南北朝时，客来敬茶成了普遍的礼仪。不仅如此，茶也成为祭祀的祭品。从晋代开始，道教、佛教徒与茶结缘，以茶养生，以茶助修行。两晋南北朝是中国茶文学的发轫期，《搜神记》《神异记》《搜神后记》《异苑》等志怪小说集中有一些涉茶的故事。孙楚、张载撰有涉茶诗篇。杜育《荈赋》、鲍令晖《香茗赋》是以茶为题材的散文。这一切说明，汉魏六朝是中华茶文化的起源和酝酿时期。

二、茶文化的形成

隋唐结束了东晋以来长期的分裂割据局面，建立了统一的中央集权国家。贯通南北的大运河的开通，有利于南北经济、文化的交流。茶业经过数千年的发展，直到唐代中期才真正达到昌盛。茶文化也在中唐奠定，并在中晚唐形成中国历史上的第一座高峰。

（一）饮茶的普及

1. 饮茶习俗的普及

"滂时浸俗，盛于国朝两都并荆渝间，以为比屋之饮"（陆羽《茶经·六之饮》）。中唐时期，饮茶之风以东都洛阳和西都长安及湖北、重庆一带最为盛行，形成"比屋之饮"，即家家户户都饮茶。

"开元中，泰山灵岩寺有降魔师，大兴禅教。学禅务于不寐，又不夕食，皆许其饮茶。人自怀挟，到处煮饮。从此转相仿效，遂成风俗。……于是茶道大行，王公朝士无不饮者。……穷日竟夜，殆成风俗。始自中地，流于塞外"（封演《封氏闻见记》卷六"饮茶"）。禅宗大兴，促进了北方饮茶风俗的形成和传播。建中（公元780年）以后，中国的"茶道大行"，饮茶之风弥漫朝野，"穷日竟夜""遂成风俗"。不仅南北方广大地区饮茶，且"流于塞外"，边疆少数民族地区也习惯饮茶。

"茶为食物，无异米盐，于人所资，远近同俗，既祛竭乏，难舍斯须，田间之间，嗜好尤甚"（《旧唐书·李钰传》）。茶对于人如同米、盐一样每日不可缺少，田间农家，尤其嗜好。"累日不食犹得，不得一日无茶也"（杨晔《膳夫经手录》）。几天不食可以，一日无茶不可，可见茶在唐代人日常生活中的地位和重要。

由上可知，中国人饮茶习俗普及于中唐。中唐以后，饮茶日益发展，越来越普及。

2. 茶具独立发展

中唐以前，茶具往往与食器、酒具混用。随着饮茶的普及，促进了茶具的开发生产。产茶之地的茶具发展更是迅速，越州、婺州、岳州、寿州、邛州等地是既盛产茶，也盛产茶器。当时最负盛名的为越窑和邢窑所产茶瓯，代表当时南青北白两大瓷系。

南方青瓷以越窑为代表，主要窑址在今浙江上虞、余姚、绍兴一带。越窑茶瓯是陆羽在《茶经》中所推崇的瓷器，并用"类玉""类冰"来形容越窑茶瓯的釉色之美。越窑瓯

"口唇不卷，底卷而浅"，敞口浅腹，斜直壁，璧形足。越窑瓯还有带托连烧的茶瓯，托口一般较矮，托沿卷曲作荷叶形，茶瓯作花瓣形。

北方白瓷以邢窑为代表，窑址在今河北邢台内丘、临城一带。陆羽《茶经》也认为，邢窑茶瓯"类银""类雪"。"内邱白瓷瓯、端溪紫石砚，天下无贵贱通用之"（李肇《唐国史补》）。邢窑茶瓯较厚重，外口没有凸起卷唇。

唐代茶具已形成体系，煎茶器具有近30种之多。茶鍑是专门的煎茶锅，此外尚有茶铛、茶铫、风炉、茶碾、茶罗等器具。晚唐时，茶盏（碗、瓯）的式样越来越多，有荷叶形、海棠式和葵瓣口形等，其足部已由玉璧形足改为圈足了。

唐五代茶具除陶瓷制品外，还有金、银、铜、铁、竹、木、石等制品。

3. 茶馆初起

唐玄宗开元年间，已出现了茶馆的雏形。"开元中，……自邹、齐、沧、棣，渐至京邑城市，多开店铺，煎茶卖之。不问道俗，投钱取饮"（封演《封氏闻见记》卷六"饮茶"）。这种在乡镇、集市、道边"煎茶卖之"的"店铺"，当是茶馆的雏形。

"大和……九年五月……涯等仓惶步出，至永昌里茶肆，为禁兵所擒"（《旧唐书·王涯传》）。到了唐文宗太和年间已有正式的茶馆。

大唐中期，国家政治稳定，社会经济空前繁荣，加之陆羽《茶经》的问世，使得"天下益知饮茶矣"，因而茶馆不仅在产茶的江南地区迅速普及，也传播到了北方城乡。

4. 茶会兴起

茶会萌芽于两晋南北朝，兴起于唐朝，是饮茶普及化的产物。"茶会"一词，首见于唐。在《全唐诗》中，有钱起《过长孙宅与朗上人茶会》、刘长卿《惠福寺与陈留诸官茶会》、武元衡《资圣寺贲法师晚春茶会》等篇。由于"茶会"在唐时尚属新起，有时又称"茶宴""茶集"，如钱起《与赵莒茶宴》、李嘉佑诗《秋晚招隐寺东峰茶宴内弟阁伯均归江州》、鲍君徽《东亭茶宴》以及王昌龄的《洛阳尉刘晏与府县诸公茶集天宫寺岸道上人房》等便是。当时的茶会，主角是文人、僧人、道士。茶会的内容大致是主客在一起品茶，以及赏景叙情、挥翰吟诗等等，即如钱起所说的"玄谈兼藻思"。

钱起《过长孙宅与朗上人茶会》，写作者与佛徒朗上人在长孙家举行茶会。其《与赵莒茶宴》则写文人雅士在幽静的竹林中举行茶会。

皎然在《晦夜李侍御萼宅集招潘述、汤衡、海上人饮茶赋》写道：

晦夜不生月，琴轩犹为开。墙东隐者在，淇上逸僧来。

茗爱传花饮，诗看卷素裁。风流高此会，晓景屡徘徊。

品茶是雅人韵事，宜伴琴韵花香和诗草。这场茶会中有李侍御、潘述、汤衡、海上人、皎然五人，其中三位文士，两个僧人，他们以茶集会，赏花、吟诗、听琴、品茗相结合，堪称风雅茶会。

颜真卿等人有《五言月夜啜茶联句》，颜真卿、皎然等六人举行月夜茶会，啜茶联句，茶会实际上也是诗会。

吕温《三月三日茶宴》序云："三月三日，上巳祓饮之日，诸子议以茶酌而代焉。乃拨花砌，憩庭阴。清风逐人，日色留兴。卧借青霭，坐攀香枝。闻莺近席羽未飞，红蕊拂衣而不散。乃命酌香沫，浮素杯，殷凝琥珀之色，不令人醉，微觉清思，虽玉露仙浆，无复加也。"莺飞花拂，清风丽日，吕温、邹子、许侯诸子举行上巳茶会，同时也是诗会。

从唐代诗文中可以知道，茶会是唐代文人雅士的一种集会形式，同时也反映了茶会在唐代的流行。

（二）茶文学初兴

唐代是中国文学繁荣时期，同时也是饮茶习俗普及和流行的时期，茶与文学结缘，造成茶文学的兴盛。唐代茶文学的成就主要在诗，其次是散文。唐代第一流的诗人都写有茶诗，许多茶诗脍炙人口。

1. 茶诗

唐朝是中国诗歌的鼎盛时代，诗家辈出。同时，中国的茶业在唐代有了突飞猛进的发展，饮茶风尚在全社会普及开来，品茶成为诗人生活中不可或缺的内容，诗人品茶咏茶，因而茶诗大量涌现。

（1）杜甫（712—770） 有"诗圣"之称的杜甫，字子美，与李白齐名，时称"李杜"。其诗沉郁顿挫，吟咏时事，被后世称之为"诗史"。其在切近生活、反映现实之外也有描写茶事的诗，如《重过何氏五首》之三：

落日平台上，春风啜茗时。石阑斜点笔，桐叶坐题诗。

翡翠鸣衣桁，蜻蜓立钓丝。自逢今日兴，来往亦无期。

落日，春风，翠鸟，蜻蜓，环境幽雅，正是品茗的清雅场所。一边赏茗，一边题诗，情景交融，宛如一幅美妙的饮茶题诗图，雅情逸趣跃然纸上。

（2）皇甫冉（约716—约769） 字茂政，诗清逸可诵，多漂泊之感。《送陆鸿渐栖霞寺采茶》，为陆羽在深山采茶留下了身影：

采茶非采菉，远远上层崖。布叶春风暖，盈筐白日斜。

归知山寺路，时宿野人家。借问王孙草，何时泛碗花？

春风送暖之际，作者送陆羽到遥远的高山上去采茶。陆羽采茶往往到夕阳西斜，太晚了就在山野人家借宿，作者期盼陆羽早点归来，大家在一起品尝陆羽所采制之茶。

（3）皎然 皎然是茶圣陆羽的忘年至交，两人情谊深厚，《寻陆鸿渐不遇》是他们之间的诚挚友情的写真：

　　移家虽带郭，野径入桑麻。近种篱边菊，秋来未著花。

　　扣门无犬吠，欲去问西家。报道山中去，归来每日斜。

　　诗中写道，陆羽的新家虽然接近城郭，但要沿着野径经过一片桑田麻地。近屋篱笆边种上了菊花，虽然秋天到了但还没有开花。敲门却没听到狗的叫声，因而去西边邻居家打听。邻居回答说陆羽去了山中，归来时每每是太阳西斜。全诗纯朴自然，清新流畅，充满诗情画意。联系到皇甫兄弟的诗，可知陆羽常常是深入山中采茶，每每归来很迟，甚至借宿山寺、山野人家，反映出陆羽倾身事茶的献身精神。

　　（4）白居易（772—846）　字乐天，号"香山居士"，撰有茶诗50余首，数量为唐代之冠。唐宪宗元和十二年，忠州刺史李宣寄给他寒食禁火前采制的新茶，病中的白居易感受到友情的温暖，欣喜异常，煮水煎茶，品茶别茶，深情地写下《谢李六郎中寄新蜀茶》一诗：

　　故情周匝向交亲，新茗分张及病身。红纸一封书后信，绿芽十片火前春。

　　汤添勺水煎鱼眼，末下刀圭搅麹尘。不寄他人先寄我，应缘我是别茶人。

　　白居易煎茶爱用泉水，其《山泉煎茶有怀》："坐酌泠泠水，看煎瑟瑟尘。无由持一碗，寄与爱茶人。"偶尔也用雪水煎茶，"吟咏霜毛句，闲尝雪水茶"。有时也用河水煎茶，"蜀茶寄到但惊新，渭水煎来始觉珍"。于茶，"渴尝一碗绿昌明"，"绿昌明"是四川的一种茶。而白居易也喜欢四川的"蒙顶茶"，"茶中故旧是蒙山"。茶为白居易的生活增加了许多的情趣，"或饮茶一盏，或吟诗一章""或饮一瓯茗，或吟两句诗"，茶与诗成为白居易生活中不可缺少的内容。

　　（3）元稹（779—831）　字微之，与白居易同为早期新乐府运动倡导者，诗也与白居易齐名，世称"元白"，号为"元和体"。其有一首独特的宝塔体诗——《茶》：

茶

香叶，嫩芽。

慕诗客，爱僧家。

碾雕白玉，罗织红纱。

铫煎黄蕊色，碗转曲尘花。

夜后邀陪明月，晨前命对朝霞。

洗尽古今人不倦，将至醉后岂堪夸。

　　在看似游戏的文字中，道出了茶的特性和功用。茶与诗客、僧家有着天然的缘分。因唐代煎茶须将茶碾碎、筛分，取末煎饮，故有白玉茶碾，红纱茶罗。茶铫里的茶汤色如黄花蕊，斟入茶碗，汤华浮面。唐人茶集多在夜晚或朝晨，而饮茶可消除疲倦，醉后醒酒。

　　茶能引发诗人的才思，因而备受诗人青睐。唐朝是中国诗歌的鼎盛时代，诗家辈出。同时，中国的茶业在唐代有了突飞猛进的发展，饮茶风尚在全社会普及开来，品茶成为诗人生活中不可或缺的内容。诗人品茶、咏茶，茶事诗大量涌现。唐代茶诗的大量创作，对茶文化的传播和发展，有明显的促进作用。

2. 茶事散文

散文是一个庞杂的体系，几乎凡不是韵文的作品都可以归入其中。唐代茶文琳琅满目，就体裁而言，有：赋，如顾况《茶赋》等；序，如吕温《三月三日茶宴序》等；传，如陆羽《陆文学自传》等；表，如柳宗元《代武中丞谢新茶表》等；状，如崔致远《谢新茶状》等。此外尚有许多记事、记人、写景、状物的叙事和抒情茶文。

顾况（约725—约814），字逋翁。曾官著作郎，后携家隐居润州延陵茅山，自号华阳真逸，作《茶赋》：

稽天地之不平兮，兰何为兮早秀，菊何为兮迟荣？皇天既孕此灵物兮，厚地复糅之而萌。惜下国之偏多，嗟上林之不生。如罗玳筵、展瑶席，凝藻思、开灵液，赐名臣、留上客，谷莺转、宫女嚬，泛浓华、漱芳津，出恒品、先众珍。君门九重、圣寿万春，此茶上达于天子也；滋饭蔬之精素，攻肉食之膻腻，发当暑之清吟，涤通宵之昏寐。杏树桃花之深洞，竹林草堂之古寺。乘槎海上来，飞锡云中至，此茶下被于幽人也。……

赋中赞颂茶乃造化孕育之灵物，极写茶的社会功用：上可达于天子，下可广被百姓。表示自己只想在翠荫下用舒州如金铁鼎（风炉）烹泉煎茶，用越州的似玉瓷瓯来品茶，在茶烟袅袅中消磨时光，并不指望像陈务妻子那样得到古冢茶魂的赠钱、像秦精那样得到毛人赠橘，抒发了作者隐逸山林、无为淡泊的情怀。

（三）茶艺术初起

1. 茶画

现存最早的茶画相传是初唐时期的阎立本《萧翼赚兰亭图》（图4-1），但此画是否为阎立本所作还有争议。画面中有五位人物，中间坐着一位和尚即辨才，对面为萧翼。左下有二人煮茶，一老仆人蹲在风炉旁，炉上置一锅，锅中水已

图4-1　阎立本《萧翼赚兰亭图》

煮沸，末茶刚投下，老仆手持"茶夹"搅动"茶汤"，一童子弯腰，手持茶盘，小心翼翼地等待酌茶。矮几上，放置着其他茶碗、茶罐等用具。这幅画不仅记载了古代僧人以茶待客的史实，而且再现了唐代煎饮茶所用的器具及方法。

盛唐时周昉的《调琴啜茗图》
（图4-2），以工笔重彩描绘了唐代
宫廷贵妇品茗听琴的悠闲生活。
画中描绘五个女性，中间三人系
贵族妇女，一人抚琴，二人倾听。
一女坐在磐石上，正在调琴；另
一红衣女坐在圆凳上，背向外，

图4-2　周昉《调琴啜茗图》

注视着抚琴者，执盏作欲饮之态。另一白衣女坐在椅子上，袖手侧身听
琴。左侧立一侍女，手托木盘，另一侍女捧茶碗立于右侧。画以"调琴"
为重点，但茶饮也相当引人注目。饮茶与听琴集于一画，说明了饮茶在
当时的文化生活中已有相当重要的地位。

扫码看大图

　　除上面介绍的唐代茶画外，见于著录的，尚有唐代周昉的《烹茶图》
《烹茶仕女图》，张萱的《烹茶仕女图》《煎茶图》，杨升的《烹茶仕女图》，五代王齐翰的
《陆羽煎茶图》和陆晃的《火龙烹茶》《烹茶图》等。

▌2. 茶歌舞

　　茶歌是以茶事为歌咏内容的山歌、民歌。茶歌从何而始？已无法稽考。在中国古代，
如《尔雅》所说"声比于琴瑟曰歌"，《韩诗章句》所称"有章曲曰歌"，只要配以章曲，
声如琴瑟，则诗词也可歌了。从皮日休《茶中杂咏序》"昔晋杜育有荈赋，季疵有茶歌"
的记述中，可知唐代陆羽曾作《茶歌》。但是很可惜，这首茶歌也早已散佚。不过，有关
唐代的茶歌，还能找到如皎然《饮茶歌诮崔石使君》和《饮茶歌送郑容》、刘禹锡《西山
兰若试茶歌》、温庭筠《西陵道士茶歌》等。

　　"歌之不足，舞之蹈之"，表现茶事的舞蹈就是茶舞。茶舞往往与茶歌配合而载歌载
舞，也可独立表演。唐代杜牧《题茶山》诗中就有"舞袖岚侵涧，歌声谷答回"，说明
当时采茶姑娘有在茶山载歌载舞的情景。

（四）茶书的初创

　　茶书的撰著肇始于唐，唐和五代的茶书，现存完整的有陆羽《茶经》、张又新《煎茶
水记》、苏廙《十六汤品》，部分存文的有裴汶《茶述》、温庭筠《采茶录》、毛文锡《茶
谱》，已佚的有皎然《茶诀》、陆龟蒙《品第书》。

　　陆羽（733—804），一名疾，字鸿渐，又字季疵，号桑苎翁、竟陵子、东冈子，复州
竟陵县（今湖北天门市）人。一生坎坷，居无定所，闲云野鹤，四海为家。陆羽执着于茶
的研究，用心血和汗水铸成不朽之《茶经》。陆羽《茶经》总结了到盛唐为止的中国茶学，
以其完备的体例囊括了茶叶从物质到文化、从技术到历史的各个方面。陆羽《茶经》的问

世，奠定了中国古典茶学的基本构架，创建了一个较为完整的茶学体系，它是古代茶叶百科全书。

张又新《煎茶水记》主要叙述茶汤品质与宜茶用水的关系，着重于品水。首述已故刑部侍郎刘伯刍"较水之与茶宜者，凡七等"，以扬子江南零水第一，无锡惠山寺石水第二。文中又记陆羽评水，以庐山康王谷水帘水第一，无锡惠山寺石泉水第二，扬子江南零水第七。"夫烹茶于所产处，无不佳也，盖水土之宜。离其处，水功其半。然善烹洁器，全其功也。"张又新认为用当地的水煎当地的茶，没有不好的。茶离开本地，就要选择好水以煎出好茶。如果善于烹煎，器具清洁，也可煎出好茶来。张又新此言确是经验之谈。

唐末五代毛文锡《茶谱》是一部重要茶书。《茶谱》对全国各地唐末五代时产茶地点、茶名、重量、制法、特点等等，记述得很清楚。其一，所记茶产地，仅《茶谱》佚文就涉及七道三十四州产茶的情况，其中涪、渠、扬、池、洪、虔、谭、梓、渝、容十州，为《茶经·八之出》所未及，可知中唐以后，茶产地又有所扩大；其二，从《茶谱》不难看出，其较之陆羽《茶经》所反映的制茶技术，又要前进一步。《茶谱》不仅记录了各地形制和大小不一的团茶或饼茶，而且也记录了高档散茶；其三，对各地茶的味性记述很具体；其四，记录了各地的一些名茶，弥足珍贵。

唐代，茶文学兴盛。茶文学的成就主要在诗，其次是散文。唐代第一流的诗人都写有茶诗，许多则是脍炙人口。如李白、杜甫、钱起、白居易、元稹、刘禹锡、柳宗元、韦应物、孟郊、卢仝、杜牧、李商隐、温庭筠、皮日休、陆龟蒙等，无不撰有茶诗。此外，唐代尚有茶事绘画、书法的出现。饮茶在唐代普及，茶具独立发展，茶馆和茶会兴起，煎茶道形成并广泛流行。特别是陆羽《茶经》的问世，终于使得茶文化在唐代成立，并在中唐形成了中华茶文化的第一个高峰。

第二节
茶文化的发展

一、宋元茶文化

宋代茶叶生产继续发展，市场体系得到完善，茶叶产区继续拓展，茶叶产量有很大提高。辽、金国控制的有些地区也有茶叶生产，与宋有茶叶贸易。元代茶叶生产在宋代的基础上有所发展。

宋代名茶除建安北苑团茶外，散茶有绍兴日铸茶、洪州双井茶等名茶。元代在武夷山设立御茶园，散茶进一步发展。

（一）饮茶的大众化

宋代承唐代饮茶之风，日益繁盛。"华夷蛮貊，固日饮而无厌；富贵贫贱，匪时啜而不宁"（梅尧臣《南有嘉茗赋》）。"君子小人靡不嗜也，富贵贫贱靡不用也"（李觏《盱江集》卷十六"富国策第十"）。"盖人家每日不可阙者，柴米油盐酱醋茶"（吴自牧《梦粱录》卷十六"鳌铺"）。自宋代始，茶就成为开门"七件事"之一。

1. 斗茶流行

"斗茶"又称"茗战"，以盏面水痕先现者为负，耐久者为胜。每到新茶上市时节，竞相斗试，成为宋代一时风尚。"天下之士励志清白，竞为闲暇修索之玩，莫不碎玉锵金，啜英咀华，较筐箧之精，争鉴裁之别"（赵佶《大观茶论》）。"政和三年三月壬戌，二三君子相与斗茶于寄傲斋，予为取龙塘水烹之而第其品"（唐庚《斗茶记》）。北宋范仲淹《和章岷从事斗茶歌》，对当时盛行的斗茶活

图4-3　刘松年《茗园赌市图》

动，做了精彩生动的描述："斗茶味兮轻醍醐，斗茶香兮薄兰芷。其间品第胡能欺，十目视而十手指。胜若登仙不可攀，输同降将无穷耻。"南宋刘松年作《斗茶图》《茗园赌市图》（图4-3），反映出宋代斗茶风气之盛。

2. 分茶兴起

分茶是一种建立在点茶基础上的技艺性游戏，通过技巧使茶盏面上的汤纹水脉幻变出各式图样来，若山水云雾，状花鸟虫鱼，类画图，如书法，所以又称茶百戏、水丹青。

五代宋初陶谷《荈茗录》"生成盏"："沙门福全生于金乡，长于茶海，能注汤幻茶，成一句诗。并点四瓯，共一绝句，泛乎汤表。"其"茶百戏"："近世有下汤运匕，别施妙诀，使汤纹水脉成物象者，禽兽虫鱼花草之属，纤巧如画。"

南宋杨万里《澹庵坐上观显上分茶》对分茶有生动描写，"分茶何似煎茶好，煎茶不似分茶巧。蒸水老禅弄泉手，隆兴元春新玉爪。二者相遭兔瓯面，怪怪奇奇真善幻。纷如擘絮行太空，影落寒江能万变。银瓶首下仍尻高，注汤作字势嫖姚。"此外，陆游有"矮纸斜行闲作草，晴窗细乳戏分茶"（《临安春雨初霁》），李清照有"病起萧萧两鬓华，卧看残月上窗纱。豆蔻连梢煎熟水，莫分茶"（《摊破浣溪沙·莫分茶》）。分茶风行于宋代文人士大夫间。

3. 茶会盛行

文人茶会是宋代茶会的主流。宋徽宗赵佶《文会图》描绘的是文人集会的场面，茶是其中不可缺少的内容。在南宋刘松年《撵茶图》（图4-4）中，画面右侧有三人，一僧伏案执笔作书，一人相对而坐，似在观赏，另一人坐其旁，双手展卷，而眼神却在欣赏僧人作书。品茶、挥翰、赏画，属于文人茶会。

扫码看大图

肇始于唐代的佛门茶会，在宋代仪规完整，更加威仪庄严。在宋代宗赜《禅苑清规》中，对于在什么时间吃茶，以及其前后的礼请、茶汤会的准备工作、座位的安排、主客的礼仪、烧香的仪式等，都有清楚细致的规定。其中，礼数最为隆重的

图 4-4 刘松年《撵茶图》

当数冬夏两节（结夏、解夏、冬至、新年）的茶汤会，以及任免寺务人员的"执事茶汤会"。

4. 茶馆初盛

至宋代，进入了中国茶馆的兴盛时期。这是因为宋代的商品经济、城市经济比唐代有了进一步的发展。大量的人口涌进城市，茶馆应运而兴。

张择端的《清明上河图》生动地描绘了北宋首都汴梁城（今开封市）繁盛的景象，再现了万商云集、百业兴旺的情形，画中不乏茶馆。从孟元老的《东京华梦录》中可以看到汴梁茶馆业的兴盛。

南宋偏安江南一隅，定都临安（今杭州市），骄奢、享乐、安逸的生活使临安的茶馆业更加兴旺发达，茶馆在社会生活中扮演着重要角色。

宋代茶馆已讲究经营策略，为了招徕生意，留住顾客，他们常对茶馆作精心的布置装饰。"今杭城茶肆亦如之，插四时花，挂名人画，装点门面。""今之茶肆，列花架，安顿奇松异桧等物于其上，装饰店面"（吴自牧《梦粱录》卷十六"茶肆"）。茶肆装饰不仅是为了美化饮茶环境，也增添了饮茶气氛。茶肆根据不同的季节卖不同的茶水，一般是冬天卖七宝擂茶、撒子、葱茶，或卖盐豉汤，夏天增卖雪泡梅花酒，花色品种颇多。

宋代茶馆种类繁多，行业分工也越来越细。当时临安茶馆林立，不仅有人情茶馆、花茶坊，夜市还有浮铺点茶汤以便游观之人。出入茶馆的人三教九流，除了一般的官员、贵族、商人、市民等，还有几种特殊的茶客，还有娼妓、皮条客。宋时茶馆具有很多特殊

的功能，如供人们喝茶聊天、品尝小吃、谈生意、做买卖，进行各种演艺活动、行业聚会等。

5. 茶具新发展

宋代，茶具又有了新的变化，这与当时新兴的一种饮茶方式——点茶法有关。点茶用的汤瓶，形制为高颈长腹，细长流，瓶身则以椭圆形为多，瓶口缘下与肩部之间设一曲形把。

宋代饮茶是用一种广口圈足的茶盏，釉色有黑釉、酱釉、青釉、白釉和青白釉等，但黑釉盏最受偏爱，这与当时"斗茶"风尚的流行有关。因为用茶筅击拂使得茶汤表面浮起一层白色的乳沫，白色的乳沫和黑色的茶盏泾渭分明，容易勘验，最为适宜"斗茶"。因此黑釉盏的烧制盛极一时，南北瓷窑几乎无不烧制。全国各地出现了不少专烧黑釉盏的瓷窑，分布于江西、河南、河北、山西、四川、广东、福建等地，其中以福建建阳窑和江西吉州窑所产之黑釉盏最为著名。

建阳窑盏，敛口，斜腹壁，小圈足，因土质含铁成分较高，故胎色黑而坚，胎体厚重。器内外均施黑或酱黄色釉，底部露胎。有的盏内外还有自然形成的丝状纹，俗称"兔毫"，是当时人们最喜爱的产品。许多诗人还赋诗加以赞美，如蔡襄诗"兔毫紫瓯新，蟹眼清泉煮"，苏轼诗"勿惊午盏兔毛斑"，黄庭坚诗"兔褐金丝宝碗，松风蟹眼新汤"，杨万里诗"鹰爪新茶蟹眼汤，松风鸣雪兔毫霜"，陈蹇叔诗"鹧斑碗面云萦字，兔毫瓯心雪作泓"。兔毫、兔毛、兔褐金丝，均是兔毫盏之别名。

吉州窑位于江西省吉安永和镇，它利用了天然黑色涂料，通过独特的制作技艺，生产出变化多端的纹样与釉面，达到清新雅致的效果，如富于变化的玳瑁釉盏，有独创的剪纸贴花团梅纹盏，有折枝梅花纹盏和造型新颖别致的莲瓣形盏等。

元代茶具以青白釉居多，黑釉盏显著减少，茶盏釉色由黑色开始向白色过渡。色彩斑斓的钧窑天蓝釉盏、釉色匀净滋润的枢府窑盏、轻盈秀巧的青白釉月映梅枝纹盏以及青花缠枝菊纹小盏等，都是这一时期的主要茶具。

（二）茶文学的拓展

1. 茶诗

宋代茶诗是在唐代基础上继续发展的一个时代。如北宋初期的王禹偁，中期的梅尧臣、范仲淹、欧阳修、蔡襄、王安石，后期的苏轼、黄庭坚、秦观，南宋的陆游、范成大、杨万里等，都留下了脍炙人口的茶诗。陆游有茶诗300多首，苏轼的茶诗词有70余篇。范仲淹的《斗茶歌》可以与卢仝的《七碗茶歌》相媲美。其他如丁谓、曾巩、曾几、周必大、苏辙、文同、米芾、赵佶、朱熹、陈襄、方岳等都留下茶诗佳作。宋代茶诗题材丰富，形式多样，堪与唐代争雄。

（1）王禹偁（954—1001） 字元之，官至翰林学士，其作《龙凤茶》：

样标龙凤号题新，赐得还因作近臣。烹处岂期商岭水，碾时空想建溪春。

香于九畹芳兰气，圆如三秋皓月轮。爱惜不尝惟恐尽，除将供养白头亲。

龙凤茶即产于福建建安北苑的龙团凤饼贡茶，本归皇室享用，只有亲近大臣偶尔才蒙皇帝赐予。王禹偁获赐，高兴地写下了这首诗。此茶珍贵，香比芳兰，圆如秋月，自己还舍不得尝，留着供养父母。

（2）范仲淹（989—1052） 字希文。是北宋著名的政治家、文学家。他有一首堪与卢仝《走笔谢孟谏议寄新茶》相媲美的茶诗《和章岷从事斗茶歌》，对当时盛行的斗茶活动，做了精彩生动的描述。

年年春自东南来，建溪先暖冰微开。溪边奇茗冠天下，武夷仙人从古栽。

新雷昨夜发何处，家家嬉笑穿云去。露芽错落一番荣，缀玉含珠散嘉树。

终朝采撷未盈襜，唯求精粹不敢贪。研膏焙乳有雅制，方中圭兮圆中蟾。

北苑将期献天子，林下雄豪先斗美。鼎磨云外首山铜，瓶携江上中泠水。

黄金碾畔绿尘飞，碧玉瓯心雪涛起。斗茶味兮轻醍醐，斗茶香兮薄兰芷。

其间品第胡能欺，十目视而十手指。胜若登仙不可攀，输同降将无穷耻。

吁嗟天产石上英，论功不愧阶前蓂。众人之浊我可清，千日之醉我可醒。

屈原试与招魂魄，刘伶却得闻雷霆。卢仝敢不歌，陆羽须作经。

森然万象中，焉知无茶星。商山丈人休茹芝，首阳先生休采薇。

长安酒价减百万，成都药市无光辉。不如仙山一啜好，泠然便欲乘风飞。

君莫羡花间女郎只斗草，赢得珠玑满斗归。

全诗的内容分三部分。开头写茶的生长环境及采制过程，并指出建茶的悠久历史。中间部分描写热烈的斗茶场面，斗茶包括斗色、斗味和斗香，比斗是在众目睽睽之下进行，所以茶的品第高低，都有公正的评价。因此，胜者得意非常，败者觉得耻辱。结尾多用典故，烘托茶的神奇功效，把对茶的赞美推向了高潮。认为茶胜过任何酒、药，啜饮令人飘然登仙、乘风飞升。

（3）苏轼（1037—1101） 字子瞻，号东坡居士，在文学的各个方面都有杰出成就。苏轼对茶叶生产和茶事活动非常熟悉，精通茶道，具有广博的茶叶历史文化知识。他的茶诗不仅数量多，佳作名篇也多。苏轼的《汲江煎茶》：

活水还须活火烹，自临钓石取深清。大瓢贮月归春瓮，小杓分江入夜瓶。

雪乳已翻煎处脚，松风忽作泻时声。枯肠未易禁三碗，坐听荒城长短更。

生动地描写诗人春天月夜汲取江水煎茶的情景，充满丰富的想象力，杨万里评其"句句皆奇，字字皆奇"。侯汤讲究活水活火，因此苏轼于夜晚亲自去江边钓石汲取深处的清水。明月朗照，用大瓢舀水入瓮时，月影倒映瓢中，好像把月亮也舀进瓢里。归来后用小勺从水瓮中分取江水入汤瓶煎煮。当汤瓶中的水发出像松风一般的声音时，立即提瓶注水入盏，松风声忽又变为泻水声，茶盏里翻起雪白的乳沫。不能像卢仝"三碗搜枯肠"，还没有饮到三碗就睡意全消，只好静坐聆听城中夜晚打更的声音。

谈苏轼的茶诗，不能不提到他的《次韵曹辅寄壑源试焙新茶》：

仙山灵草湿行云，洗遍香肌粉末匀，明月来投玉川子，清风吹破武林春。

要知玉雪心肠好，不是膏油首面新；戏作小诗君勿笑，从来佳茗似佳人。

作为仙山灵草的壑源茶树，为云雾所滋润。壑源在北苑旁，北苑产贡茶归皇室，壑源茶堪与北苑茶媲美，因非作贡，士大夫可享用。其制法与北苑茶一样，茶芽采下要用清水淋洗，然后蒸，蒸过再用冷水淋洗，然后入榨去汁，再研磨成末，入型模拍压成团、成饼，饰以花纹，涂以膏油饰面，烘干装箱。因加工中有淋洗和研末，所以称"洗遍香肌粉末匀"。"明月"是团饼茶的借代，"玉川子（卢仝）"是作者的自称，喻指曹辅寄来壑源试焙的像明月一样的圆形团饼新茶给作者。因杭州有武林山，武林也就成为杭州的别称，而此时苏轼正在杭州太守任上。作者饮了此茶后不觉清风生两腋，从而感到杭州的春意。研末的茶芽如玉似雪，心肠则指茶叶的内在品质，颔联是说壑源茶内在品质很好，不是靠涂膏油而使茶表面上新鲜。香肌、粉匀、玉雪、心肠、膏油、首面，似写佳人。最后，作者画龙点睛，将佳茗比作佳人。二者共同之处在于都是天生丽质，不事表面装饰，内质优异。这句诗与诗人另一首诗中"欲把西湖比西子，淡妆浓抹总相宜"之句有异曲同工之妙。

（4）耶律楚材与谢宗可 元朝时期不长，而且崇尚武功，所以比之唐宋，咏茶诗人要少得多。元代的咏茶诗人有耶律楚材、虞集、马钰、洪希文、谢宗可、刘秉忠、张翥、袁桷、黄庚、萨都剌、倪瓒等。元代茶叶诗词题材也有名茶、煎茶、饮茶、名泉、茶具、采茶、茶功等。名茶诗有刘秉忠的《尝云芝茶》等，煎茶诗有谢宗可的《雪煎茶》，茶具诗有谢宗可的《茶筅》。

耶律楚材（1190—1244），字晋卿，契丹族，辽皇族子弟，先为辽太宗定策立制，后为成吉思汗所用。著名诗人，喜弹琴饮茶，"一曲离骚一碗茶，个中真味更何家"（《夜座弹离骚》）。从军西域期间，茶难求，以至向友人讨茶。并写下《西域从王君玉乞茶，因其韵七首》，这里选前后两首：

之一

积年不啜建溪茶，心窍黄尘塞五车。碧玉瓯中思雪浪，黄金碾畔忆雷芽。

卢仝七碗诗难得，谂老三瓯梦亦赊。敢乞君侯分数饼，暂教清兴绕烟霞。

之七

啜罢江南一碗茶，枯肠历历走雷车。黄金小碾飞琼雪，碧玉深瓯点雪芽。

笔阵阵兵诗思勇，睡魔卷甲梦魂赊。精神爽逸无余勇，卧看残阳补断霞。

第一首诗感叹说自己多年没喝到建溪茶了，心窍被黄尘塞满。时时忆念"黄金碾畔"

的"雷芽"，"碧玉瓯中"的"雪浪"。既不能像卢仝诗中连饮七碗，也不能梦想像赵州和尚那样连吃三瓯，只期望王玉能粉几块茶饼。

第七首诗则说，只喝了一碗江南的茶，枯肠润泽能跑雷车。黄金茶碾磨茶时碾畔茶粉像玉屑一样纷飞，在碧玉深瓯中点江南雪芽茶。饮后觉得诗思泉涌，睡魔卷甲逃遁，精神爽逸，惬意地卧看落日、晚霞。

谢宗可有《咏物》诗一卷传世，《茶筅》是其中的一首：

此君一节莹无暇，夜听松风漱玉华。万缕引风归蟹眼，半瓶飞雪起龙芽。

香凝翠发云生脚，湿满苍髯浪卷花。到手纤毫皆尽力，多因不负玉川家。

茶筅是点茶用具，截竹为之，一头剖成细丝如筅帚状。点茶时执之在茶盏中旋转搅拌，谓之击拂，直至盏面乳雾汹涌、周廻不动乃止。该诗首写茶筅晶莹无瑕，当蟹眼乍起、松风初鸣之时，提瓶注汤点茶。在茶筅的击拂下，盏面卷起乳花，香凝翠发，成云头雨脚，筅丝自然也被浸湿。每一根筅丝都尽职尽力，起到了作用，是为了不辜负像玉川子卢仝那样的品茶行家。

◢ 2. 茶词

词萌于唐，而大兴于宋。宋代文学，词领风骚。宋代茶文学在茶诗、茶文之外，又有了茶词这样一个新形式。宋以后，茶词创作不断，但佳作不多。

（1）苏轼　苏轼的《西江月》别开生面，对当时的名茶、名泉和斗茶作了生动形象的赞美：

龙焙今年绝品，谷帘自古珍泉。雪芽双井散神仙，苗裔来从北苑。

汤发云腴酽白，盏浮花乳轻圆，人间谁敢更争妍，斗取红窗粉面。

苏轼的《水调歌头》，描写建安茶的采摘、加工、点试、品饮和功效：

已过几番雨，前夜一声雷。旗枪争战建溪，春色占先魁。采取枝头雀舌，带露和烟捣碎，结就紫云堆。轻动黄金碾，飞起绿尘埃。

老龙团，真凤髓，点将来。兔毫盏里，霎时滋味舌头回。唤醒青州从事，战退睡魔百万，梦不到阳台。两腋清风起，我欲上蓬莱。

苏轼《行香子》：

绮席才终，欢意犹浓，酒阑时、高兴无穷。共夸君赐，初拆臣封。看分香饼，黄金缕，密云龙。

斗赢一水，功敌千钟，觉凉生、两腋清风。暂留红袖，少却纱笼。放筅歌散，庭馆静，略从容。

酒席已终，但大家意兴阑珊，于是继续茶会，进行斗茶。有人拿出皇帝赐赏的北苑产"密云龙"茶来，金丝饰面。斗茶会中红袖美女笙歌助兴，煞是热闹。但没有不散的宴席，终归人去馆静。"密云龙"茶为福建特产，仅供皇帝和皇太后专用，宰相、翰林学士受此赏赐，无不倍感荣幸，所以苏轼在词中要让门生亲眼看他拆封，一同慢慢受用；喝了之后顿觉浑身凉爽，两腋生风，仿佛进入仙境。

（2）黄庭坚　黄庭坚《品令·茶》：

凤舞团团饼，恨分破，教孤令。金渠体净，只轮慢碾，玉尘光莹。汤响松风，早减了二分酒病。

味浓香永，醉乡路，成佳境。恰如灯下，故人万里，归来对影。口不能言，心下快活自省。

这篇咏茶词写团饼茶的碾磨、点试、品饮的情形。把茶比作旧日好友万里归来，灯下对坐，悄然无言，心心相印，欢快之至，将品茗时只可意会不可言传的特殊感受化为鲜明可见的视觉形象。

（3）秦观（1049—1100）　字少游，又字太虚，号淮海居士。其《满庭芳（茶词）》：

雅燕飞觞，清谈挥麈，使君高会群贤。密云双凤，初破缕金团。窗外炉烟似动，开瓶试、一品香泉。轻淘起，香生玉乳，雪溅紫瓯圆。

娇鬟，宜美盼，双擎翠袖，稳步红莲。坐中客翻愁，酒醒歌阑。点上纱笼画烛，花骢弄、月影当轩。频相顾，馀欢未尽，欲去且留连。

上阕写群贤高会的茶饮之欢，雅燕飞觞，清谈挥麈，分密云龙茶，试一品香泉；下阕写侍茶美女顾盼动人与茶客之流连忘返。

其《满庭芳（咏茶）》：

北苑研膏，方圭圆璧，名动万里京关。碎身粉骨，功合上凌烟。尊俎风流战胜，降春睡、开拓愁边。纤纤捧，香泉溅乳，金缕鹧鸪斑。

相如，方病酒，一觞一咏，宾有群贤。便扶起灯前，醉玉颓山。搜揽胸中万卷，还倾动、三峡词源。归来晚，文君未寝，相对小妆残。

其他如黄庭坚《西江月·茶》《踏莎行·茶》《阮郎归·茶》、李清照《摊破浣溪沙·莫分茶》、王安中《临江仙·和梁才甫茶》、毛滂《蝶恋花·送茶》、白玉蟾《水调歌头·咏茶》，都是茶词名作。

3. 茶曲

散曲是一种文学体裁，在元朝极为兴盛风行，因此，元代又有茶事散曲的出现，为茶文学领域，增添了新的形式。李德载的《阳春曲·赠茶肆》小令，便是茶曲的代表：

茶烟一缕轻轻飏，搅动兰膏四座香，烹煎妙手赛维扬。非是谎，下马试来尝。

黄金碾畔香尘细，碧玉瓯中白雪飞，扫醒破闷和脾胃。风韵美，唤醒睡希夷。

蒙山顶上春光早，扬子江心水味高，陶家学士更风骚。应笑倒，销金帐饮羊羔。

一瓯佳味侵诗梦，七碗清香胜碧筒，竹炉汤沸火初红。两腋风，人在广寒宫。

兔毫盏内新尝罢，留得余香在齿牙，一瓶雪水最清佳。风韵煞，到底属陶家。

这些小令，将饮茶的情景、情趣一一道出，虽玲珑短小，却韵味尽出。

张可久《山斋小集》，石鼎烹茶，诗酒生涯，逍遥自在，不尚奢华：

玉笛吹老碧桃花，石鼎烹来紫笋茶。山斋看了黄荃画，茶蘼香满筢，自然不尚奢华。醉李白名千载，富陶朱能几家？贫不了诗酒生涯。

4. 茶事散文

宋元茶事散文体裁丰富多样，有赋、记、表、序、跋、传、铭、奏、疏等，数量较唐代有较大发展。

吴淑（947—1002），字正仪，也作《茶赋》，铺陈、历数茶之功效、典故和茶中珍品：

夫其涤烦疗渴，换骨轻身，茶荈之利，其功若神。则有渠江薄片，西山白露。云垂绿脚，香浮碧乳。挹此霜华，却兹烦暑。清文既传于杜育，精思亦闻于陆羽。……

黄庭坚也善辞赋，他的《煎茶赋》对饮茶的功效，品茶的格调，佐茶的宜忌，作了生动的描述。

苏轼在叙事散文《叶嘉传》中塑造了一个胸怀大志，威武不屈，敢于直谏，忠心报国的叶嘉形象。叶嘉，"少植节操""容貌如铁，资质刚劲""研味经史，志图挺立""风味恬淡，清白可爱""有济世之才""竭力许国，不为身计"可谓德才兼备。

《叶嘉传》通篇没有一个"茶"字，但细读之下，茶却又无处不在，其中的茶文化内涵丰厚。苏轼巧妙地运用了谐音、双关、虚实结合等写作技巧，对茶史、茶的采摘和制造、茶的品质、茶的功效、茶法，特别是对宋代福建建安龙团凤饼贡茶的历史和采摘、制造，宋代典型的饮茶法——点茶法有着具体、生动、形象的描写。叶嘉其实是苏轼自身的人格写照，更是茶人精神的象征。《叶嘉传》是苏轼杰出的文学才华和丰富的茶文化知识相结合的产物，是古今茶文中的一篇奇文杰作：

叶嘉，闽人也，其先处上谷。曾祖茂先，养高不仕，好游名山。至武夷，悦之，遂家焉。……至嘉，少植节操。或劝之业武，曰：吾当为天下英武之精。一枪一旗，岂吾事哉。因而游见陆先生，先生奇之，为著其行录，传于世。……臣邑人叶嘉，风味恬淡，清白可爱，颇负其名，有济世之才，虽羽知犹未详也。……嘉子二人，长曰抟，有父风，袭爵。次曰挺，抱黄白之术。比于抟，其志尤淡泊也。……

（三）茶艺术的拓展

1. 茶戏剧

茶叶深深浸入中国人的生活之中，茶事自然被戏剧所表现和反映。所以，不但剧中有茶事的内容、场景，有的甚至全剧即以茶事为背景和题材。中国戏剧成熟于宋元时期，宋元戏剧中就有许多反映茶事活动的内容。

（1）《寻亲记·惩恶》 宋元南戏《寻亲记》（作者佚名）第二十三出《惩恶》，写开封府尹范仲淹微服私访，在茶馆向茶博士探问恶霸张敏的罪恶行径。该剧从侧面反映了宋元时期茶馆发达的情形。

（2）《苏小卿月夜贩茶船》 该戏由元代著名剧作家王实甫编剧。故事发生在南宋初年，才貌双全的名妓苏小卿对江南才子双渐情有独钟，但无缘相识。茶商冯魁，对小卿的美色垂涎三尺，却遭小卿拒绝。冯魁强抢小卿，双渐恰好路过，救下小卿。鸨母乘双渐科举应试之机，将苏小卿卖与冯魁作妾。苏小卿被骗上冯魁的茶船，冯魁星夜启程赶往江西贩茶。中途船泊金山寺，苏小卿上岸在寺壁题诗诉恨而去。双渐考中进士后授官江西临川令，赴任路过金山寺时看到苏小卿的题诗，一路追寻至江西。经官府判断，终与苏小卿结为夫妻。

九江襟江带湖，水运交通方便，附近的饶州、徽州等地又是重要产茶区，因而成为重要的茶叶集散地。冯魁到江西贩茶，反映的是宋代茶叶贸易的基本事实。

2. 茶歌

宋时由茶叶诗词而转为茶歌的这种情况较多，如熊蕃在《御苑采茶歌》的序文中称："先朝漕司封修睦，自号退士，曾作《御苑采茶歌》十首，传在人口。"这里所谓"传在人口"，就是歌唱在民间。

作为民歌中的一种，竹枝词极富有节奏感和音律美，而且在表演时有独唱、对唱、联唱等多种形式。南宋范成大《夔州竹枝歌》："白头老媪簪红花，黑头女娘三髻丫。背上儿眠上山去，采桑已闲当采茶。"此茶歌采用四川奉节的民歌竹枝词这种形式来描写采茶的大忙季节，白头老媪与背着孩子的黑头女娘都上山采茶去了，充满了农村的生活气息。

3. 茶事书法

（1）蔡襄《思咏帖》等 蔡襄不仅是书法家，也是茶人，曾著《茶录》二篇。《茶录》用小楷书写，也曾凿刻勒石，是其小楷书法代表作。

蔡襄有关茶的书法，尚有《北苑十咏》《即惠山泉煮茶》两件诗书和两件手札《精茶帖》《思咏帖》（图4-5）。《思咏帖》中有"王白今岁为游闰所胜，大可怪也"，在建安斗茶中，以白茶为上，但王家白茶输于游闰家，所以让人觉得不可思议。末尾"大饼极珍物，青瓯微粗。

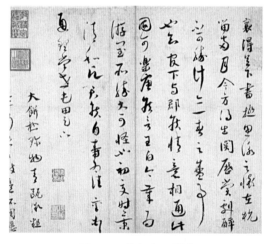

图4-5 蔡襄《思咏帖》

临行匆匆致意，不周悉。""大饼"当指
大龙团贡茶，本是皇家享用品，故属"极
珍物"。"青瓯"当指青色茶瓯。书体属草
书，字字独立而笔意暗连，用笔空灵生
动，精妙雅严。

（2）苏轼《啜茶帖》《啜茶帖》（图
4-6）："道源无事，只今可能枉顾啜茶
否？有少事须至面白。孟坚必已安也。
轼上，恕草草。"《啜茶帖》也称《致道
源帖》，是苏轼于元丰三年（1080年）写
给道源的一则便札，邀请道源来饮茶，并
有事相商。行书，纸本，用墨丰赡而骨力
洞达，所谓无意于嘉而嘉。

（3）黄庭坚《奉同公择尚书咏茶碾煎
啜三首》 行书，中宫严密。内容是其自
作诗三首，建中靖国元年（1101年）八月
十三日书（图4-7），第一首写碾茶，"要及
新香碾一杯，不应传宝到云来。碎身粉
骨方余味，莫厌声喧万壑雷"；第二首写
煎茶，"风炉小鼎不须催，鱼眼常随蟹
眼来。深注寒泉收第二，亦防枵腹爆干
雷"；第三首写饮茶，"乳粥琼糜泛满杯，
色香味触映根来。睡魔有耳不及掩，直
拂绳床过疾雷。"

图 4-6 苏轼《啜茶帖》

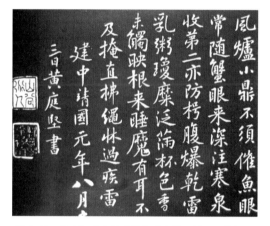

图 4-7 黄庭坚《奉同公择尚书咏茶碾煎啜三首》

4. 茶事绘画

（1）赵佶《文会图》 赵佶（1082—1135），宋徽宗皇帝，精通茶艺，擅长书法、人
物花鸟画。

此画描绘了文人会集的盛大场面。在一个优雅的庭院中的大树下，巨型贝雕黑漆桌
案上有丰盛的果品、各种杯盏等。八文士们围桌而坐，两文士离席起身与旁边人交谈，
左边大树下有两文士站着交谈，人物神态各异，潇洒自如，或交谈，或举杯，或凝坐。
二侍者端捧杯盘，往来其间。另有数侍者在炭火桌边忙于温酒、备茶，场面气氛热烈，
人物神态逼真。

画中有一备茶场景，可见方形风炉、汤瓶、白茶盏、黑盏托、都篮等茶器，一侍者正从茶罐中量取茶粉置茶盏，准备点茶。画的主题虽是文人雅集，茶却是其中不可缺少的内容，反映出文人与茶的密切关系。

（2）刘松年《撵茶图》等　刘松年，生平不详，与李唐、马远、夏圭合称"南宋四大家"，擅长人物画。

《撵茶图》（图4-4）为工笔白描，描绘了从磨茶到烹点的具体过程、用具和点茶场面。画中左前方一仆役坐在矮几上，正在转动茶磨磨茶。旁边的桌上有筛茶的茶罗、贮茶的茶盒、茶盏、盏托、茶筅等。另一人正伫立桌边，提着汤瓶在大茶瓯中点茶，然后到分桌上小托盏中饮用。他左手桌旁有一风炉，上面正在煮水，右手旁边是贮水瓮，上覆荷叶。一切显得十分安静、整洁有序。画面右侧有三人，一僧伏案执笔作书，一人相对而坐，似在观赏，另一人坐其旁，双手展卷，而眼神却在欣赏僧人作书。画面充分展示了贵族官宦之家讲究品茶的生动场面，是宋代点茶的真实写照。

刘松年存世茶画尚有《茗园赌市图》《卢仝烹茶图》《斗茶图》（图4-9）等。《斗茶图》中茶贩四人歇担路旁，似为路遇，相互斗茶，各个夸耀。画面上山石瘦削，松槐交错，枝叶繁茂，下覆茅屋。卢仝拥书而坐，赤脚女婢治茶具，长须男仆肩壶汲泉。

（3）河北宣化下八里辽墓壁画中的茶画　20世纪后期在河北省张家口市宣化区下八里村考古发现一批辽代的墓葬，墓葬内绘有一批茶事壁画。虽然艺术性不高，有些器具比例失调，却也线条流畅，人物生动，富有生活情趣，真实地描绘了当时流行的点茶

图4-8　赵佶《文会图》

扫码看上图

扫码看下图

图4-9　刘松年《斗茶图》

技艺的各个方面。

（四）茶书始兴

现存宋代茶书有陶穀《荈茗录》、叶清臣《述煮茶小品》、蔡襄《茶录》、宋子安《东溪试茶录》、黄儒《品茶要录》、赵佶《大观茶论》、熊蕃《宣和北苑贡茶录》、赵汝砺《北苑别录》、曾慥《茶录》、审安老人《茶具图赞》共十种。其中九种撰于北宋，唯《茶具图赞》撰于南宋末年。

散佚的茶书尚有丁谓《北苑茶录》、周绛《补茶经》、刘异《北苑拾遗》、沈括《茶论》、曾伉《茶苑总录》、桑庄《茹芝续茶谱》等。现存宋代茶书，几乎全是围绕北苑贡茶的采制和品饮而作。

宋元时期茶贵建州，建安北苑龙团凤饼风靡天下。在饮茶方式上，一改唐代的煎茶，而流行点茶、斗茶。蔡襄《茶录》详录了点茶的器具和方法，斗茶时色香味的不同要求，提出斗茶胜负的评判标准。《茶录》分上下两篇，上篇论茶，分色、香、味、藏茶、炙茶、碾茶、罗茶、候汤、熁盏、点茶十目，谈及茶的色、香、味和烹点方法。下篇论器，分茶焙、茶笼、砧椎、茶铃、茶碾、茶罗、茶盏、茶匙、汤瓶九目，论述点茶所用之器具。

黄儒《品茶要录》，全书约有一千九百字。前后各有总论、后论一篇，中分采造过时、白合盗叶、入杂、蒸不熟、过熟、焦釜、压黄、渍膏、伤焙、辨壑源沙溪等十目。对于茶叶采制不当对品质的影响及如何鉴别茶的品质，提出了十说。此书并非讨论通常意义的茶的品饮，而是关于茶叶品质优劣的辨识的专门论著。

宋徽宗赵佶的《大观茶论》，分地产、天时、采择、蒸压、制造、鉴别、白茶、罗碾、盏、筅、瓶、杓、水、点、味、香、色、藏焙、品名等二十目。对北宋时期蒸青团茶的产地、采制、烹试、品质、斗茶风尚等均有详细记述，对于地宜、采制、烹试、品质等，讨论相当切实。列举外焙茶虽精工制作，外形与正焙北苑茶相仿，但其形虽同而无风格，味虽重而乏馨香之美，总不及正焙所产的茶，指出生态条件对茶叶品质形成的重要性。

熊蕃《宣和北苑贡茶录》详述了宋代福建贡茶的历史及制品的沿革及四十余种茶名（图4-10）。蕃子克又附图及尺寸大小，可谓图文并茂，使我们对北苑龙凤贡茶有了直观的认识，具有很高的史料价值。

南宋审安老人《茶具图赞》是现存最古的一部茶具专书（图4-11）。选取了点茶的十二种茶器具绘成图，根据其特性和功用赋予其官职，并姓名字号。同时也为每种茶具题了赞语。使我们对点茶的器具有了直观的认识，从中可见宋代茶具的形制。

茶文学兴于唐而盛于宋。茶诗方面，梅尧臣、范仲淹、欧阳修、苏轼、苏辙、黄庭坚、秦观、陆游、范成大、杨万里等佳作迭起。茶文方面，有梅尧臣《南有佳茗赋》、吴淑《茶赋》、黄庭坚《煎茶赋》，而苏轼《叶嘉传》更是写茶的奇文。茶词是宋人的独创，苏轼、黄庭坚、秦观均有传世名篇。此外，宋代书法四大家苏轼、黄庭坚、米芾、蔡襄均有茶事书法传世，赵佶《文会图》、刘松年《撵茶图》、辽墓茶道壁画反映点茶道风靡天下。都城汴梁、临安的茶馆盛极一时，建窑黑釉盏随着斗茶之风流行天下。宋徽宗以帝王的身份亲撰茶书、茶诗，亲手点茶。在北宋中后期，形成了中华茶文化的第二个高峰。

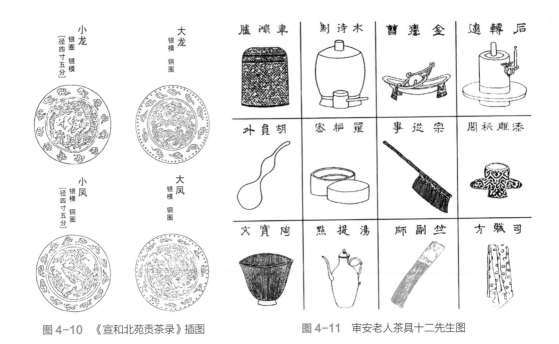

图 4-10　《宣和北苑贡茶录》插图　　　　图 4-11　审安老人茶具十二先生图

二、明代茶文化

明初废团茶，继而散茶大兴，促进了绿茶茶叶加工技术的发展和新茶类的创立。有明一代，先是流行蒸青散茶，后来炒青和烘青散茶日盛。明代名茶主要有虎丘茶、天池茶、罗岕茶、松萝茶、六安茶、龙井茶、武夷茶、阳羡茶等。

（一）饮茶的盛行

❥ 1. 茶会盛行

文徵明《惠山茶会图》描绘了正德十三年（1518年）清明时节，文徵明同好友蔡羽、汤珍、王守、王宠等人在惠山山麓的二泉亭举行清明茶会，这幅画令人领略到明代文人茶会的艺术化情趣（图4-12）。

惠山茶会由来已久，惠山寺住持普真（性海），喜与文士交往，晚年住听松庵。明洪武二十八年（1395年），普真请湖州竹工编制竹炉。竹炉高不满尺，上圆下方，以喻天圆地方。竹炉制成后，普真汲泉煮茶，常常接待四方文人雅士，举行竹炉茶会、诗会。当时

扫码看大图

图 4-12
文徵明
《惠山茶会图》

无锡画家王绂，专门为竹炉绘图，学士王达等为竹炉记序作诗，构成《竹炉图卷》，成为明代惠山一件盛事。成化十二年（1476）、成化十九年（1483）、正德四年（1509），以听松庵竹茶炉为中心，又举行三次题咏茶会。惠山竹炉茶会延续到清代乾隆时期，清代又举行两次。

茶会于明代尤其盛行，有园庭、社集、山水、茶寮四种茶会类型（吴智和《明人饮茶生活文化》，台北：明史研究小组，1996年）。

2. 茶馆兴盛

元明以来，曲艺、评话兴起，茶馆成了这些艺术活动的理想场所。茶馆中的说书一般在晚上，以下层劳动群众听者为多。明代市井文化的发展，使茶馆更加走向大众化。

明代的茶馆较之宋代，最大的特点是更为雅致精纯，茶馆饮茶十分讲究，对水、茶、器都有一定的要求。张岱在《露兄》一文中写到，崇祯年间，绍兴城内有家茶店用水用茶特别讲究，"泉实玉带，茶实兰雪。汤以旋煮，无老汤，器以净涤，无秽器。其火候汤候，有天合之者。"

明代，南京茶馆也进入了鼎盛时期，它遍及大街小巷水陆码头，成了市民们小憩、消乏的场所。明末吴应箕所著《留都风闻录》载："金陵栅口有'五柳居'，柳在水中，罩笼轩楹，垂条可爱。万历戊午年，一僧赁开茶舍。"张岱在《闵老子茶》中记歙人闵汶水于明末在南京桃叶渡开茶馆，天下闻名。

3. 茶具的兴盛

（1）**陶瓷茶具**　明代直接在茶盏或瓷壶或紫砂壶中泡茶成为时尚，茶具也因饮茶方式的改变而发生了相应的改变，从而使茶具在釉色、造型、品种等方面产生了一系列的变化。由于白色的瓷器最能衬托出叶茶所泡出的茶汤的色泽，茶盏的釉色也由原来的黑色转为白色，摒弃了宋代的黑釉盏。"宣庙时有茶盏，料精式雅，质厚难冷，莹白如玉，可试茶色，最为要用"（屠隆《茶笺》）。"茶盏惟宣窑坛盏为最，质厚白莹，样式古雅有等。宣窑印花白瓯，式样得中而莹然如玉。次则嘉窑心内茶字小盏为美。欲试茶色黄白，岂容青花乱之"（高濂《遵生八笺》）。"茶瓯以白磁为上，蓝者次之"（张源《茶录》）。这些文献记载都说明当时崇尚白釉盏，以便观茶色。

茶壶也于明代广泛使用，流的曲线部位增加成S形，流与把手的下端设在腹的中部，结构合理，更易于倾倒茶水，并且能减少茶壶的倾斜度。流与壶口平齐，使茶水可以保持与壶体的高度而不致外溢。

明代以壶泡茶，以杯盏盛之，杯盏的式样也与前代有所不同。如永乐青花瓷器中的压手杯，其胎体由口沿而下渐厚，坦口，折腰，圈足，执于手中正好将拇指和食指稳稳压住，并有凝重之感，故有"压手杯"之称。造型轻盈玲珑的明代各式青花小杯，纹饰各有不同，千姿百态。

（2）**紫砂茶具**　宜兴紫砂茶具，明代以来异军突起，在众多茶具中独树一帜。紫砂茶具以宜兴品质独特的陶土烧制而成，土质细腻，含铁量高，具有良好的透气性能和吸水性能，最能保持和发挥茶的色、香、味。"壶以砂者为上，盖既不夺香，又无熟汤气"（明代文震亨《长物志》）。

明中期至明末的上百年中，宜兴紫砂艺术突飞猛进地发展起来。紫砂壶造型精美，色泽古朴，光彩夺目，成为艺术作品。"宜兴罐以龚春为上，一砂罐，直跻商彝周鼎之列而毫无愧色"（张岱《陶庵梦忆》），名贵可想而知。紫砂茶具经过民间艺术家和文人墨客的改进、创新、融会了文学、书法、绘画、篆刻等多种艺术手法，令人爱不释手。

从万历到明末是紫砂茶具发展的高峰，前后出现制壶"四名家"和"三大妙手"。"四名家"为董翰、赵梁、元畅（袁锡）、时朋。董翰以文巧著称，其余三人则以古拙见长。"三大妙手"指的是时大彬和他的两位高足李仲芳、徐友泉。时大彬为时朋之子，最初仿供春，喜欢做大壶。后来根据文人士大夫的雅致品味把砂壶缩小，更加符合品茗的趣味。他制作的大壶古朴雄浑，传世作品有菱花八角壶、提梁大壶、朱砂六方壶、僧帽壶（图4-13）等；制作的小壶令人叫绝，当时就有"千奇万状信手出""宫中艳说大彬壶"的赞誉。李仲芳制壶风格趋于文巧，而徐友泉善制汉方、提梁等。

明朝天启年间，惠孟臣制作的紫砂小壶，造型精美，别开生面。因他制的壶都落有"孟臣"款，遂习惯称为"孟臣壶"。此外，李养心、邵思亭擅长制作小壶，世称"名玩"。欧正春、邵氏兄弟、蒋时英等人，借用历代陶器、青铜器和玉器的造型、纹饰制作了不少超越古人的作品，广为流传。

（二）茶文学的继续

1. 茶诗词

明清时期茶诗词而论，无论是内容，还是形式体裁，比之唐宋却逊色不少。当然，这与

图4-13　时大彬僧帽壶

中国文学本身的发展演变也有关。时至明清，诗词已失去了在唐宋时期的主导地位，让位于小说。因此，明清时期茶诗词的衰微也是可以想见的。

明代茶诗的作者主要的有谢应芳、陈继儒、徐渭、文徵明、于若瀛、黄宗羲、陆容、高启、徐祯卿、唐寅、袁宏道等。茶诗体裁不外乎古风、律诗、绝句、竹枝词、宫词等，题材有名茶、泡茶、饮茶、采茶、造茶、茶功等。

茶诗以咏龙井茶最多，如于若瀛的《龙井茶歌》、屠隆的《龙井茶》、陈继儒《试茶》、吴宽的《谢朱懋恭同年寄龙井茶》等。其他名茶如瀑布茶（黄宗羲的《余姚瀑布茶》诗）、虎丘茶（徐渭的《某伯子惠虎丘茗谢之》）、石埭茶（徐渭的《谢钟君惠石埭茶》）、阳羡茶（谢应芳的《阳羡茶》）、雁山茶（章元应的《谢洁庵上人惠新茶》）、君山茶（彭昌运的《君山茶》）等。

茶词有王世贞的《解语花——题美人捧茶》，王世懋的《苏幕遮——夏景题茶》等。

徐渭（1521—1593），字文长，号天池山人、青藤居士，明代文学家、书画家，曾著《茶经》（已佚）。其作《某伯子惠虎丘茗谢之》：

虎丘春茗妙烘蒸，七碗何愁不上升。青箬旧封题谷雨，紫砂新罐买宜兴。

却从梅月横三弄，细搅松风炧一灯。合向吴侬彤管说，好将书上玉壶冰。

虎丘茶是产自苏州的明代名茶，与长兴的罗岕茶、休宁的松萝茶齐名。从"妙烘蒸"来看，似为蒸青绿散茶。为适应散茶的冲泡需要，明代宜兴的紫砂壶异军突起，风靡天下，"紫砂新罐买宜兴"正是说明了这种情况。

陈继儒（1558—1639），字仲醇，号眉公，工诗文，善书画，与董其昌齐名。曾著《茶话》《茶董补》，其《试茶》诗推重龙井茶：

龙井源头问子瞻，我亦生来半近禅。泉从石出情宜冽，茶自峰生味更圆。

此意偏于廉士得，之情那许俗人专。蔡襄凤辨兰芽贵，不到兹山识不全。

苏轼曾在老龙井处的广福禅院与辩才和尚品茗谈禅，故有"龙井源头问子瞻"。用龙井泉泡龙井茶，相得益彰。诗的最后说蔡襄一味推崇兰芽茶，是因为他未到龙井地而认识上有偏颇。

▌ 2. 茶事散文

张大复（1554—1630），字元长，号寒山子，又号病居士。《梅花草堂笔谈》是其代表作，其中记述茶、水、壶的有30多篇，如《试茶》《茶说》《茶》《饮松萝茶》《武夷茶》《云雾茶》《天池茶》《紫笋茶》等篇记述了各地名茶和品饮心得。《此坐》：

一鸠呼雨，修篁静立。茗碗时共，野芳暗渡，又有两鸟咿嘤林外，均节天成。童子倚炉触屏，忽鼾忽止。念既虚闲，室复幽旷，无事此坐，长如小年。

茂林修竹，暗香浮动，鸟鸣童鼾，雅室幽旷，独坐无事，心虚念闲，忘时光之流逝。

明末清初张岱（1597—约1680），字石公，号陶庵，性情散淡，喜游山玩水，读书品茶，曾著《茶史》。其《闵老子茶》：

> 周墨农向余道闵汶水茶不置口。戊寅九月，至留都，抵岸，即访闵汶水于桃叶渡。日晡，汶水他出。迟其归，乃婆娑一老。方叙话，遽起曰："杖忘某所。"又去。余曰："今日岂可空去？"迟之又久，汶水返，更定矣。睨余曰："客尚在耶！客在奚为者？"余曰："慕汶老久，今日不畅饮汶老茶，决不去。"汶水喜，自起当炉。茶旋煮，速如风雨。导至一室，明窗净几，荆溪壶、成宣窑磁瓯十余种，皆精绝。灯下视茶色，与磁瓯无别，而香气逼人，余叫绝。余问汶水曰："此茶何产？"汶水曰："阆苑茶也。"余再啜之，曰："莫绐余！是阆苑制法，而味不似。"汶水匿笑曰："客知是何产？"余再啜之，曰："何其似罗岕甚也？"汶水吐舌曰："奇，奇！"余问："水何水？"曰："惠泉。"余又曰："莫绐余！惠泉走千里，水劳而圭角不动，何也？"汶水曰："不复敢隐。其取惠水，必淘井，静夜候新泉至，旋汲之。山石磊磊藉瓮底，舟非风则勿行，故水之生磊。即寻常惠水，犹逊一头地，况他水耶！"又吐舌曰："奇，奇！"言未毕，汶水去。少顷，持一壶满斟余曰："客啜此。"余曰："香扑烈，味甚浑厚，此春茶耶。向瀹者是秋采。"汶水大笑曰："予年七十，精赏鉴者无客比。"遂定交。

明末，徽州休宁人闵汶水，在南京秦淮河桃叶渡开茶肆，大学士董其昌为题额"云脚间勋"。其茶艺高超，名扬天下。天下名流纷纷以结交闵汶水、品尝闵汶水所泡茶为荣。闵汶水在名流圈中，俨然以"汤社主风雅"。本文回忆往年拜访闵汶水、品茗较试的故事，名泉（惠泉）瀹名茶（罗岕），砂壶斟瓷瓯，香气逼人。高手过招，表面平静、不动声色，实则惊心动魄。两人皆是鉴泉品茗高手，因茶定交，留下一段佳话。

张岱的其他散文作品，如《与胡季望》《兰雪茶》《禊泉》《阳和泉》《砂罐锡注》《露兄》等，都是著名茶事小品散文。

晚明小品文，写茶事颇多，公安、竟陵派作家，大都有茶文传世。

3. 茶事小说

明清时期，古典茶事小说发展进入巅峰时期，众多传奇小说和章回小说都出现描写茶事的章节。《金瓶梅》《水浒传》《西游记》《三言二拍》等明清小说，有着许多对饮茶习俗、饮茶艺术的描写。

中国古代小说描写饮茶之多，当推《金瓶梅》为第一。《金瓶梅》为我们描绘了一幅明代中后期市井社会的饮茶风俗画卷，全书写到茶事的有800多处。以花果、盐姜、蔬品入茶佐饮，表现出市井社会饮茶的特殊性。嚼式的香茶，让我们看到了古代奇特的茶品。茶具的贵重化和工艺化，体现了商人富豪的生活追求。《金瓶梅》也写到清饮茶即不入杂物的茶叶，如第二十一回"吴月娘扫雪烹茶，应伯爵替花勾使"中，天降大雪，与西门庆及家中众人在花园中饮酒赏雪的吴月娘骤生雅兴，叫小玉拿着茶罐，亲自扫雪，烹江南风团雀舌牙茶。《金瓶梅》小说中表现了日常生活的不可离茶，茶坊的存在、茶与风俗礼仪的结合，反映了民间饮茶生活的普及。

（三）茶艺术的继续

1. 茶戏剧

戏剧家高濂的《玉簪记》，写才子潘必正与陈娇莲的爱情故事，是中国古代十大喜剧之一。两人由父母指腹联姻，以玉簪为聘，后因金兵南侵而分离。《幽情》一折写陈娇莲在动乱中与母亲走散，金陵城外女真观观主将其收留，取法名妙常。潘必正会试落第，投姑母——女真观观主处安身，与妙常（陈娇莲）意外相逢。一天，妙常煮茗焚香，相邀潘必正叙谈。妙常有言道："一炷清香，一盏茶，尘心原不染仙家。可怜今夜凄凉月，偏向离人窗外斜。"潘、陈以茶叙谊，倾吐离人情怀。

戏剧家汤显祖的代表作《牡丹亭》，写杜丽娘和柳梦梅的爱情故事，全剧共55出。在第八出《劝农》中，描写了杜丽娘之父、南安太守杜宝春日下乡劝农。一老妇边采茶边唱歌："乘谷雨，采新茶，一旗半枪金缕芽。学士雪炊他，书生困想他，竹烟新瓦。"杜宝为此叹曰："只因天上少茶星，地下先开百草精。闲煞女郎贪斗草，风光不似斗茶清。"表现谷雨节气的采茶活动。

《鸣凤记》，相传系王世贞（1529—1590）编剧。全剧写权臣严嵩杀害忠良夏言、曾铣，杨继盛痛斥严嵩有五奸十大罪状而遭惨戮。《吃茶》一出写的是杨继盛访问附势趋权的赵文华，在奉茶、吃茶之机，借题发挥，展开了一场唇枪舌剑。

2. 茶歌

茶歌的来源主要有三种，一是由诗而歌，也即由文人的作品而变成民间歌词的。再一个也是主要的来源，即是茶农和茶工自己创作的民歌或山歌。

茶歌的第三种来源，是由谣而歌，民谣经文人的整理配曲再返回民间。如明代正德年间浙江富阳一带流行的《富阳江谣》。这首民谣以通俗朴素的语言，通过一连串的问句，唱出了富阳地区采办贡茶和捕捉贡鱼，百姓遭受的侵扰和痛苦。这首歌谣大概是现在能见到的最早的茶山歌谣：

"富春江之鱼，富阳山之茶。鱼肥卖我子，茶香破我家。采茶妇，捕鱼夫，官府拷掠无完肤。昊天何不仁？此地一何辜？鱼何不生别县，茶何不生别都？富阳山，何日摧？富春水，何日枯？山摧茶亦死，江枯鱼始无！呜呼！山难摧，江难枯，我民不可苏！"

3. 茶事书法

（1）文彭《走笔谢孟谏议寄新茶》 文彭（1498—1573）字寿承，号三桥，文徵明长子。工书画，尤精篆刻，初学钟、王，后效怀素，晚年则全学过庭，而尤精于篆、隶。草书闲散不失章法，错落有致，神采风骨，兼其父文徵明和孙过庭之长，甚见功力。卢仝诗《走笔谢孟谏议寄新茶》是其草书（图4-14）的代表作，笔走龙蛇，结体自然，一气呵成。

（2）徐渭《煎茶七类》 徐渭（1521—1593），字文长，有天池山人、青藤道人、山阴布衣等别号，文学家、书画家。《煎茶七类》（图4-15）行书，带有较明显的米芾笔意，笔画挺劲而腴润，布局潇洒而不失严谨，与他的另外一些作品相比，此书多存雅致之气。

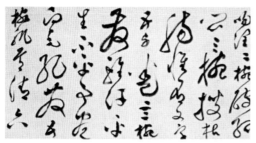
图4-14 文彭草书《走笔谢孟谏议寄新茶》（局部）

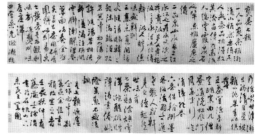
图4-15 徐渭《煎茶七类》

4. 茶事绘画

（1）文徵明《惠山茶会图》等 文徵明（1470—1559），明代著名诗人、书画家。此画（见前）描绘正德十三年（1518年）清明时节，文徵明同书画好友蔡羽、汤珍、王守、王宠等游览无锡惠山，在惠山山麓的"竹炉山房"以茶会友、饮茶赋诗。此画记录了他们在山间聚会畅叙友情的情景。画面景致是无锡市惠山一个充满闲适淡雅氛围的幽静处所：高大的松树，峥嵘的山石，树石之间有一井亭，亭内二人围井栏盘腿而坐，右一人腿上展书。松树下茶桌上摆放多件茶具，桌边方形竹炉上置壶烹泉，一童子在取火，一文士仁立拱手，似向井栏边两文士致意问候。亭后一条小径通向密林深处，曲径之上两个文士一路攀谈，漫步而来，观赏这幅画令人领略到明代文人茶会的艺术化情趣，可以看出明代文人崇尚清韵、追求意境。

文徵明尚有《品茶图》《茶具十咏图》《汲泉煮品图》《林榭煎茶图》《松下品茗图》《煮茶图》《煎茶图》《茶事图》《陆羽烹茶图》等茶事绘画。《品茶图》（图4-16）中茅屋正室，内置矮桌，桌上只有一壶二杯，主客对坐，相谈甚欢。侧室有泥炉砂壶，童子专心候火煮水。

扫码看大图　图4-16 文徵明《品茶图》

画上自题七绝："碧山深处绝尘埃，面面轩窗对水开。谷雨乍过茶事好，鼎汤初沸有朋来。"末识："嘉靖辛卯，山中茶事方盛，陆子傅对访，遂汲泉煮而品之，真一段佳话也。"可知该画作于嘉靖辛卯（1531年），屋中品茶叙谈者当是文徵明、陆子傅二人。

（2）唐寅《事茗图》 唐寅（1470—1523），字伯虎、子畏，号六如居士，明代著名书画家。其《事茗图》见图4-17。画面是青山环抱，林木苍翠，溪流潺潺，参天古树下，有茅屋数间。近处是山崖巨石，远处是云雾弥漫的高山，隐约可见飞流瀑布。正中是一片平地，有数椽茅屋，前立凌云双松，后种成荫竹树。茅屋之中一人正聚精会神伏案读书，书案一头摆着壶盏等茶具，墙边是满架诗书。边屋之中一童子正在煽火煮水。屋外右方，小溪上横卧板桥，一老者缓步策杖来访，身后一书童抱琴相随。画卷上人物神态生动，环境优雅，表现出幽人雅士品茗雅集的清幽之境，是当时文人学士山居闲适生活的真实写照。画卷后有唐寅用行书自题五言诗一首："日长何所事？茗碗自赍持，料得南窗下，清风满鬓丝。"

扫码看大图

图4-17 唐寅《事茗图》

唐寅尚有《品茶图》《烹茶图》《琴士图》《卢仝煎茶图》等茶事绘画十多件。

（3）丁云鹏《煮茶图》 丁云鹏（1547—1628），字南羽，号圣华居士，明代画家，擅长人物、佛像、山水画。《煮茶图》（图4-18）以卢仝煮茶故事为题材，但所表现的已非唐代煎茶而是明代的泡茶。图中描绘了卢仝坐榻上，双手置膝，榻边置一竹炉，炉上茶瓶正在煮水。榻前几上有茶罐、茶壶、托盏和假山盆景等，旁有一长须男仆正蹲地取水。榻旁有一赤脚老婢，双手端果盘正走过来。画面人物神态生动，背景满树白玉兰花盛开，湖石和红花绿草美丽雅致。

丁云鹏尚有《玉川煮茶图》（图4-19），内容与《煮茶图》大致一样，但

扫码看大图

图4-18 丁云鹏《煮茶图》（局部）

场景有所变化。如在芭蕉和湖石后面增添几竿修竹，芭蕉树上绽放数朵红色花蕊，数后开放几丛红花，使整个画面增添绚丽色彩，充满勃勃生机。画中卢仝坐蕉林修篁下，手执羽扇，目视茶炉，正聚精会神候汤。身后蕉叶铺石，上置汤壶、茶壶、茶罐、茶盏等。右边一长须男仆持壶而行，似是汲泉去。左边一赤脚老婢，双手捧果盘而来。

（4）陈洪绶《停琴啜茗图》 陈洪绶（1598—1652），字章候，号老莲，明末画家。《停琴啜茗图》（图4-20）描绘了两位高人逸士相对而坐，手捧茶盏。蕉叶铺地，司茶者趺坐其上。左边茶炉炉火正红，上置汤壶，近旁置一茶壶。司琴者以石为凳，又以一方奇石为琴台，古琴已收

图4-19 丁云鹏《玉川煮茶图》 图4-20 陈洪绶《停琴啜茗图》

扫码看左图 扫码看右图

入锦缎琴套中。硕大的花瓶中荷叶青青，白莲盛开。琴弦收罢，茗乳新沏，良朋知己，香茶间进，边饮茶边论琴。两人手持茶盏，四目相视，正闻香品啜，耳边琴声犹在。如此幽雅的环境，把人物的隐逸情调和文人淡雅的品茶意境，渲染得既充分又得体。画面典雅简洁，线条勾勒笔笔精到，衣纹细劲圆润。人物高古，高士形象夸张奇特。

陈洪绶尚有《闲话宫事图》《品茗图》等。

（四）茶书的繁盛

现存明代茶书有三十五种之多，占了现存中国古典茶书一半以上，如朱权《茶谱》、田艺蘅《煮泉小品》、徐忠献《水品》、陆树声《茶寮记》、陈师《茶考》、张源《茶录》、屠隆《茶说》、张谦德《茶经》、许次纾《茶疏》、程用宾《茶录》、熊明遇《罗岕茶疏》、罗廪《茶解》、冯时可《茶录》、闻龙《茶笺》、屠本畯《茗笈》、龙膺《蒙史》、徐勃《茗谭》、喻政《茶书全集》、黄龙德《茶说》、周高起《洞山岕茶系》、周高起《阳羡茗壶系》、冯可宾《岕茶笺》等。

最能反映明代茶学成就的是张源《茶录》和许次纾《茶疏》，其次则是田艺蘅《煮泉小品》、罗廪《茶解》、闻龙《茶笺》、黄龙德《茶说》、熊明遇《罗岕茶疏》、冯可宾《岕茶笺》等。

田艺蘅的《煮泉小品》撰于明嘉靖甲寅（公元1554年）。全书分十部分，不独详论天下之水，述及源泉、石流、清寒、甘香、灵水、弄泉、江水、井水等，还记录了当时茶叶生产和烹煎方法。

张源，字伯渊，号樵海山人，包山（即洞庭西山）人。所著《茶录》，全书约千五百字，分为采茶、造茶、辨茶、藏茶、火候、汤辨、汤用老嫩、泡法、投茶、饮茶、香、色、味、点染失真、茶变不可用、品泉、井水不宜茶、贮水、茶具、茶盏、拭盏布、分茶盒、茶道等二十三则，每条都比较精练简要，言之有物，是明代茶书的经典之作。

许次纾（1549—1604），字然明，号南华，钱塘（今杭州）人，所著《茶疏》，全书约4700字，有产茶、今古制法、采摘、炒茶、岕中制法、收藏、置顿、取用、包裹、日用置顿、择水、贮水、舀水、煮水器、火候、烹点、称量、汤候、瓯注、荡涤、饮啜、论客、茶所、洗茶、童子、饮时、宜辍、不宜用、不宜近、良友、出游、权宜、虎林水、宜节、辩讹、考本等三十六则，集明代茶学之大成。

明代中后期，茶会和茶馆兴盛，紫砂茶具异军突起，泡茶道形成并广泛流行。明代的茶事诗词虽不及唐宋，但在散文、小说方面有所发展，如张岱的《闵老子茶》《兰雪茶》，《金瓶梅》对茶事的描写。茶事书画也超迈唐宋，代表性的有文徵明、唐寅、丁云鹏、陈洪绶的茶画，徐渭的《煎茶七类》书法等。在晚明时期，形成了中华茶文化的第三个高峰。

第三节
茶文化的曲折

一、清代茶文化

清代茶叶产区进一步扩大，名茶辈出，红茶、绿茶、黑茶、白茶、黄茶、青茶、花茶等品类齐全。茶叶对外贸易量迅速扩大，远销欧美，风靡世界。茶业经济经有起有落，晚清出现向现代茶业转型的趋势。

就茶文化而言，在某些方面有所维持甚至发展，但总体上呈现衰退。

（一）茶馆的繁荣

清代，由于封建的统一多民族国家的最终形成和巩固，政治局面的相对稳定，这一切使得清前期出现了"盛世""承平"的局面，为清代茶馆的兴盛奠定了基础。

清代茶馆有多种多样，有以卖茶为主的清茶馆。前来清茶馆喝茶的人，以文人雅士居多，所以店堂一般都布置得十分雅致，器具清洁，四壁悬挂字画；在以卖茶为主的茶馆中还有一种设在郊外的茶馆，称为野茶馆。这种茶馆，只有几间土房，茶具有是砂陶的，条件简陋，但环境十分恬静幽雅，绝无城市茶馆的喧闹；有既卖茶又兼营点心、茶食，甚至还经营酒类的荤铺式茶馆，具有茶、点、饭合一的性质，但所卖食品有固定套路，故不同于菜馆；还有一种茶馆是兼营说书、演唱的书茶馆，是人们娱乐的好场所。

清代茶馆还和戏园紧密联系在一起。最早的戏馆统称为茶园，是朋友聚会喝茶谈话的地方，看戏不过是附带性质。如北京最古老的戏馆广和楼，又名"查家茶楼"，系明代巨室查姓所建，坐落在前门肉市。四川的演戏茶园有成都的"可园""悦来茶园""万春茶园""锦江茶园"，重庆有"萃芳茶园""群仙茶园"等，它们推动和发展了川剧艺术。上海早期的剧场也以茶园命名，如"丹桂茶园""天仙茶园"等。

吴敬梓《儒林外史》第二十四回说到当时南京就有茶社千余处，有一条街就有30多处。南京的不少茶馆不仅有点心供应，并且允许艺人在这里说书、卖唱，以招徕顾客，乾隆年间，南京著名的茶肆"鸿福园""春和园"都设在夫子庙文星阁附近，各据一河之胜。日色亭午，坐客常满，或凭栏观水，或促膝品茶。茶馆还供应瓜子、酥烧饼、春卷、水晶糕、猪肉烧卖等等，茶客称便。当时秦淮河畔茶馆林立，茶客络绎不绝。

李斗《扬州画舫录》中记："吾乡茶肆，甲于天下。多有以此为业者，出金建造花园，或鬻故家大宅废园为之。楼台亭舍，花木竹石，杯盘匙箸，无不精美。""辕门桥有二梅轩、蕙芳轩、集芳轩，教场有腕腋生香、文兰天香，埂子上有丰乐园，小东门有品陆轩，广储门有雨莲，琼花观巷有文杏园，万家园有四宜轩，花园巷有小方壶，……"这些都是清代中期扬州的著名茶肆。

清代是我国茶馆的鼎盛时期，茶馆遍布城乡，其数量之多也是历代所少见的。乡镇茶馆的发达也不亚于大城市，如江苏、浙江一带，有的全镇居民只有数千家，而茶馆可以达到百余家之多。

（二）茶具的发展

清代饮茶方式与明代基本相同，茶具造型无显著变化，瓷质茶具仍以景德镇为代表。清代茶具釉色较前代丰富，品种多样，有青花、粉彩以及各种颜色釉。茶壶口加大，腹丰或圆，短颈，浅圈足，流短直，设于腹部，把柄为圆形，附于肩与腹之间，给人以稳重之感。

在款式繁多的清代茶具中，首见于康乾年间的盖碗，开了一代先河，延续至今。盖碗由盖、碗、托三位一体组合而成。盖利于保温和茶香，撇口利于注水和倾渣清洁，托利于隔热而便于端接。使用盖碗又可以代替茶壶泡茶，可谓当时饮茶器具的一大改进。

到了清代，紫砂艺术进入了鼎盛时期。这一时期的陈鸣远是继时大彬以后最为著名的壶艺大家。陈鸣远制作的茶壶（图4-21），线条清晰，轮廓明显，壶盖有行书"鸣远"印章，至今被视为珍藏。他的作品铭刻书法，讲究古雅、流利。

乾隆晚期到嘉庆、道光年间，宜兴紫砂又步入了一个新的阶段。在紫砂壶上雕刻花鸟、山水和各体书法，始自晚明而盛于清嘉庆以后。当时江苏溧阳知县陈曼生工于诗文、书画、篆刻，特意到宜兴和杨彭年配合制壶。杨彭年的制品，雅致玲珑，不用模子，随手捏成，天衣无缝，被人推为"当世杰作"。陈曼生设计，杨彭年制作，再由陈氏镌刻书画，其作品世称"曼生壶"（图4-22），一直为鉴赏家们所珍藏。所制壶形多为几何体，质朴简练、大方，开创了紫砂壶样一代新风。至此中国传统文化"诗书画"三位一体的风格完美地与紫砂融为一体，使宜兴紫砂文化内涵达到一个新高度。

图 4-21　陈鸣远东陵瓜壶

图 4-22　陈曼生石瓢壶

到咸丰、光绪末期，紫砂艺术没有什么发展，此时的名匠有黄玉麟、邵大享等人。黄玉麟的作品有明代纯朴清雅之风格，擅制掇球壶。而邵大享则以浑朴取胜，他创造了鱼化龙壶，此壶的特点是龙头在倾壶倒茶时自动伸缩，堪称鬼斧神工。

（三）茶文学的维持

1. 茶诗词

清代茶诗词作者主要有杜濬、朱彝尊、吴嘉纪、施润章、陈维崧、查慎行、汪士慎、厉鹗、郑燮、爱新觉罗·弘历（乾隆皇帝）、袁枚、阮元、祁寯藻、丘逢甲、樊增祥等人。茶事诗总体数量不下于宋明时期，但质量要逊色。

茶诗以咏龙井茶最多，乾隆皇帝南巡到杭州西湖，写下了四首咏龙井茶诗：《观采茶作歌（前）》《观采茶作歌（后）》《坐龙井上烹茶偶成》《再游龙井作》。其他有武夷茶（陆廷灿的《咏武夷茶》）、鹿苑茶（僧全田的《鹿苑茶》）、岕茶（宋佚的《送茅与唐人宜兴制秋岕》）、松萝茶（郑燮诗）等。茶词有郑燮的《满庭芳——赠郭方仪》等。

朱彝尊《扫花游·试茶》，上片写采茶、制茶，下片写烹泉、品茶。

楝花放了，正谷雨初晴。逼篱云水，晓山十里。见春旗乍展，绿枪未试。立倦浓阴，听到吴歌遍起。焙香气，褒一缕午烟。人静门闭，清话能有几。

任旧友相寻，素瓷频递，闷怀尽矣。况年来病酒，夜阑须记。活火新泉，梦绕松风曲几。暗灯里，隔窗纱，小童斜倚。

郑燮（1693—1765），字克柔，号板桥，清代著名的"扬州八怪"之一，他能诗善画，工书法。其诗放达自然，自成一格。郑板桥有多首茶诗，其《题画诗》：

不风不雨正晴和，翠竹亭亭好节柯。最爱晚凉佳客至，一壶新茗泡松萝。

清高宗爱新觉罗·弘历（1711—1799），年号乾隆，故又称其乾隆皇帝。乾隆皇帝是位爱茶之人，作有近300首茶诗。乾隆二十七年（1762年）三月甲午朔日，他第三次南巡杭州，畅游龙井，并在龙井品茶，写下《坐龙井上烹茶偶成》：

龙井新茶龙井泉，一家风味称烹煎。寸芽生自烂石上，时节焙成谷雨前。

何必凤团夸御茗，聊因雀舌润心莲。呼之欲出辩才出，笑我依然文字禅。

丘逢甲（1864—1912），字仙根，又字吉甫，祖籍嘉应（今广东蕉岭），生于台湾彰化，诗人、教育家。其《潮州春思》之六：

曲院春风啜茗天，竹炉榄炭手亲煎。小砂壶瀹新鹪嘴，来试湖山处女泉。

此诗写潮州工夫茶，用竹炉、橄榄核炭煎煮处女泉水，用紫砂小壶冲瀹鹪嘴新茶。

2. 茶事散文

张潮（1650—？），字山来，号心斋、仲子，文学家、刻书家。他是徽州歙县人，对松萝茶自然很熟知，于是作《松萝茶赋》：

……方其嫩叶才抽，新芽初秀，恰当谷雨之前，正值清明之候。……既而缓提佳器，旋汲山泉，小铛慢煮，细火微煎。蟹眼声希，恍奏松涛之韵。竹炉候足，疑闻涧水之喧。于焉新茗急投，磁瓯缓注。一人得神，二人得趣。风生两腋，鄙卢仝七椀之多。兴溢百篇，驾青莲一斗之酬。其为色也，比黄而碧，较绿而娇。依稀乎玉笋之干，仿佛乎金柳之条。嫩草初抽，庶足方其逸韵。晴川新涨，差可拟其高标。其为香也，非麝非兰，非梅非菊。桂有其芬芳而逊其清，松有其幽逸而无其馥。微闻芎泽，宛持莲叶之杯。慢把盘飖，似泛荷花之澳。其为味也，人间露液，天上云腴。冰雪净其精神，淡而不厌。流瀣同其鲜洁，列则有余。沁人心脾，魂梦为之爽朗。甘回齿颊，烦苛赖以消除。……

文章对松萝茶的采制、烹饮方法、品质特点、流通地区等竭尽铺排、渲染，文采焕然，文笔生动堪为中国名茶赋中绝唱。

清代，茶文有杜濬《茶丘铭》、张潮《中泠泉记》、全祖望《十二雷茶灶赋》、乾隆皇帝《玉泉山天下第一泉记》等，冒襄《影梅庵忆语》、李渔《闲情偶寄》、袁枚《随园食单》、郑板桥的画跋中也有写茶的佳文。

3. 茶事小说

清代，众多传奇小说和章回小说都出现描写茶事的章节，如《红楼梦》第四十一回"贾宝玉品茶栊翠庵"、《镜花缘》第六十一回"小才女亭内品茶"、《老残游记》第九回"三人品茶促膝谈心"等。据统计,《红楼梦》120回中有112回372处写到茶事,《儒林外史》全书56回中有45回301处写到茶事。其他如《儿女英雄传》、《醒世姻缘传》、《聊斋志异》等小说,也有着对茶器、饮茶习俗的描写。

《儒林外史》是清朝的一部著名的长篇讽刺小说。在这部作品中,对于茶事的描写有三百多处,其中写到的茶有梅片茶、银针茶、毛尖茶、六安茶等。在第四十一回《庄濯江话旧秦淮河 沈琼枝押解江都县》中,细腻地描写了秦淮河畔的茶市:

> 话说南京城里,每年四月半后,秦淮景致,渐渐好了。那外江的船,都下掉了楼子,换上凉棚,撑了进来。船舱中间,放一张小方金漆桌子,桌上摆着宜兴沙壶,极细的成窑、宣窑的杯子,烹的上好的雨水毛尖茶。那游船的备了酒和馐馔及果碟到这河里来游。就是走路的人,也买几个钱的毛尖茶,在船上煨了吃,慢慢而行。

纵观众多古典小说,描写茶事最为细腻、生动而寓意深刻的非《红楼梦》莫属,堪称中国古典小说中写茶的典范。

《红楼梦》所描绘的荣宁贾府贵族的日常生活中,煎茶、烹茶、茶祭、赠茶、待客、品茶这类茶事活动可谓比比皆是。《红楼梦》中全面展示了中国传统的茶俗,例如"以茶祭祀""客来敬茶""以茶论婚嫁""吃年茶",还有"宴前茶""上果茶""茶点心""茶泡饭"等,可见《红楼梦》中的茶俗是多么丰富多彩!

贾府是贵族之家,对饮茶的讲究自然也不同于平民百姓之家,用茶的种类、烹饮茶的用具追求奢华,以不失贵族之家的身份地位。《红楼梦》写到的茶名有好几种,如贾母不喜吃的"六安茶"、妙玉特备的"老君眉"、怡红院里常备的"普洱茶"("女儿茶")、茜雪端上的"枫露茶"、黛玉房中的"龙井茶"。还有来自外国——暹罗国(泰国)进贡的"暹罗茶",这些茶,涉及绿茶、红茶和黑茶三类。

在《红楼梦》中,写茶最精彩的当是第四十一回"贾宝玉品茶栊翠庵,刘姥姥醉卧怡红院",写史老太君带了刘姥姥一行人来到栊翠庵,妙玉以茶相待的情形。妙玉可以说得中国茶道之真传,深谙茶道真谛,她的"一杯为品"的妙论为后来的茶人们所津津乐道。曹雪芹通过塑造妙玉的个性形象,细腻而深刻地展现了清代贵族上层的品茗雅韵。

曹雪芹用《红楼梦》生动形象地传播了茶文化,而茶文化又丰富了他的小说情节,深化了小说中的人物性格。《红楼梦》中所蕴藏的茶文化内容非常丰富,这是古代一切小说所不能相提并论的。

(四)茶艺术的继续

1. 茶戏剧

在中国的传统戏剧剧目中,还有不少表现茶事的情节。

(1)《四婵娟·斗茗》 洪昇编剧。《斗茗》为《四婵娟》之第三折,写的是宋代女词人李清照与丈夫、金石学家赵明诚"每饭罢，归来坐烹茶，指堆积书史，言某事在某书、某卷、第几页、第几行，以中否角胜负，为饮茶先后"的斗茶故事，描写了李清照的富有文学艺术情趣的家庭生活。

（2）采茶戏《茶童戏主》 茶不仅广泛地渗透到戏剧之中，而且在中国还有以茶命名的戏剧剧种。可以说，中国是世界上唯一由茶事发展产生独立的剧种——"采茶戏"的国家。所谓采茶戏，是流行于江西、湖北、湖南、安徽、福建、广东、广西等省区的一种戏剧类别，是直接从采茶歌和采茶灯舞脱胎发展起来的一种地方戏剧。采茶戏是茶文化在戏剧领域派生或戏剧吸收茶文化而形成的一种艺术，是茶文化对中国戏剧艺术的突出贡献。当然，当后来采茶戏成为一个剧种后，由于题材不断丰富，剧目不断增多，其表演的内容，就不限于与茶事有关的范围了。

《茶童戏主》是赣州采茶戏的代表作，根据《九龙山摘茶》（又叫《大摘茶》）改编。赣州府大茶商朝奉上山买茶收债，其妻担心他在外不规矩，交代茶童看住他。哪知朝奉本性难改，路上要船娘唱阳关小曲，茶童提醒他，又发生矛盾。上茶山后，看见漂亮姑娘二姐又起歹心，故意压低茶价催债。又瞒过茶童，要店嫂去做媒。待茶童识破后告知二姐，用计策假允婚姻，把朝奉的债约烧掉。朝奉逼二姐成亲拜堂，朝奉妻子及时赶到，锁走朝奉。故事生动有趣，情节引人入胜，诙谐风趣。

（3）岳西高腔《采茶记》 岳西高腔古属青阳腔，在明万历年间与昆腔齐名，有"时调青昆"之说。

岳西高腔《采茶记》，是一出反映皖西茶事的地方传统戏剧，剧本大约成于清代中期。全剧分《找友》《送别》《路遇》《买茶》四场，穿插《采茶》《倒采茶》《盘茶》《贩茶》四组茶歌，共一万二千余字。内容写扬州茶商宋福到皖西茶区买茶，找一本万利（人名）作向导兼担夫。一本万利辞双亲、妻子与茶商一道，翻山越岭，历尽艰辛，来到闵山茶区，可惜闵山茶户的茶叶已卖完。只好约定明年多带银两，提早前来。

剧中茶商四季贩茶，将茶叶销到了浙江、福建、湖广、江西、江苏、山东、河北、河南、陕西和安徽六安、徽州等地。所述情景，与我国明清时期各地茗饮成风、茶市发达的史实完全相符。

2. 茶歌

一是由诗而歌，也即由文人的作品而变成民间歌词的。如清代钱塘（今杭州）人陈章的《采茶歌》，写的是"青裙女儿"在"山寒芽未吐"之际，被迫细摘贡茶的辛酸生活。歌词是："凤凰岭头春露香，青裙女儿指爪长。渡洞穿云采茶去，日午归来不满筐。催贡文移下官府，哪管山寒芽未吐。焙成粒粒比莲心，谁知侬比莲心苦。"

二是茶农和茶工自己创作的民歌或山歌。中国各民族的采茶姑娘，历来都能歌善舞，特别是在采茶季节，茶区几乎随处可见到尽情歌唱的情景。清代有一首流传在江西到福建武夷山采制茶叶的茶工中的茶歌：

> 清明过了谷雨边，背起包袱走福建。想起福建无走头，三更半夜爬上楼。
>
> 三捆稻草搭张铺，两根杉木做枕头。想起崇安真可怜，半碗腌菜半碗盐。
>
> 茶叶下山出江西，吃碗青菜赛过鸡。采茶可怜真可怜，三夜没有两夜眠。
>
> 茶树底下冷饭吃，灯火旁边算工钱。武夷山上九条龙，十个包头九个穷。
>
> 年轻穷了靠双手，老来穷了背竹筒。

这是茶工生活的一个侧面。茶工们白天上山采茶，晚上还要加班赶制毛茶，因此非常辛苦劳累。茶歌唱起来凄怆哀婉，令人感慨。

茶歌中大量的是反映茶业生产劳动、赞美茶山茶园茶事的作品，而情歌也是茶歌中的重要组成部分，茶歌中最优美动人的正是这些茶歌。如台湾民间茶歌："得蒙大姐暗有情，茶杯照影影照人；连茶并杯吞落肚，十分难舍一条情。""采茶山歌本正经，皆因山歌唱开心。山歌不是哥自唱，盘古开天唱到今。"

茶歌是开放在民歌艺苑中的一朵奇葩，它的曲调优美动听，节奏轻松活泼，具有浓郁的地方色彩和独特的民间风味。

◗ 3. 茶舞

以茶事为内容的舞蹈，发轫甚早，但目前所能见到的文献记载都是清代的。现在能知的，是流行于我国南方各省的"茶灯"或"采茶灯"，是在采茶歌基础上发展起来的由采茶歌、舞、灯组成的一种民间灯彩。

茶灯是过去汉族比较常见的一种民间舞蹈形式。茶灯，是福建、广东、广西、江西和安徽等地"采茶灯"的简称。这一舞蹈不仅各地名字不一，跳法也有不同。但是，一般基本上是由童男童女两人以上甚至十多人扮成戏出，饰以艳服而边歌边舞。舞者腰系绸带，男的持一钱尺（鞭）作为扁担、锄头等，女的左手提茶篮，右手拿扇，主要表现在茶园的劳动生活。

◗ 4. 茶事书法

（1）汪士慎《幼孚斋中试泾县茶》 汪士慎（1686—1759），字近人，号巢林、溪东外史等，书画家，"扬州八怪"之一。他的隶书以汉碑为宗，作品境界恬静，用笔沉着而墨色有枯润变化。《幼孚斋中试泾县茶》（图4-23）条幅，可谓是其隶书中的一件精品。值得一提的是，条幅上所押白文"左盲生"一印，说明此书作于他左眼失明以后。这首七言长诗，通篇气韵生动，笔致

图4-23　汪士慎
《幼孚斋中试泾县茶》

动静相宜，方圆合度，结构精到，茂密而不失空灵，整饬而暗相呼应。该诗是汪士慎在管希宁（号幼孚）的斋室中品试泾县茶时所作。

（2）金农《玉川子嗜茶》　金农（1687—1763）的书法，善用秃笔重墨，有蕴含金石方正朴拙的气派，风神独运，气韵生动，人称之为"漆书"。中堂《玉川子嗜茶》（图4-24）是典型的金农"漆书"风格。

（3）郑燮《溋江江口是奴家》等　郑燮书法，初学黄山谷，并合以隶书，自创一格，后又将篆隶行楷熔为一炉，自称"六分半书"，后人又以"乱石铺街"来形容他书法作品的章法特征。其书作中有关茶的内容甚多（图4-25），如行书条幅："溋江江口是奴家，郎若闲时来吃茶。黄土筑墙茅盖屋，门前一树紫荆花。"行书对联："墨兰数枝宣德纸，苦茗一杯成化窑。"

图4-24　金农《玉川子嗜茶》

5. 茶事绘画

（1）华嵒《梅月琴茶》等　华嵒（1682—1756），字德嵩，更字秋岳，号新罗山人白沙道人、离垢居士等，福建上杭人，后寓杭州。工画，善书，能诗，时称"三绝"，扬州八怪之一。《梅月琴茶》[图4-26（1）]描绘了明月在空，春梅绽放，画出杜耒《寒夜》诗句"寻常一样窗前月，才有梅花便不同"的意境。画中的女子正在抚琴，琴桌旁的几上，有茶一杯，仿佛散发着幽幽茶香。梅魂、月魄、琴韵、茶烟，清绝出尘。

《金屋春深图》[图4-26（2）]则绘出了春深晚起，女子慵懒地坐在矮凳上，双手伏几，

扫码看图4-26

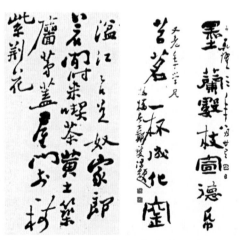

（1）《溋江江口是奴家》　（2）《墨兰》联　　（1）《梅月琴茶》　　（2）《金屋春深图》

图4-25　郑燮《溋江江口是奴家》和《墨兰》联　　图4-26　华嵒《梅月琴茶》和《金屋春深图》

几上盖盏一只，内盛清神释倦之茶的场景。从题诗可知，表现的是杨玉环晓妆晚起的故事。但其衣着乃清人服饰，茶具也是清代的茶具。

（2）金农《玉川先生煎茶图》 《玉川先生煎茶图》（图4-27）为金农晚年所画，单从画中题字"宋人摹本"来看，当是对宋人画的摹写。画面是一片临池的芭蕉树林，卢仝居于左侧的石桌边，手执蕉扇给茶炉煽火，神情娴静。石桌上放着一只茶盏、一只茶瓮。右侧一老婢在池边取水。图画用笔朴拙，构图简洁，饶有意韵。

（3）金廷标《品泉图》 金廷标，字士揆，乾隆时期人，善人物，兼花卉、山水，白描尤工。《品泉图》（图4-28）图绘月下林泉，一文士坐于靠溪的垂曲树干上托杯啜茗，临水沉思，神态悠闲。一童蹲踞溪石汲水，一童竹炉添炭。三人的汲水、取火、啜茗动作，恰恰自然地构成了一幅汲水品茶的连环图画。明月高挂，清风月影，品茗赏景，十分自在。画上的茶具有竹炉、茶壶、提篮（挑盒）、水罐、水勺、茶杯等等，竹茶炉四边皆系提带，可以想见这套茶器就是外出旅行用的。本幅山水人物浅设色，笔墨精炼，人物清秀，衣袖襟裾皱折转折遒劲。

图 4-27 金农《玉川先生煎茶图》

图 4-28 金廷标《品泉图》

扫码看图4-28

此外，"扬州八怪"中的黄慎、李方鹰、李鱓、高凤翰、汪士慎，以及石涛、边寿民、虚谷、浦华、吴昌硕等也作有茶画。

（五）茶书的衰减

现存清代茶书八种：顺治康熙共五种，即佚名《茗笈》、陈鉴《虎丘茶经注补》、刘源长《茶史》、余怀《茶史补》、冒襄《岕茶汇钞》；雍正乾隆一种，即清陆廷灿《续茶经》；同治光绪两种，即醉茶消客《茶书》、程雨亭《整饬皖茶文牍》。

《虎邱茶经注补》，陈鉴著。全书约3600字，依陆羽《茶经》分为十目，每目摘录有关的《茶经》原文，而后在其下加注虎丘茶事。相关茶事内容又超出《茶经》范围的，就作为"补"接续在《茶经》原文下面。书中保存了一些有关虎丘茶的产地、采制、文人赞咏的文献资料。

《续茶经》，陆廷灿著。全书依照陆羽《茶经》分上中下三卷十目，约7万字，是中国古代篇幅最大的一部茶书。该书广泛搜集历代文献，并且注意以唐代后制茶方法及产茶地区等方面的变化来补充。在"九之略"中将历代茶事方面的有关著述之目录一览表等也一并列出。在"十之图"中也收录了历代与茶事有关的绘画目录。附录一卷，乃是唐代以后关于茶法演变的资料集。《续茶经》虽然只是把多种古书上的有关资料摘要分录，不是自己撰写的有系统著作，但是征引宏富，条理清晰，便于查阅，颇为实用，有些资料弥足珍贵，是中国古代不可多得的茶史、茶文化资料汇编。

二、现当代茶文化

民国时期，中国茶业陷入危机，茶区凋疲，生产萧条，市场萎缩，外销锐减。虽然20世纪20年代后期曾有短期的复苏，但在日本侵华战争等打击下，茶业经济无可挽回地走向衰退。

1940年，傅宏镇辑《中外茶业艺文志》，收集中外1400余部（篇）茶书和论文名录。胡浩川在为《中外茶业艺文志》所做的序里发明"茶艺"一词，乃指包括茶树种植、茶叶加工、茶叶品评在内的各种茶之艺。1945年，胡山源辑《古今茶事》，选辑收入古代一些代表性的茶书和茶事资料。翁辉东（1885—1963）《潮州茶经工夫茶》从茶质、水、火、器具、烹法诸方面，对潮州工夫茶进行总结。

从晚清到改革开放前的这一时期，是中国茶文化的低迷期。

（一）当代茶艺和茶艺馆的兴起

1. 茶艺的兴起

20世纪80年代以来，中华茶艺开始复兴。

1980年，台湾天仁集团的陆羽茶艺中心成立。1982年9月，在台北市茶艺协会和高雄市茶艺协会的基础上，中华茶艺协会成立，并创办《中华茶艺》杂志。此后现代茶艺在台湾迅速推广，并出版了《中国茶艺》画册和一批茶艺图书。

1988年，范增平到上海等地演示茶艺。1989年，台湾天仁集团陆羽茶艺文化访问团访问大陆，先后到北京、合肥、杭州演示交流茶艺。以此为发端，现代茶艺在大陆各地逐渐兴起和流行。

2. 茶艺馆的兴起

20世纪80年代，随着台湾经济的腾飞，台湾茶馆业也随之蓬勃发展。但不能重复旧时代的那种老式茶馆，于是，新式茶艺馆应运而生。

在台湾，一位从法国学习服装设计回来的管寿龄小姐，在台北市仁爱路开设了一家

"茶艺馆"。管寿龄开设的"茶艺馆"同时经营茶叶和陶瓷艺术品的买卖及餐厅业务，1979年取得正式经营执照。1981年，管寿龄又在台北市双城街取得"茶艺馆"的营利事业登记证这是以"茶艺馆"名称公开对外营业并取得合法执照的第一家，这可以说是现代"茶艺馆"的起源。第二家正式挂招牌的是位于台北市西门町狮子林的"静心园茶艺馆"。一些虽然没有冠名"茶艺馆"而实际上属于现代茶艺馆的，如李友然的"中国茶馆"、钟溪岸的"中国工夫茶馆"等。

1989年1月，香港叶惠民首先于九龙成立了"雅博茶坊"，后有陈国义的"茶艺乐园"和李少杰的"福茗堂"相继开张，奠定香港茶艺馆的发展基础；1997年12月，罗庆江开设澳门第一家茶艺馆——"春雨坊"。

1991年以后，中国大陆的茶艺馆开始建立。最早的是福州市福建省博物馆设立的"福建茶艺馆"，而后上海、北京、杭州、厦门、广州等城市相继出现了茶艺馆，并影响到内陆许多城市相继出现了茶艺馆。

20世纪90年代以来，大陆茶馆业的发展更是突飞猛进。现代茶艺馆如雨后春笋般地涌现，遍布都市城镇的大街小巷，茶艺馆成为当代茶产业发展中的亮丽的风景。

（二）茶文学的复兴

◆ 1. 茶诗词

（1）连横《茶》 连横（1878—1946），号雅堂，台湾台南人。民国初年漫游大陆，回台湾著《台湾通史》，1933年到上海定居。作有《剑北楼诗集》，其《茶》组诗，这里选二首，一首写武夷岩茶。另一首写安溪铁观音：

新茶色淡旧茶浓，绿茗味清红茗秾。何似武夷奇种好，春秋同抱慢亭峰。

安溪竟说铁观音，露叶疑传紫竹林。一种清芬忘不得，参禅同证木犀心。

（2）张伯驹《听泉》 张伯驹（1897—1982），诗人、收藏家，历任燕京大学艺术导师、吉林省博物馆第一副馆长等。作有《张伯驹诗词集》，其《听泉》：

清泉汩汩净无沙，拾取松枝自煮茶。半日浮生如入定，心闲便放太平花。

泉水汩汩，汲泉煮茶，静听松风，如入禅定，身心俱闲，太平无事。

（3）赵朴初茶诗 赵朴初（1907—2000），佛教居士、诗人、书法家、社会活动家。他于1982年为陈彬藩《茶经新篇》赋诗一首，化用唐代诗人卢仝的"七碗茶"诗意，引用唐代高僧从谂禅师"吃茶去"的禅林法语，诗写得空灵洒脱，饱含禅机，为世人所传诵，是体现茶禅一味的佳作：

七碗受至味，一壶得真趣。空持百千偈，不如吃茶去。

1990年8月，当中华茶人联谊在北京成立时，特为大会作《贺中华茶人联谊会成立之庆》，不仅赞美茶之清，更号召大家仔细研究广涉天人的茶经之学：

不羡荆卿夸酒人，饮中何物比茶清。相酬七碗风生腋，共汲千江月照心。

梦断赵州禅杖举，诗留坡老乳花新。茶经广涉天人学，端赖群贤仔细论。

2. 茶事散文

现代茶事散文极其繁荣，其数量是以往历代茶文总和的数倍乃至数十倍。鲁迅的《喝茶》、周作人的《喝茶》、梁实秋的《喝茶》、苏雪林《喝茶》、林语堂《茶与交友》、季羡林《大觉明慧茶院品茗录》、冰心《我家的茶事》、秦牧《敝乡茶事甲天下》、陈登科《皖南茶乡闲话》、何为《佳茗似佳人》、邵燕祥的《十载茶龄》、汪曾祺《泡茶馆》、邓友梅《说茶》、忆明珠《茶之梦》、黄裳《栊翠庵品茶》、李国文《茗余琐记》、贾平凹《品茶》、叶文玲《茶之魅》、陆文夫《茶缘》、张承志《粗饮茶》、琦君《村茶比酒香》、余光中《下午的茶》、董桥《我们喝下午茶去》等均是优秀茶文。个人出版茶事散文专集的，有林清玄《莲花香片》和《平常茶非常道》、王旭烽《瑞草之国》和《旭烽茶话》、王琼《白云流霞》、吴远之和吴然《茶悟人生》等，茶事散文选集则有袁鹰选编的《清风集》，郑云云选编的《茶情雅致》、陈平原选编《茶人茶话》、王宗仁选编《漫饮茶》等。

3. 茶事小说

民国时期小说中，茶事内容也屡见。鲁迅的短篇小说《药》中许多情节都发生在华老栓家的茶馆里。

沙汀写于1940年的短篇小说《在其香居茶馆里》，整篇故事都发生在茶馆里。作者把茶馆这一特定场景作为人物活动的舞台，让全镇各种势力的代表人物纷纷登场，使场景十分集中，情节完整，矛盾冲突渐次展开。

民国时期的茶事小说，不能不提张爱玲的一系列小说。张爱玲小说中的"茶事"多且细致，她笔下的女主角们常与茶为伴。《茉莉香片》的开头也是以茶作引的：

我给您沏的这一壶茉莉香片，也许是太苦了一点。我将要说给您听的一段香港传奇，恐怕也是一样的苦——香港是一个华美的但是悲哀的城。

李劼人（1891—1962）长篇小说三部曲《死水微澜》《暴风雨前》《大波》，对成都茶馆有许多大段的生动描写。如对大茶馆的堂皇和小茶铺的简陋，对形形色色茶客们的种种表现，还有依附茶馆营生的戏曲曲艺艺人、小手艺人、小商贩的生活，都有入木三分的刻画。小说中对"吃讲茶"等的描述，反映了昔日茶馆多方面的社会功能；又以茶馆中专设"女宾座"等情节，折射出新潮与旧浪的冲突。

当代第一部茶事长篇小说是陈学昭的《春茶》，作品着力描写了浙江西湖龙井茶区从合作社到公社化的历程，同时也写出了茶乡、茶情、茶趣、茶味。

代表当代茶事小说最高成就的，则是王旭烽的《茶人三部曲》。《茶人三部曲》分为《南方有嘉木》《不夜之侯》《筑草为城》三部，以杭州的忘忧茶庄主人杭九斋家族四代人起伏跌宕的命运变化为主线，塑造了杭天醉、杭嘉和、赵寄客、沈绿爱等众多人物形象，展现了在忧患深重的人生道路上坚忍负重、荡污涤垢、流血牺牲仍挣扎前行的杭州茶人的气质和风神，寄寓着中华民族求生存、求发展的坚毅精神和酷爱自由、向往光明的理想。

《茶人三部曲》是一部全面深入反映近现代茶业世家兴衰历史的鸿篇巨制小说，展示了中华茶文化作为中华民族精神的组成部分，在特定历史背景下的深厚力量，小说第一部和第二部因此获得了第五届茅盾文学奖。评委会的评语写道："茶的青烟，血的蒸气、心的碰撞、爱的纠缠，在作者清丽柔婉而劲力内敛的笔下交织；世纪风云、杭城史影、茶叶兴衰、茶人情致，相互映带，熔于一炉，显示了作者在当前尤为难得的严谨明达的史识和大规模描写社会现象的腕力。"

（三）茶艺术的复兴

1. 茶戏剧

（1）《天下的红茶数祁门》 这是一出由茶人编撰的茶戏剧。作者胡浩川，中国现代著名茶学家。他年轻时曾留学日本静冈茶叶学校，回国后于1934年7月出任祁门茶叶改良场场长。剧本初创于1937年，当时剧名为《祁门红茶》。从茶树种植开始，述说了祁红采摘、初制、精制的整个过程。当时只完成了剧本创作，并没能排演。1949年10月间，为庆祝祁门县解放，组织一台戏曲晚会，于是将《祁门红茶》剧本改编成六幕采茶戏《天下的红茶数祁门》，进行排练并正式上演，引起强烈反响。祁门采茶戏《天下的红茶数祁门》分序曲、种茶、采茶、制茶之一（初制）、制茶之二（精制）和尾曲六幕。

（2）《茶馆》 现代著名作家老舍（1899—1966）于1956年编剧，1958年由北京人民艺术剧院首演，成为中国现代话剧史上的经典之作。该剧通过写一个历经沧桑的"老裕泰"茶馆，在清代戊戌变法失败后，民国初年北洋军阀盘踞时期和国民党政府崩溃前夕，在茶馆里发生的各种人物的遭遇，以及他们最终的命运，揭露了社会变革的必要性和必然性。通过《茶馆》(图4-29)，可以看到从晚清至民国的中国社会变迁的缩影。

（3）《茶——心灵的明镜》 歌剧《茶——心灵的明镜》通过追述中国茶文化的起源和中国茶圣陆羽所著的《茶经》，而引出中国唐代公主与来唐学习茶道的日本王子之间的一段浪漫爱情故事。全剧以茶文化为切入点，探讨中国古代文化的精髓，挖掘中国传统文化中的禅道精神和生活智慧。

图 4-29 北京人艺 2005 版话剧《茶馆》剧照

此外，田汉的《环璘珴与蔷薇》中也有不少煮水、沏茶、奉茶、斟茶的场面。京剧《沙家浜》的剧情就是在阿庆嫂开设的春来茶馆中展开的。

▌2. 茶歌舞音乐

（1）茶歌　新中国成立后，在音乐工作者的精心创作下，一批优秀茶歌相继问世。它们都具有浓郁的民族风格，鲜明的时代特征。其中以《请茶歌》《挑担茶叶上北京》《采茶舞曲》《请喝一杯酥油茶》等为代表的茶歌在全国广为流传，家喻户晓。

进入新时期，茶歌不断推进升华，兴盛不衰。《前门情思大碗茶》《龙井茶，虎跑水》《茶山情歌》《三月茶歌》《古丈茶歌》等歌，传唱大江南北。

（2）茶舞　20世纪50年代，根据福建茶区《采茶灯》改编的《采茶扑蝶》，是舞、曲兼美的茶歌舞，由陈田鹤编曲、金帆配词。曲调来自闽西地区的民间小调，是一首享誉国内外的采茶歌舞曲。它的曲调是将两首《正采茶》和《倒采茶》茶歌的曲调，借转调手法叠合而成。旋律活泼、明快，节奏性强，适宜边唱边舞的采茶动作，气氛热烈欢快。反映了茶乡的春光山色和姑娘采茶扑蝶、你追我赶，喜摘春茶的欢乐情景和对茶叶丰收的喜悦。1953年在第四届世界青年与学生联欢节上荣获二等奖。

（3）茶乐　《闲情听茶》系列音乐以中国人最熟悉的"茶"为主题，表达出人们对茶的款款爱恋的情感。作曲家灵活运用各种乐器的特有气质，使传统乐器在崭新的曲风中，呈现清新的生命与风貌，将茶中无法言喻的意味细腻地表现出来，让茶味随着音乐在人的心中弥漫。如"湘江茶歌"乐曲是根据湖南茶歌改编创作，由二胡和琵琶相偕演出一段充满湖南茶山气息的优美旋律，飘送出湘江两岸令人欲醉的茶香。如"轻如云彩"乐曲是选用江南小调《忆江南》为素材，藉由二胡清新、洁净、雅致的音色，轻柔地画出鸡头壶如山峰般的翠色与如云般的飘逸气质。《闲情听茶》运用排箫、高胡、古筝、琵琶、笛等传统乐器，巧妙地结合虫鸣、鸟叫、流水等自然声音，风格清新自然，让人在音乐中也能品尝茶的无限滋味。

▌3. 茶事书法

（1）吴昌硕茶联　吴昌硕（1844—1927），现代著名书画家。他的行书，得黄庭坚、王铎笔势之欹侧，黄道周之章法，个中又受北碑书风及篆籀用笔之影响，大起大落，遒润峻险。有行书茶联（图4-30）："窃取吴淞半江水，且尽卢仝七碗茶"。落款"癸丑花朝"，当是1913年作。

（2）郭沫若《一九六四年夏初饮高桥银峰》　郭沫若（1892—1978），原名郭开贞，现代文学家、史学家、书法家、社会活动家。他的书法既重师承又有创新，笔挟风涛、气韵天成，被誉为"郭体"。湖南长沙高桥茶叶试验场在1959年创制了新品高桥银峰茶。1964年，郭沫若到湖南考察，品饮之后特作《一九六四年夏初饮高桥银峰》（图4-31）。诗中赞美高桥银峰堪比古代名茶湖州顾渚紫笋、洪州双井白茶。茶能让人提神、醒酒，何如屈原所说的"众人皆醉我独醒"。

（3）赵朴初《茶禅一味》等 赵朴初的书法结构严谨、笔力劲健、俊朗神秀，以行楷最擅长，有东坡体势。静穆从容，气息散淡，自然脱俗。为许多重要茶事活动题诗，多半写成书幅，诗书兼美，堪称双绝。

1991年，身为中日友好协会副会长的赵朴初，为"中日茶文化交流800周年纪念"题诗一幅［图4-32（1）］："阅尽几多兴废，七碗风流未坠。悠悠八百年来，同证茶禅一味。"

赵朴初曾一再书写《茶禅一味》［图4-32（2）］，发挥赵州"吃茶去"宗旨。

（4）启功《今古形殊义不差》 启功（1912—2005），字元白，满族，教育家、古典文献学家、书画家、诗人。启功书法成就主要在于行楷，书法富于传统气息，但更具有翩翩自得的个人风范——文雅而娴熟、清冷而端丽。

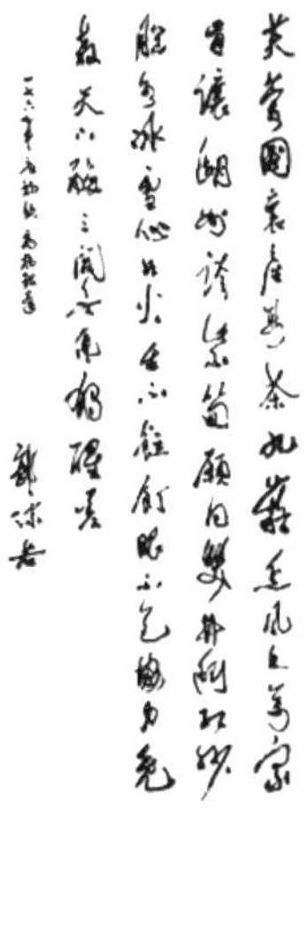

1989年，北京举办"茶与中国文化展示周"，他题诗［图4-33（1）］："今古形殊义不差，古称茶苦近称茶。赵州法语吃茶去，三字千金百世夸。"

1991年5月，启功书赠张大为一幅立轴绝句［图4-33（2）］："七椀神功说玉川，生风枉讬地行仙。赵州一语吃茶去，截断群流三字禅。"

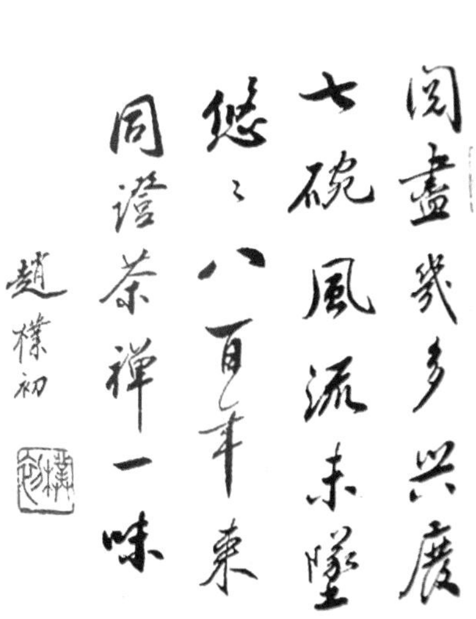

图4-30 吴昌硕 图4-31 郭沫若
《觏取》茶联 《茶诗》

（1）题诗 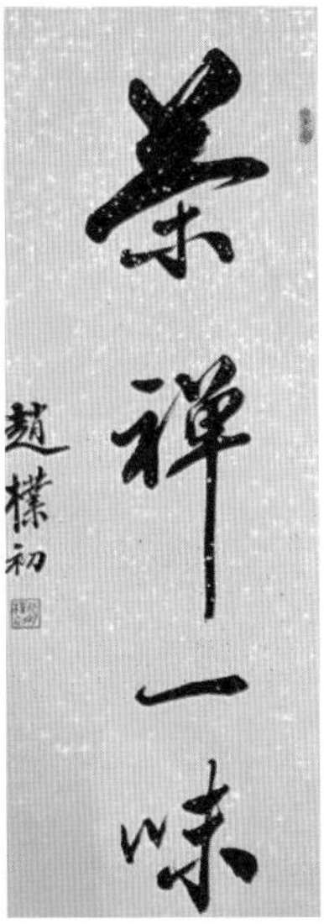 （2）《茶禅一味》挂轴 （1）《今古》诗 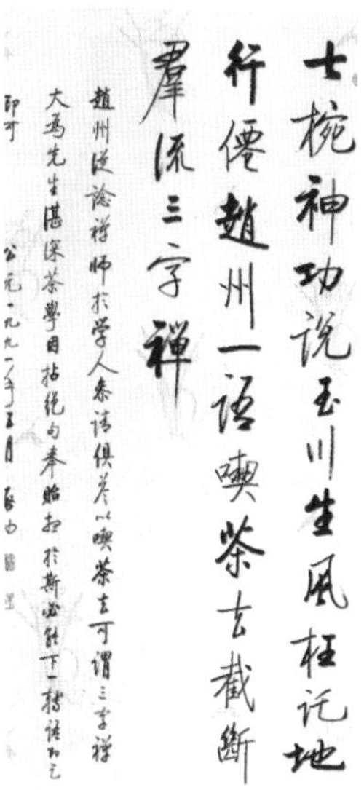 （2）《七椀》诗

图4-32 赵朴初题诗和《茶禅一味》挂轴 图4-33 启功《今古》诗和《七椀》诗

启功对赵州禅师的"吃茶去"法语极其推崇，赞为"百世夸""三字禅"。

4. 茶事绘画

（1）吴昌硕《煮茶图》等 《煮茶图》（图4-34）画中高脚泥炉一只，略呈夸张之态，上置陶壶一把，炉火腾腾，旁有破蒲扇一柄，当为助焰之用。另有寒梅一枝，枝上梅花数簇，有孤高之气。此画极写茶、梅之清韵。

（2）齐白石《煮茶图》 齐白石（1864—1957），现代著名书画家。

《煮茶图》[图4-35（1）]画中泥炉上一只瓦壶，一把破蒲扇，扇下一把火钳，几块木炭。此画表现的是日常生活中的煮茶，同时也体现了主人清贫俭朴的操守。

齐白石尚有《茶具梅花图》[图4-35（2）]，92岁时作且赠送毛泽东。画面简洁，红梅形象简练而丰富，有怒放的花朵，有圆润的蓓蕾，生机盎然。茶壶浓墨染，茶杯细笔勾勒。

（3）刘旦宅《东坡取泉图》等 刘旦宅（1931—2011），当代著名画家。

《东坡取泉图》（图4-36）是以苏轼《汲江煎茶》诗"自临钓石取深清"句意所作，画的上部是修竹婆娑，圆月高

图 4-34　吴昌硕《煮茶图》

扫码看上图　　扫码看下图

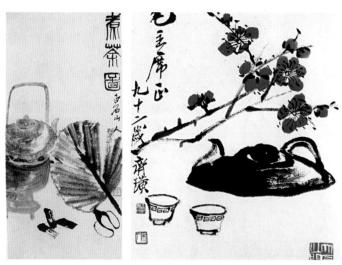

（1）《煮茶图》　　　　（2）《茶具梅花图》

图 4-35　齐白石《煮茶图》和《茶具梅花图》

图 4-36　刘旦宅《东坡取泉图》

挂，下部是巨石横铺，数丛兰草生于石缝。东坡行于石上，左手拎一水瓮，右手挂一竹杖，似汲水归来。左下以行书题录《汲江煎茶》全诗。

图4-37　范曾《茶圣图》

《东坡试茶图》是以《次韵曹辅寄壑源试焙新茶》诗意作画。石为几、凳，清泉绕石而流。东坡坐于石上专注品茶，侍女侧目而视。左上以行书题录《次韵曹辅寄壑源试焙新茶》全诗。刘旦宅以《次韵曹辅寄壑源试焙新茶》诗意还作过《佳茗图》一幅。以东坡梦已雪水烹小龙团茶而作回文诗二首诗意作《东坡饮茶梦诗图》，以颜真卿等《竹山联句》作《瀹茗联吟图》，以及数十幅茶画，1996年结集出版《刘旦宅茶经图集》一册。

（4）范曾《茶圣图》等　范曾（1938—），当代书画家。

范曾以茶圣为题画过多幅，神态各异：或凝神或疾书或传道或聆听。而造型最独特的一幅，是作于1989年的《茶圣图》（图4-37），画家让茶圣俯卧在一个高古的床榻之上，专注地指点一个茶童烹茶；而在床头边上，另一个茶童则笑眯眯地看着他的小师兄扇火。《煮茶图》，画中仅茶圣和童子二人，茶圣席地而坐，童子执扇煮茶，画首题字："茶圣夏夜候客，小子欲有所询。"

《茶圣》，画中三人，右侧一童子正对茶炉扇火，茶圣居中，俯卧石上，与左侧一童子注目右侧童子煮水。画上题诗跋："乌龙冻顶胜猴魁，饮罢猴魁醉不归。汲取黄山清涧水，芳茗味共白云飞。"

此外，当代画家张大千、冯超然、亚明、林晓丹、胡定元、丁世弼、吴山明、田耘等也有茶画传世。

（四）茶文化研究硕果累累

近40年来是中国茶文化研究最为活跃的时期，主要成果表现在茶文化综合研究、茶史研究、茶艺茶道研究和茶文化文献资料整理等方面。此外，在陆羽及其《茶经》研究、茶文学、茶俗、茶具、茶馆研究等方面，也都有可观的成果。

1. 肇始阶段（1980—1989）

（1）**茶史研究**　陈椽《茶业通史》（1984）作为世界上第一部茶学通史著作，书中对茶叶科技、茶叶经济贸易、茶文化都做了全面论述，是构建茶史学科的奠基之著。

庄晚芳《中国茶史散论》（1988）从茶的发展史、饮用史等来论证茶的发源地，并着重论述了茶的栽制技术的演变以及茶叶科学研究的进展等。

（2）茶艺及其他　　蔡荣章的《现代茶艺》（1984）、吴智和的《中国茶艺论丛》（1985）和《中国茶艺》（1989）、张宏庸的《茶艺》（1987），都是肇始阶段关于饮茶艺术研究方面的有影响之作。

（2）资料整理　　陈祖槼、朱自振的《中国茶叶历史资料选辑》（1981），收入自唐至清的茶书58种和少量杂著、艺文。

张宏庸在1985年对陆羽及其《茶经》有了一个比较完整的整理工作，计已出版的有《陆羽全集》《陆羽茶经丛刊》《陆羽研究资料汇编》的相关史料整理。

（4）陆羽及其《茶经》研究　　关于陆羽及其《茶经》的研究起步较早，如傅树勤、欧阳勋《陆羽茶经译注》（1983年），蔡嘉德、吕维新《茶经语释》（1984），湖北陆羽研究会编《茶经论稿》（1988）。特别是吴觉农主编的《茶经述评》（1987），更是《茶经》研究的集大成之作。

此外，庄晚芳的《中国茶文化的传播》（《中国农史》1984年第二期）等论文，为新时期"茶文化"这一名词和概念的确立起了积极推动作用。

◢ 2. 奠基阶段（1990—1999）

（1）茶文化综合研究　　王家扬主编的《茶的历史与文化——1990杭州国际茶文化研讨会论文选集》（1991）收录23篇论文，内容涉及茶字和饮茶的起源、茶文化的形成与发展、茶道茶艺等。

王冰泉、余悦主编的《茶文化论》（1991），收录30多篇论文，如余悦（彭勃）的《中国茶文化学论纲》、王玲的《关于"中国茶文化学"的科学构建及有关理论的若干问题》，对构建中国茶文化学科的理论体系进行了深入探讨。

姚国坤、王存礼、程启坤编著的《中国茶文化》（1991），从茶文化之源、茶与风情、茶之品饮、茶与生活、茶与文学艺术、历代茶著六个方面全面论述中国茶文化。这是第一本以"中国茶文化"为名称的著作，筚路蓝缕，功不可没。

1992年，王家扬主编的《茶文化的传播及其社会影响——第二届国际茶文化研讨会论文选集》收录40多篇论文，内容涉及茶文化的内涵、发展、传播、社会功能、茶俗、茶艺、茶道；王玲的《中国茶文化》自成体系，简明扼要；朱世英主编的《中国茶文化辞典》作为第一部关于中国茶文化的辞典，具有开拓性。

通过对茶文化广泛而深入的研究，到20世纪90年代初，"茶文化"作为一个新名词、概念被正式确立。

（2）茶艺茶道研究　　范增平《台湾茶文化论》（1992）、张宏庸《台湾传统茶艺文化》（1999）对台湾地区的茶艺文化进行细致的研究。蔡荣章、林瑞萱《现代茶思想集》（1995）探讨现代茶道精神和美学。

童启庆《习茶》（1996）从习茶有道、品茗环境、茶具选配、用水择辨、择茶心韵、泡茶技艺、茶会准备七个方面，要言不烦地论述了现代茶艺的各个环节；丁文的《茶乘》（1999）对茶道概念、茶与儒释道的关系、茶道美学、文人与茶进行了深入的研究。

（3）**茶史研究**　朱自振的《茶史初探》（1997），论述了茶之纪原、茶文化的摇篮、秦汉和六朝茶业、称兴称盛的唐代茶业、宋元茶业的发展和变革、我国传统茶业的由盛转衰、清末民初我国茶叶科学技术的向近代转化、抗战前后我国茶叶科技的艰难发展，对中国茶史进行提纲挈领的概括。

断代茶史或专门茶史著作有梁子《中国唐宋茶道》（1994）、吴智和《明人饮茶生活文化》（1996）、沈冬梅《宋代茶文化》（1999）、丁文《大唐茶文化》（1999）等。

（4）**资料整理**　阮浩耕、沈冬梅、于良子释注点校的《中国茶叶全书》（1999）收录现存茶书64种，后附已佚，存目茶书60种。加以点校和注释，并附作者简介，考定版本源流；陈彬藩主编的《中国茶文化经典》（1999），是收集中国古代茶文化文献资料最全面的资料汇编。

（5）**其他方面**　赖功欧的《茶哲睿智》（1999）对茶与儒道释的关系进行深入研究，东君（滕军）的《茶与仙药——论茶之饮料至精神文化的演变过程》论文揭示了道教在茶从饮料向精神文化发展中的作用。

钱时霖《中国古代茶诗选》（1989），选择中国古代有代表性的茶诗进行注解；石韶华《宋代咏茶诗研究》（1996），从宋代咏茶诗形成的历史过程、创作背景、主要内涵、艺术表现等方面，对宋代茶诗进行全景式研究；胡文彬的论文《茶香四溢满红楼——〈红楼梦〉与中国茶文化》系统、全面、深刻地论述《红楼梦》中的茶文化。

姚国坤、胡小军的《中国古代茶具》（1999）对中国茶具的历史和发展作了梳理；寇丹的《鉴壶》（1996）对紫砂壶进行鉴赏和研究。

陈宗懋主编的《中国茶经》（1992）专设"茶史篇""茶文化篇"，其"饮茶篇"也涉及饮茶史和饮茶艺术。

3. 深化阶段（2000以来）

（1）**茶文化综合研究**　姚国坤《茶文化概论》（2004）、陈文华《长江流域茶文化》（2004）和《中国茶文化学》（2006）、刘勤晋主编《茶文化学》（第二版，2007），余悦主编《茶文化博览丛书》（2002），阮浩耕、董春晓主编《人在草木中丛书》（2003），对茶文化进行多方位研究。丁以寿《中国茶文化》（2011）系统论述了中国茶文化的酝酿、形成、发展、衰退和复兴。

朱世英、王镇恒、詹罗九主编的《中国茶文化大辞典》（2002），收入词条近万，是一部全面宏富的中国茶文化辞典。

（2）**茶艺茶道研究**　蔡荣章《茶道教室》（2002）、《茶道基础篇》（2003）、《说茶之陆羽茶道》（2005）、《茶道入门——泡茶篇》（2007）等，张宏庸《台湾茶艺发展史》

（2002），为现代茶艺理论的研究和规范做出重要贡献。

童启庆、寿英姿《生活茶艺》（2000）从茶艺基本知识入手，引导人们进入四季茶韵，为现代茶艺提供了范式。

余悦在《中国茶韵》（2002）中对茶艺、茶道概念、茶道与儒道释的关系等作了精要的阐释。

马守仁（马嘉善）著《无风荷动——静参中国茶道之韵》（2008），并通过《茶艺美学漫谈》和《中国茶道美学初探》揭示茶艺美学的形式美、动作美、结构美、环境美、神韵美五个特征和茶道美学的大雅、大美、大悲、大用四个特征。

乔木森的《茶席设计》（2005），对茶席设计的基本构成因素、一般结构方式、题材及表现方法、技巧等进行了有益的探索。

丁以寿主编《中华茶道》（2007）系统地论述了中国饮茶的起源、发展以及历代饮茶方式的演变，中华茶道的概念、构成要素以及形式，中华茶道与文学、艺术、哲学、宗教的关系，中华茶道的精神、美学、历史以及对外传播；丁以寿主编《中华茶艺》（2008）系统地论述了茶艺的基本概念和分类原则、茶艺要素、茶席设计、茶艺礼仪、茶艺美学、茶艺形成与发展历史、茶艺编创原则、茶艺对外传播以及中国当代茶艺。

阮浩耕等的《茶道茗理》（2010）以历代茶人为线索，阐述中国茶道精神和意境。

（3）**茶史研究**　中华茶人联谊会编辑的《中国茶叶五千年》（2001）是一部编年体的中国茶史著作，对近现代中国茶界大事记载尤详；夏涛主编《中华茶史》（2008），对先秦、汉魏六朝、唐五代、宋元、明清、现代各个时期的中华茶叶科技、茶叶经贸、茶文化和茶的传播进行了深入浅出的论述。

关剑平的《茶与中国文化》（2001）选择魏晋南北朝迄初唐时期，从文化史角度阐明当时饮茶习俗的发展状况以及饮茶习俗形成的社会文化基础；沈冬梅《茶与宋代社会生活》（2007）从宋代茶艺、茶与宋代政治生活、茶与宋代社会生活、茶与宋代文化四个方面深入研究宋代的茶史。

滕军的《中日茶文化交流史》（2003）对中国茶文化向日本的传播历程进行细致的研究；关剑平《文化传播视野下的茶文化研究》（2009）从文化传播的视角审视中国茶文化形成以及向边疆、海外的传播。

（4）**资料整理**　余悦总编《中国茶叶艺文丛书》（2002），关注现当代茶文化资料，收录茶事诗词（古体）、散文、小说、歌曲和代表性论文。

郑培凯、朱自振主编的《中国历代茶书汇编校注本》（2007）是搜集中国古代茶书最多的一本汇编。汇编校注本对所收茶书重新予以标点，考定版本源流，并附以作者简介、书的简评、注释和校记。

（5）**其他方面**　于良子《翰墨茗香》（2003）对中国古代的茶事书画篆刻作了系统的研究；沈冬梅、张荷、李涓的《茶馨艺文》（2009）从茶与文学、茶与美术、茶与表演艺术三个方面，对古今涉茶的文学艺术作品进行了解析。

宋伯胤《茶具》（2002年）、胡小军《茶具》（2003）、吴光荣《茶具珍赏》（2004）对中国历代各式茶具进行了鉴赏和研究。

旅美学者王笛的《茶馆——成都的公共生活和微观世界1900—1950》（2010）以1900年第一天清早的早茶为开端，在1949年的最后一天晚上堂倌关门而结束。讲述了在茶馆里发生的各种故事，揭示了茶馆在城市改良、政府控制、经济衰退、现代化浪潮的冲刷中，随机应变地对付与其他行业、普通民众、精英、社会、国家之间的复杂关系。王笛令人信服地证明，茶馆是中国社会的一个缩影。

第四节
茶文化的对外传播

一、亚洲茶文化

亚洲是面积最大、人口最多的一个洲，是佛教、伊斯兰教、基督教等世界三大宗教的发源地。

（一）东南亚茶文化

东南亚有越南、老挝、泰国、缅甸、马来西亚、新加坡、印度尼西亚、菲律宾等11个国家。东南亚地区是世界上华侨、华人最多的地区，约有2000多万人，茶文化深受中国饮茶风习的影响。各国饮茶习俗悠久，方式多种多样，有饮绿茶、红茶的，也有饮乌龙茶、普洱茶、花茶的；有饮热茶的，也有饮冰茶的；有饮清茶的，也有饮调味茶的。

1. 越南茶文化

越南茶文化来源于中国，主要通过两条途径从中国传入饮茶习俗。北部因与中国接壤，很早就已经开始饮茶，中越边境形成了许多共同的饮茶习俗。南部平原位于暹罗湾和南中国海之间，扼海上交通要冲，贸易发达，中国人从海路来到这里，因而南部平原是华侨最集中的地区，饮茶习俗更多是由华侨传入的。两条不同的传播途径反映在越南对茶的发音上，北方是che，南方是tra。越南绿茶与花茶的消费与中国有共通之处，而茶叶种类、味道嗜好和饮用习俗等则已形成自己的特色。

越南茶叶种类大致分为五种，最主要的是绿茶，加工方法与中国相同，越南习惯称之为"中国茶（che tau）"。优质茶摘取一芽二叶，称为三芽，因形似鱼钩又称为勾茶，其中带白毫的名为毛尖茶，最受青睐。沏泡绿茶时，首先温壶和温杯，往空壶里加入适量开水，壶热之后倒入茶杯，再倒掉；接着是洗茶，往壶里加入茶叶，注入少量开水后迅速出水；然后冲泡，加满开水，约1分钟后茶香四溢，斟茶入杯慢慢享用。越南谚语说"最后的茶好，最先的酒好"。认为起先的茶汤滋味较淡，而后面的茶汤浓品质最好，因此敬茶时先给主人倒满再给客人斟茶。

越南人称红茶为"漫茶（che man）"。窨以莲花的红茶就是有名的莲漫茶（tra man sen），具有浓郁的越南特色，大多供出口。采取杯泡法或壶泡法，一般直接用开水冲泡；干茶（che kho）使用成熟鲜叶为原料，简单地晒干或炒干，非常廉价，办公室里最常见。沏茶时取适量茶叶揉搓一下，放入壶罐里煮沸或浸泡后饮用；鲜茶（che tuoi）是新鲜的茶，有煮、泡两种饮用方法。用陶制或铜制的大壶煮水，煮沸后放入从自家院子里茶树上摘取的鲜叶，煮到茶叶浮起后饮用，这是煮茶。泡茶时先把摘下的茶叶洗净，切碎后放入茶壶里，注入少量开水再洗一遍倒掉，然后再加满开水，盖上盖子，半小时后即可饮用，可以续水浸泡再饮用；花茶（che nu）以绿茶为原料生产，种类多，莲花茶是魁首，但是茉莉花茶消费量高。

越南人日常生活中，茶是不可或缺的饮品，有客来敬茶的传统。以茶待客，一般还有水果等茶点。客人谢绝一杯茶是不礼貌的，有时甚至被视为是一种冒犯，所以无论是否口渴，至少要象征性地品饮一下主人所奉之茶。

越南人传统婚礼离不开茶。约占全国总人口86%的京族将茶纳入婚礼的许多环节。订婚时，小伙子跟着父母等到姑娘家下聘礼，女方接过聘礼后，需要请未来女婿一家人喝茶表示同意。结婚接亲时，男方挑着礼担的人走在前面，礼担上放着茶叶、槟榔、喜酒以及包着黄金、新衣的大红包。结婚典礼中，新郎新娘要奉茶给长辈，甚至有时要奉茶给在场的所有亲友，通常在奉茶仪式高潮中结束婚礼。

越南茶礼在过年、重要农作物采收完成等喜庆时刻举行，主要是向神灵和祖先奉茶。泰源省的"奉茶礼仪"是传统茶礼的典型代表，多次在越南重要的遗产文化节日盛会上表演。场面宏大，女子穿着靓丽的传统服装载歌载舞，艺人扮演巫师，拉着民族乐器，甚至戴着面具、摇动铃铛向神灵和祖先表达敬意，人们在热闹的氛围中一起饮茶。

近年来兴起禅茶茶礼，仪式复杂，主人准备茶叶、水、茶具后，双手合十于胸前站在门口迎客。客人合手回礼后步入茶室。客人按照坐禅的姿势围成一圈，中间放茶盘，上面摆放茶杯。主人简单介绍后，茶会正式开始。所有客人都参与泡茶、奉茶。奉茶仪式有讲究，每位客人都要向身边的人敬茶，双手端杯，将杯子最美的一面朝向别人，被奉茶者需要双手接杯表示感谢。整个茶会庄严而凝重，大家都在沉默中静心去做。

越南是茶叶消费大国，饮茶方式出现向下午茶、冰茶、袋泡茶、瓶装茶、罐装茶等多元化发展趋势，茶文化组织不断发展壮大，有官方的，有民办的，举办茶博会、茶叶节等各种茶事活动，与世界主要饮茶国家和地区广泛交流茶文化。

2. 泰国茶文化

泰国是热带国家，人们喜欢喝冰茶解渴消热。冰茶种类繁多，按照茶叶原料有绿茶与红茶两类。以绿茶为原料的冰茶制作较为简单，一般是以水果加绿茶调制，放入一些冰块；以红茶为原料制作的冰茶品种较多。将红茶直接冲泡或者煮沸之后倒入杯中，加入糖、牛奶和冰块，这种方式简单快捷，在泰国茶馆基本上都有。冰茶也有许多奢侈的饮用方式，在一些高档茶馆、休闲娱乐场所均有供应。一般是将高档有机红茶放进杯中，注入热水，再放入杏仁精、龙舌兰酒和甜叶菊，浸泡约15分钟后，将茶汤注入放有冰块的茶杯，加牛奶搅拌混合即可饮用。有时还在冰茶中放入鸡尾酒的各种基酒，甚至柠檬汁、果糖、可乐等。

泰国奶茶是茶、牛奶或炼乳等的混合饮品，是餐厅里的热门饮料。茶汤可以用红茶冲泡，不喜欢在茶汤中看到茶叶，将红茶装在布袋里用开水冲泡，再用汤匙用力挤压茶包，使茶汁尽量出来。将泡好的茶汤注入放糖的茶杯中，再淋上牛奶或者炼乳等搅拌即可饮用。泰国奶茶做好后，可以放到冰箱里储存，也可以放入冰块直接饮用。泰国街上有很多奶茶店，制作更简单，将红茶包好放入锅中煎煮，甚至盖上锅盖，使茶汤浓度更高而又节省茶叶，放入砂糖和牛奶，很多商贩使用奶精来节省成本。有的奶茶店表演拉茶或者抛奶茶，表演者两手各拿两个不锈钢杯，高高举起，将奶茶拉出两条长长的弧线，抛进另外两只杯里，不断重复，身体跟着旋转，以此招揽顾客。

中国的潮汕工夫茶在泰国也可见。泰国北部地区有吃腌茶的风俗，与中国云南少数民族一样，通常在雨季腌制。一般选择四月中下旬的茶树鲜叶为原料，放入蒸笼杀青，呈黄色，不揉捻，堆积大约1个月后，酸化制成腌茶，所以也称为"酸茶"。腌茶其实是一道菜，和香料拌和后放进嘴里细嚼，已经成为泰国山区村民的生活必需品。

（二）南亚茶文化

南亚包括巴基斯坦、尼泊尔、不丹、印度、孟加拉国、斯里兰卡、马尔代夫等国，由于比邻中国，中国饮茶风俗很早就传入这些地区。欧洲人最早在南亚试植茶树、发展茶叶生产，但是茶种与生产技术均来源于中国。当前尼泊尔、孟加拉国、巴基斯坦也产茶，而印度、斯里兰卡（旧称锡兰）产红茶最为著名。

1. 印度茶文化

印度是世界茶叶生产、出口和消费大国。1757年，印度沦为英国殖民地。1834年，英印殖民当局成立茶叶委员会，研究中国茶树在印度种植的可行性，掀起大规模输入中国茶籽、茶苗、茶工、茶叶栽种与制造技术的高潮。印度适宜种茶，尤其是东部的孟加拉与阿萨姆省。主要有北印度和南印度茶区，阿萨姆、西孟加拉、泰米尔纳杜、喀拉拉等4个邦占茶园面积和产量总数的90%左右。阿萨姆、大吉岭、杜阿尔斯、尼尔吉里、特拉伊、特拉万科等是名茶产区。阿萨姆最大，也是世界上最大的红茶生产区。大吉岭所产优质茶被视作茶中香槟。

在印度，随处都有奶茶摊，常用小陶杯喝茶，喝完后随手丢掉打破，充分展现印度人尘归尘、土归土的自然观念。印度人喜欢饮用马萨拉茶，制作非常简单，在红茶中加入姜和小豆蔻，但是喝茶方式却颇为奇特，茶汤不是斟入茶碗或茶杯而是盘子里，不是用嘴喝或用吸管吸饮，而是伸出又红又长的舌头去舔饮，当地人称为"舔茶"。另外，左手是用来洗澡和上厕所的，绝不用左手递送茶具。

印度除南方观南省人较喜爱喝咖啡外，其他省份的人大多爱饮热奶茶，又名焦糖奶茶，由红茶、香料、砂糖以及牛奶调和而成。直接将茶叶、牛奶和砂糖一起放入锅里熬煮，甚至加入肉桂、豆蔻、丁香、槟榔、茴香、生姜等调味。掌握煮茶火候十分重要，煮久了会产生较重的涩味，所以掺入奶油减缓涩味，并且让奶茶更具有浓滑的口感。一般家庭晚饭时间较晚，下午多半聚集在一起喝奶茶聊天。

印度北方的家庭喜欢用茶待客。客人来访，主人首先请客人坐到铺在地板上的席子上面，男性必须盘腿而坐，女性则要双膝相并屈膝而坐。主人摆上水果和甜食为茶点，给客人献上一杯加糖的茶水，客人不要马上伸手接茶，而要客气地推辞致谢。当主人再次献茶时，客人才双手接过，然后一边慢慢品饮，一边吃茶点，彬彬有礼，气氛融洽。

2. 斯里兰卡茶文化

斯里兰卡是世界上茶叶生产、出口大国，是南亚人均消费茶叶最多的国家，也是南亚最早植茶的地区。早在1800年，荷兰就在锡兰试种中国茶树。直到1869年，叶锈病使咖啡种植业受到沉重打击后，才促使锡兰开始"向茶业突进"。斯里兰卡是世界闻名的"红茶王国"，所产茶叶几乎全是红茶，称为"锡兰茶"，主要供出口，品质优异。茶叶主产区分布于加勒、拉特纳普特、康提、努沃勒埃利耶、丁比拉、乌瓦等地。丁比拉茶香味馥郁，茶汤浓厚，世界有名。努沃勒埃利耶位于海拔最高的山区，是最优质茶产地，所产茶称为斯里兰卡茶中香槟。乌瓦茶浓郁甘醇，享有世界声誉。

饮茶在斯里兰卡人生活中不可或缺，有自己的特色方式，认为喝茶加奶损害茶的香味。酷爱喝浓茶，虽然又苦又涩却觉得津津有味。斯里兰卡没有传统的茶馆，城市中有很多卖茶的茶站，设有1米多高的加热水炉，客人进店可以方便地买到茶水，杯中放入一袋茶叶，开水一冲即可。乡村也都有喝茶的站点，村里人聚在一起喝茶聊天。习惯一袋茶只泡一次，饮后即丢。在快餐店也可以买到茶水，比较讲究的茶客直接到茶厂买茶。首都科伦坡有数十家中国餐厅，在那里中国茶很受欢迎。

（三）西亚茶文化

西亚有伊朗、叙利亚、以色列、土耳其、阿富汗、伊拉克、沙特阿拉伯等20个国家，是古代中国茶文化向西方传播的重要通道。茶叶经由陆上丝绸之路，穿越河西走廊，经新疆传入中亚、西亚。干燥少雨的气候类型和多食牛羊肉的饮食结构是西亚茶文化兴起的客观因素。西亚大部分国家主要饮红茶，酷爱鲜浓风味的红茶，佐以牛奶、薄荷煮饮。随着生活节奏加快，饮茶方式向实用、便捷型发展，直接用沸水冲泡茶叶的方式逐渐多起来，不仅直接冲泡红茶，也冲泡绿茶，甚至也饮用袋泡茶、速溶茶、浓缩茶、鲜茶饮料等。西亚也出现一些特色茶饮，如土耳其苹果茶、薄荷茶等。在民族纠纷不断、局势动荡的西亚，茶是沟通人际关系、增进友谊的桥梁，是文明与和平的使者。

1. 伊朗茶文化

伊朗旧称"安息""波斯"，古都伊斯法汗曾是古代丝绸之路的南路要站。中国茶传入伊朗后，同伊朗的生活方式、风土人情以及宗教意识等特殊国情相融合，形成了别具一格的饮茶习俗。现在，伊朗是世界主要茶叶进口国、消费国之一。

茶是伊朗人一年四季消费最多的饮料，一天十几杯茶很正常，尤其是红茶，饮用中国绿茶是新潮流。家庭主妇每天早上起床就煮茶，每顿饭后要备好茶。客人到访时，要准备好精美的茶具和托盘，奉上煮好的红茶，才算是待客之道。无论公共场所，还是办公场所都有茶室。每天中午休息的时候，人们都会涌向茶室买茶。在教育机构或政府机构里，喝茶甚至成为一种权力和地位的象征。茶室的工人每天都会按照等级顺序，把准备好的茶分别送到各个办公桌前。伊朗是政教合一的伊斯兰教国家，提倡以茶代酒，在茶室喝茶男女必须分开坐。伊朗茶文化体现了"和、敬"的精神文化内涵。客来敬茶，主人给客人敬上红艳明亮、香高味醇的红茶；以茶待友、示礼，走亲访友送上一包茶叶，都代表至高的敬意。

大多数伊朗家庭喜欢传统的煮茶方式，厨房必备传统的铜壶，底座是巨型的水壶，顶部放煮茶的茶壶，通过巨型水壶里的蒸汽保持茶壶的汤温和茶香，总是搭在火上以备随时需要。这种传统方式在现代社会已受到袋装茶冲击。

伊朗人饮用红茶喜欢加糖，但不是放在茶汤中混匀后饮用。红茶刚煮好后热气腾腾，先把方糖在红茶里蘸一蘸，然后放进嘴里，接着品饮红茶。"含糖啜茗"，方式独特。喝茶讲究见水不见茶，一杯泡制好的纯茶水，杯底不能出现红茶颗粒。对茶具很讲究，一般选择形态别致的透明玻璃杯，下面有透明的玻璃杯托。传统的玻璃杯为红色，杯身布满了雕刻细密、花纹精巧的金属镶嵌装饰，如同隔热护手的杯套，玲珑剔透的玻璃杯盛着红艳的纯茶水，旁边放一把茶壶，显得精致而又和谐。

伊朗人喜欢静谧雅洁的环境，享受品茗的意境。政府重视文物古迹保护，很多茶馆的饮茶器具、内外装饰、服务员服装等都保留传统文化风格。漂亮生动的风情壁画、悠扬怡人的民族音乐、满天繁星般的手工印染纺织装饰品、精巧别致的民间工艺品，使得茶馆像个民间艺术博览馆。最有情调的茶馆是室外自然茶室，也就是露天茶馆，里面种着树木、花草，有的还设有中央喷泉，夏天生意很红火，边喝茶边乘凉。泡茶的在室内，喝茶的在室外木榻上，每个木榻可坐三四个人，上面铺着具有波斯风情的地毯，体现了伊朗饮茶追求人与自然和谐统一的意境。

◗ 2. 土耳其茶文化

土耳其是世界茶叶生产、消费大国。土耳其人史称突厥，发源地在中国新疆阿尔泰山一带，因而茶文化与中国关系紧密。土耳其人不可一日无茶，早晨起床先得喝杯茶。茶馆星罗棋布，甚至点心店、小吃店也卖茶。到处都可以看到串街走巷、挨门挨户送茶的服务员。饶有趣味的是，凡在城市生活的人，一吹口哨，附近茶馆的服务员就会随即手托精致的茶盘送上热茶。车船码头有人来回喊着"刚煮的茶"专门卖茶。机关、公司、厂矿都有专人负责煮茶、卖茶和送茶。学校教师办公室有个专门电铃，一按就有人提着茶盘和杯子来送茶，学生在课间可以去学校专门开设的茶室里喝茶。

在土耳其，"叹茶"及"以茶待客"蔚然成风。"叹"有享受的意思，叹茶是指上茶楼饮茶，边饮茶，边吃茶点。土耳其的茶馆林立，甚至一些大街小巷还有移动的茶馆，一些茶贩子沿街叫卖，在农村还有很多露天茶馆。茶室里茶的种类很多，除红茶外，还有葡萄茶、橘子茶、苹果茶、杏子茶等各种各样的水果茶。不过，当地人爱喝的还是单加糖、不加奶的红茶。茶室是叹茶的好地方，可以消闲、交际与松弛身心，每天晚上都坐满了人，席地而坐，围成圆圈，嗑着瓜子，喝着红茶，说着笑话，非常开心。茶室是男人的天下，一般见不到妇女。有些露天茶座属于大众性茶馆，叫上一杯土耳其红茶，可以悠闲地叹下午茶，轻松愉快地度过大半天时间。土耳其人认为只有色泽红艳透明、香气扑鼻、滋味甘醇可口的茶，才是恰到好处。喜欢当着客人的面夸赞自己煮茶的功夫，尤其在一些旅游胜地的茶室里，煮茶高手会教游客如何煮茶。

土耳其茶具简约又别致，通常是一对子母茶壶、几只杯子、小匙、小碟等。土耳其的银制品世界知名，茶具银制品甚多，做工精美。土耳其人喜欢煮茶，传统煮茶器具是子母铜茶壶。子母壶形态别致，是土耳其的特色茶具。一般为双层宝塔形，母壶在下烧开水，子壶在上盛浓茶，同时是母壶的壶盖，而母壶的水蒸气直烘子壶的壶底以加热茶汤。饮茶较为普遍使用小玻璃杯，将子壶中的浓茶汁倾入小玻璃杯中，再冲入大茶壶中的沸水稀释，至七八分满后，加上一些白糖，用小匙搅拌几下使茶、水、糖混匀后就饮用。

土耳其特色茶品有甜茶、苹果茶、薄荷茶。红茶加方糖，称为甜茶。苹果茶是红茶与苹果汁的混饮，有茶包型、即溶型、自然果粒型三种，已成土耳其的招牌饮品，国外游客到土耳其一般都要品饮苹果茶。薄荷茶是在茶汤中放入几片鲜薄荷叶和一些冰糖，也可以掺进其他花草，是土耳其人夏天消暑的重要饮品。据称薄荷茶有助于保持女性肌肤光滑细腻，因此成了土耳其女性青睐的饮品。土耳其茶点丰富，比萨饼，香蕉、苹果、无花果、荔枝、石榴、葡萄、西瓜等水果，核桃仁、榛子、松子、葡萄干等干果，烤羊肉串和烤鸡肉串等世界闻名的土耳其烤肉，均是佐茶佳品。

二、欧洲茶文化

欧洲有近50个国家和地区，习惯上分为北欧、南欧、西欧、中欧和东欧五部分，茶文化各具特色。

（一）西欧茶文化

英国、法国、荷兰、比利时、卢森堡、爱尔兰等西欧国家是世界上重要的茶叶消费区，也是茶文化比较发达的地区。

1. 英国茶文化

英国是世界上人均茶叶消费量较大的国家之一，茶叶消费量占国内饮料总消费量的一半以上。80%的英国人每天饮茶，上至王室成员，下至平民百姓，早晨起床饮"床茶"，上午饮"晨茶"，午后饮"午后茶"，晚餐后饮"晚茶"，一日喝四次茶是司空见惯之事。以茶待客，以茶会友，更是乐此不疲。

1650年前后，已有英国人偶尔饮茶。1657年，商人托马斯·加韦在伦敦开设了一家加韦咖啡屋，首次向公众售茶，张贴宣传海报，列举了茶叶的14种药用价值。1662年，葡萄牙凯瑟琳公主嫁给英国国王查理二世，嫁妆中有精美的中国茶具和221磅红茶。凯瑟琳王后促使饮茶很快成为英国上层社会的时尚，她也因此被称为"饮茶王后"。

1700年，英国的杂货铺开始出售茶叶，茶叶由贵族富人的饮料向平民开放，茶叶消费呈现逐步上升的趋势。18世纪中叶以后，饮茶在英国城乡各阶层普及，茶叶成为英国人不可缺少的大宗消费品。社会上出现了专门消费茶饮料的茶园、饮茶必需的服饰和器皿。到18世纪末，仅伦敦一地就大约有2000家茶馆，英国饮茶风习形成。

19世纪，英国饮茶之风盛行，茶叶成为每天生活的必需品。特别是维多利亚时代（1837—1901），饮茶形成了独特的礼仪规范，茶会成为当时流行的一种社会活动形式，下午茶形成并迅速蔚然成风。当时英国饮食特点是重视早餐，忽视午餐，要到晚上八点进晚餐。下午漫长，饥饿难耐。一天，斐德福公爵夫人安娜邀请几位知心好友，饮茶时搭配几片烤面包、奶油，谈天说地，消磨漫长的午后时光。这种消遣方式不久蔚为风尚，无论是招待邻居、朋友，或是商界朋友聚会议事，下午茶都是首选方式，很多男性也成为忠实拥护者。下午茶要求点心精致，盛点心的瓷盘一般为三层。最下面一层放有夹心的味道比较重的咸点心，如三明治、牛角面包等；第二层放咸甜结合的点心，一般没有夹心，如英式

Scone松饼和培根卷等传统点心；第三层放蛋糕及水果塔，以及几种小甜品。这些点心都由手工制成，现吃现烤，要从点心盘的最下层往上吃。除了对茶和点心严格要求外，下午茶还少不了悠扬的古典音乐作为背景。

英国传统饮茶方式为热饮，热饮茶分加奶茶和不加奶茶两种。加奶茶，通常先倒奶入杯，再冲入热茶，这样可以省掉搅拌。不加奶茶的种类很多，多往茶水中添加糖、水果汁等；冷饮是20世纪新出现的饮茶方式，最为流行的是冰茶。冲泡好茶水，茶水宜浓不宜淡，将冰块放入红浓的茶汁中，再加入牛奶和糖即可，香甜可口，大都在夏季饮用。除了冲泡散条形茶叶外，如今英国人饮用最多的是袋泡茶。英国也以品类繁多的袋泡茶而驰名全球。

下午茶是英国各个阶层固定的习俗，饮食、公共娱乐场所都供应下午茶。火车上备有茶篮，内放茶、面包、饼干、红糖、牛奶、柠檬等，供旅客饮下午茶用。1927年后，英国皇家航空公司的飞机上也开始供应下午茶。英国民谣称"当时钟敲响四下时，世上的一切瞬间为茶而停止。"即便在第二次世界大战期间，英德两军对垒时，每到四点钟，英军也会喝下午茶。德国人在这段时间也不进攻，享受短暂的和平。

英国还将饮茶上升为一种基本权利，公私机关、企业都规定有"茶休"时间。每天上午下午各一次，每次15分钟。届时有茶太太（Tea Lady）推着小车打铃送茶来。如今，下午茶已经泛化，用来指午餐和晚餐间的甜点和饮料，喝茶、喝咖啡，甚至到麦当劳喝杯巧克力饮料也属于下午茶的范畴。传统正宗下午茶只在昂贵的酒店、高档的咖啡馆里才能品尝到。

茶对英国社会诸方面都产生了巨大而深远的影响，使英国完成了一场饮食革命。19世纪中期形成的下午茶实际是一顿简化的便餐，茶成为日常食品干面包、奶酪、咸肉的佐餐饮料，为人们在漫长的下午提供能量，不仅维持了英国传统的一日三餐制，也极大地改善了英国传统的饮食结构；茶文化提高了妇女在家庭、社会中的地位，培育了男人的绅士风度。女性是英国茶文化成熟和繁荣的最根本力量，围绕着喝茶所形成的时空、服饰、行为仪式都充满女性的温柔与优雅，所以有人把英国茶文化称为"淑女茶文化"。现在白金汉宫每年举行的正式下午茶会，依然要求男士着燕尾服、戴高帽，手持雨伞；茶文化密切了英国人们的社会交往，还在一定程度上繁荣了英国的文学艺术。不少文学家将饮茶作为重要的精神享受和激发文思的手段。以茶为主题的文学艺术众多，如《饮茶王后》《赞茶诗》《绿茶女神》《给我一杯茶》《可爱的茶》等茶诗，《序中之茶》《一滴茶》等戏曲。20世纪初，英国人在南美阿根廷探戈舞的基础上，创造了独具特色的茶舞——英式探戈舞。

2. 法国茶文化

法国是较早接触到茶叶的欧洲国家之一。1636年，有"海上马车夫"之称的荷兰商人把中国茶叶转运至巴黎，皇室贵族最早接受并视之为医治疾病的"万灵丹"和"长生妙药",上层社会逐渐流行饮茶。与荷兰语"茶（thee）"一样，法语"茶（the）"，都源于福建闽南话"茶ti"。早期由于价格昂贵，茶叶被视为奢侈品。医药界曾一度反对饮茶，但后来饮茶利于健康的观点取得了压倒性的胜利。

进入18世纪，饮茶有利防病治病的观念在法国上层社会盛行不衰，茶叶在巴黎及凡尔赛逐渐赢得了许多热情的支持者。在接受中国茶的同时，法国文人以茶为对象创作茶事文学。1789年法国大革命爆发后，随着贵族阶级消失，不再视茶叶为贵族饮料，饮茶之风逐渐在广大民众中推广。

19世纪，法国的大小餐馆、酒店已开始供应茶水。法国人认为饮茶体现了一种团结睦邻精神，尤其喜欢和家人或朋友一起前往外面的茶室、餐馆中饮茶，这个喜好直接推动了法国近代茶馆业的兴旺发达。法国的人均茶叶消费量低于于英国，但茶馆却远多于英国。1860年，玛利阿奇兄弟茶叶公司研制出巧克力和柑味茶的调配秘方，以健康为名招揽顾客，获得很大成功。

1900年，巴黎尼亚尔兄弟文具店内设置两个小茶桌，供应顾客茶水和饼干，午后茶开始并逐渐成为巴黎人日常生活中的习惯。法国午后茶一般是在下午4：30—5：30时供应。旅馆、饭店和咖啡馆的午后茶，通常加入牛奶及砂糖或柠檬。法国工业化后生活节奏加快，晚餐取代午餐成为正餐，时间推迟，不少家庭晚上9：00才进晚餐。供应点心的下午茶可以缓解两餐之间的饥渴，于是在法国流行起来。

20世纪60年代以来，法国的人均茶叶消费快速增长，茶文化热悄然兴起。饮茶开始真正走向法国大众，成为人们日常生活和社交活动不可或缺的内容。2005年，法国《费加罗报》称："如果您是从没有品过茶的30%的法国人之一；如果您还认为茶是一种'女士饮料'或者只适于感冒或者消化不良时饮用，那么，您落伍了。"

如今，法国已成为欧洲第四大饮茶国家，饮茶方式主要有清饮和调饮两种，均用各式甜糕饼佐茶。调饮时加方糖或新鲜薄荷叶，加味茶已成为法国茶的一个独特特征，被多数人视为法国风味茶。法国售出的近半数茶叶是添加了薄荷、巧克力或各种花香的加味茶，又称香料茶。

除饮用外，法国还大力开发茶叶的其他用途。不少法国厨师制作菜肴或点心时，习惯使用茶叶作为调料。法国已开发出各式茶叶饼干、茶糖、茶冻等食品，甚至把茶叶添加到蜡烛、香水、洗发香波、牙膏、奶油、巧克力和酒中。浪漫的法国人还喜欢洗茶叶澡，认为有美容护肤、减肥的功效。

1980年，老舍的《茶馆》在法国演出后，中国式茶馆便像雨后春笋般涌现，遍布各个城市的大街小巷。目前，法国茶室、茶馆的数量已经超过了餐饮店。一些法国人习惯在茶室而不是咖啡馆与朋友见面。首都巴黎的茶馆业尤为发达，2007年巴黎的茶馆比英国伦敦要多两倍。

法国还成立了一些茶文化组织，首都巴黎有法国国际茶文化促进会、饮茶者俱乐部，里昂有法国茶道协会等。法国饮茶者俱乐部创始人吉勒·布罗沙尔认为"茶是一种最富有诗意的饮料。饮茶也是一种文化和一种人人都可以从中受到熏陶的礼仪。"越来越多的法国人对中国茶文化表现出浓厚的兴趣，不少法国人还专门到中国考察茶文化，中法茶文化交流如火如荼开展。

3. 荷兰茶文化

1607年，荷兰东印度公司从爪哇来到澳门运载绿茶，1610年运到荷兰，这是西方人来中国运茶的最早记录，中国茶叶开始正式输入欧洲。

茶叶最初是当作药物放在荷兰药店出售，1635年，开始进入宫廷成为贵族养生健体的时尚饮料。在引进茶叶的同时，荷兰人也引进中国的精致茶壶、茶杯配套使用。1650年，荷兰德尔夫著名陶工启赛模仿中国的样式制造茶具，荷兰国内开始出现成套的茶具。1651年，阿姆斯特丹开始举行茶叶拍卖活动，并成为欧洲的茶叶供应中心。

随着茶叶影响的深入，荷兰出现了以茶叶为题材的绘画。1665年，在阿姆斯特丹用钢制的雕版印刷中国茶树插图，用透视法放大茶树，刻画中国茶园及采茶。1666年后，茶叶输入量增多，茶价逐渐平抑，饮茶之风遂普及全国。富人多专辟茶室品茗，家庭主妇以家有别致的茶室、珍贵的茶叶和精美的茶具而自豪。17世纪末，茶叶不再放在药店而改在杂货店售卖。不但商业性茶室、茶座应运而生，家庭也兴起饮早茶、午茶、晚茶的风气，而且十分讲究以茶待客的礼仪，从迎客、敬茶、寒暄至辞别都有一套严谨的礼节。

一些贵妇人嗜茶如命，陶醉于饮茶聚会活动以致受到抨击。1701年，荷兰上演喜剧《茶迷贵妇人》，反映荷兰上层妇女对饮茶的狂热，对推动欧洲各国饮茶起到不可低估的作用。荷兰下层妇女也不甘落后，在啤酒店饮茶，组成饮茶俱乐部，形成普通妇女饮茶热。

目前，荷兰尚茶之风犹存，在较繁华的市区随处可见茶室，人们多在午后或晚间来此饮茶。本地人爱饮佐以糖、牛奶或柠檬的红茶。多数家庭都有饮茶习惯，特别是午后茶几乎成为家家户户的惯例。荷兰人也喜欢以茶会友，主人多邀请客人到家中饮午后茶，通常是一人一壶。茶冲泡好后，客人将茶水倒入碟子里饮用，大多会发出啧啧声表示赏识主人的泡茶技艺。

（二）中欧、南欧茶文化

中欧包括德国、波兰、捷克、斯洛伐克、匈牙利、奥地利、列支敦士登和瑞士等8个国家。南欧包括意大利、葡萄牙、西班牙、保加利亚、罗马尼亚、塞尔维亚希腊等国。最早获得茶知识的西方人是16世纪来华的欧洲耶稣会士。1582年，意大利人利玛窦、石方西、郭居静、熊三拔、龙华民，葡萄牙人麦安东、孟三德、费奇观、罗如望、李玛诺，西班牙人庞迪我等来到中国，把茶叶知识和饮茶风习介绍给欧洲人，推动了欧洲茶文化的兴起和发展。

1. 波兰茶文化

早在17世纪，波兰传教士Michat Boym把茶叶传入波兰。波兰是世界主要茶叶进口、消费国之一。

波兰以黄油、奶油、面包为主食，牛肉和猪肉比重高，蔬菜品种与食用量都很少，冬季寒冷且时间长，喜欢饮用烈性酒。茶可以增加各种维生素，帮助消化肉食，稀释酒精浓度，因此波兰人养成了饮茶习惯。

波兰人好客，客来敬茶是礼节。主人会礼貌地问"喝茶还是喝咖啡"，由客人选择。波兰人爱饮红茶，将红茶放入茶杯直接用开水冲泡，或者先将开水注入茶杯，再把袋泡茶放入茶杯。西部和中部波兰人饮红茶要加糖。也有少数人爱饮绿茶。"一次性"是波兰饮茶特色之一，茶叶只冲泡一次，因此袋泡茶日益受到欢迎，约占70%。东部波兰人则不同，通常采用很大的金属壶将水烧开，然后把水冲入放有茶叶的小茶壶泡5分钟左右，倒入茶杯中。茶汤很浓，各人根据口味加开水稀释再饮用，不喜欢加糖。

近年波兰市场上出现了"果茶"，实际上是一些干果切片加上去火败毒的草药，类似中国的花草茶或者果味茶。

2. 德国茶文化

19世纪德国植物学家孔茨氏Otto Kuntze认为德文的茶"Tee"源自中国，确定茶的学名为*Camellia sinensis* (L) O. Kuntze，被全世界采用。德国茶文化具有现代发达工业国家的特色，简约、实用、高效又时尚。对茶进行全方位的包装与开发，开发出各种茶产品，如袋泡茶、罐装茶饮料、速溶茶、香味茶等。德国人对绿茶赞赏有加，由此出现了很多绿茶饮料、绿茶汽水，还有绿茶洗发水，在市场上很受欢迎。

在与荷兰接壤的德国西北部地区东弗里斯兰，饮茶历史悠久，已发展出自己独特的茶文化。饮茶时，先将小块方糖放入带柄的茶杯中，再倒入热气腾腾的茶水，方糖在热茶水刺激下发出叮叮的声响，清脆动人。接下来，将鲜奶油沿杯壁加入杯中，由于密度较小，奶油先会短暂沉入茶中，随后会像一朵朵云彩向上涌出，绽开在茶水表面。香浓的口感，惬意的生活，东弗里斯兰人对茶的热爱超乎想象。这里每年的人均饮茶量达到300升，以印度阿萨姆红茶为主的混合茶是当地人的最爱。

德国人认为茶是健康美味的饮料，视为高雅饮品。饮用散茶时，多采用壶泡法，茶壶上面有金属制作的网状茶漏，散茶放于茶漏之上，冲入沸水，倒掉茶叶，不喜欢看到茶汤中有茶叶。由于茶与水接触时间短，茶汤清淡，颜色浅。有时不用茶漏，用小钢勺过滤茶叶渣。除了散茶，德国人也喜欢饮用袋泡茶、罐装茶饮料、速溶茶、香味茶等。德国人饮茶具有交友、商务、娱乐等社会功能。一些茶叶爱好者经常举行周末茶会，茶事活动方兴未艾，许多茶店、咖啡馆还提供英式下午茶。

3. 葡萄牙茶文化

1556年，葡萄牙耶稣会士克鲁兹到达广州，逗留数月，接触到中国茶叶。1560年，克鲁兹著《中国茶饮录》，这是葡萄牙第一本茶著。1569年，又出版了《广州记述》，记述了中国人的饮茶生活，并说中国人多次请他喝茶。葡萄牙对茶叶传入欧洲做出了重大贡献。

除葡萄牙来华耶稣会士向欧洲传播茶文化外，16世纪初期葡萄牙侵入中国，最先开拓西方国家对华贸易，取得在澳门的居住权，首开欧洲人学习饮茶之先河，将大量茶的知识带给欧洲。随着茶知识源源不断传入，1590年，葡萄牙语出现了茶字。凯瑟琳公主嗜茶，1662年远嫁英国国王查理二世时，还用几箱茶叶作陪嫁。她在英国宫廷聚会中首开饮茶之风，推动饮茶风习在宫廷兴起和流行，为著名的英国下午茶发展奠定了基础。

（三）东欧、北欧茶文化

东欧包括白俄罗斯、爱沙尼亚、拉脱维亚、立陶宛、摩尔多瓦、俄罗斯、乌克兰等。北欧有丹麦、瑞典、挪威、芬兰、冰岛。大多习惯饮用红茶，而且加糖、牛奶等。

1. 俄罗斯茶文化

俄罗斯是茶叶消费大国，世界最大茶叶进口国。1638年，俄国沙皇委派贵族瓦西里·斯塔尔可夫作为使者出访蒙古，蒙古可汗以4普特中国茶叶为回赠礼品，茶开始进入俄罗斯上层社会。俄罗斯通过陆上、海上两条丝绸之路从中国获得茶叶，茶叶成为中俄贸易的大宗商品。到19世纪初，俄罗斯开始盛行饮茶之风。朋友、同事、亲戚及家人在工作之余或节假日，围坐一起品茶交流，别有一番情趣。

19世纪，俄罗斯已有很多文学作品描写茶俗、茶礼、茶会，俄罗斯作家普希金就曾记述过悠闲自在的乡间茶会。不过，俄罗斯上层社会饮茶十分考究，茶具漂亮，茶炊"萨马瓦尔"是精致的银制品，茶碟很别致，讲究饮茶礼仪。

如今，饮茶已经成为俄罗斯人的生活习惯。不分男女老少，一年四季、饭前饭后、居家外出都饮茶。在家饮茶时，通常由女主人煮茶、倒茶。邀请亲友到家里喝茶是友好的表示，许多家庭有客来敬茶的习惯。在俄罗斯旅行，甚至列车上都有以茶奉客。

俄罗斯形成了有民族特色的饮茶方式，用黄铜茶壶煮茶，喝茶时伴以大盘小碟的蛋糕、烤饼、馅饼、甜面包、饼干、糖块、果酱、蜂蜜等茶点。大多数人酷爱红茶，少数人偏爱绿茶，往往因地区而异。浓酽的红茶呈黑色，习惯加糖、柠檬片，有时也加牛奶。喝甜茶有三种方式。一是把糖放入茶水里，用勺搅拌后喝，最为普遍；二是将糖咬下一小块含在嘴里喝茶，多为老年人和农民接受；三是看糖喝茶，不把糖搁到茶水里，也不含在嘴里，而是看着或想着糖喝茶。俄罗斯人还喜欢喝加蜂蜜的甜茶。在乡村，人们常把茶水倒进小茶碟，手掌平托茶碟，用茶勺送进一口蜂蜜含在嘴里，然后嘴贴茶碟带着响声一口一口地呷茶。这种方式在俄语中称为"用茶碟喝茶"。有时也用自制的果酱代替蜂蜜。

"无茶炊便不能算饮茶"，是俄罗斯茶文化的重要特色。茶炊是装有把手、龙头和支脚的热水壶，多为银制或铜制。由于气候寒冷，以随时可以加热保温的茶炊冲泡红茶成为传统。在古代，从贵族到平民，茶炊是每个家庭必不可少的器皿，也是外出旅行常带之物。

俄罗斯茶炊出现在18世纪，到19世纪中期基本定型为茶壶型、炉灶型、烧水型三种茶炊，有球形、桶形、花瓶状、小酒杯形、罐形以及不规则形状。茶炊市场需求量大，19世纪20年代，离莫斯科不远的图拉市成为茶炊生产基地，年产量达66万只。俄罗斯作家和艺术家的作品里多有对茶炊的描述，如诗人普希金的诗剧《叶甫盖尼·奥涅金》，画家巴·库斯托季耶夫的油画《商妇品茗》。现在俄罗斯家庭习惯使用电茶炊烧开水，而且茶壶在取代茶炊。茶炊更多时候只是装饰品或工艺品。冲泡红茶时，需要茶炊、茶壶、茶杯、茶托、茶碟、标准茶匙、糖块捏夹、糖棒等茶具组合。

2. 瑞典茶文化

瑞典与中国茶叶的最早联系可以追溯到18世纪，哥德堡号远洋商船就是历史见证。哥德堡号建于1738年，是瑞典东印度公司的远洋货船，曾三次去中国广州进行贸易，购买中国的瓷器、香料和茶叶等。1745年返航时不幸触礁沉没。直到1992年，打捞出的货物中有370吨茶叶经检验还可饮用。后来，瑞典重建哥德堡号仿古船，再次顺着历史航线前往中国，造访沿途众多港口，成为中瑞两国茶文化交流的美谈。

瑞典植物学家林奈于1753年将茶树命名为*Thea sinensis* Line，意思是中国山茶属。林奈是欧洲大陆最早的茶树栽培者，多次委托来中国的船长、瑞典东印度公司的董事带回中国的茶树标本和茶籽，于1763年在瑞典栽植茶树成功，由于气候原因未形成大规模种植。

饮茶开始局限于上层社会的少数贵族，从19世纪50年代才广泛流传，直到袋泡茶出现才真正在瑞典普及。瑞典有各种各样的茶，但是红茶最流行，多数人喜欢在吃早餐的时候喝"晨茶"，睡前一般也喜欢喝点茶。

瑞典人喜欢浓茶，饮用传统茶叶的方法较为独特。先把茶叶放在金属过滤球中，浸入水里，摇一摇，看着茶的颜色逐渐变深，直到饮用者喜欢的程度。年轻人更喜欢传统茶叶，味道比袋泡茶好。近年来，绿茶也被大家喜爱和接受。瑞典人喝茶看重口感，绿茶的天然味道是最吸引瑞典人的地方。在瑞典的茶叶店，如果有顾客买茶叶，店主通常会传授泡茶的方法。网络是瑞典人了解茶叶的一个重要窗口，瑞典茶文化网络宣传较为发达，网站上有各种茶叶图片、生长环境、口味特点的介绍以及冲泡方法等，很容易在线购买。

三、非洲茶文化

非洲共有几十个国家和地区，是世界茶叶生产、出口第二大洲。有20多个产茶国，主要分布在非洲东部和南部，以肯尼亚、马拉维、乌干达、坦桑尼亚、卢旺达、津巴布韦等为主，前四国均排在世界茶叶出口国前十位。非洲北部和西部是中国绿茶传统主销市场，也是中国茶叶出口第一大市场。

（一）东非、北非茶文化

东非气候、环境十分适合茶树栽培，肯尼亚、坦桑尼亚、埃塞俄比亚、乌干达、卢旺达、布隆迪、塞舌尔等国都产茶。东非各国普遍有饮茶习惯，大多以饮用红茶为主。无论是产茶国还是非产茶国，随处可见的茶馆、茶店和餐厅出售红茶。饮茶也是一种社交方式，亲朋好友间联络感情，生意伙伴洽谈合作，请客饮茶都是最好的理由和方式。煮饮为主要饮茶方式，通常会加牛奶和糖，配食干果和甜点。

北非摩洛哥、利比亚、突尼斯、阿尔及利亚等国多沙漠，居民常年以食牛羊肉为主，因此大多数民众习惯饮用绿茶。

1. 肯尼亚茶文化

肯尼亚是世界产茶、出口大国，主要生产红碎茶，行销全世界50多个国家。深受英国殖民时期的影响，肯尼亚习惯喝下午茶，主要饮用红碎茶，普遍加糖。近年也开始饮用绿茶。过去只有上层社会才饮茶，现在一般平民也普遍喝茶。

在肯尼亚，无论政府机关还是私人公司，一般上午10：00左右都会给员工留出早茶时间。精致的烫金陶瓷咖啡杯，洁白的托盘，秀气的不锈钢或银质小勺，糖罐、灌满热奶的小暖瓶，与茶包一起构成了每天上午的茶歇。晴天，靠在铺满阳光的窗台上，一手端着茶杯，一手轻捏小勺在杯中缓缓作圆周运动，让蔗糖充分溶解。茶气氤氲中，和同事说说话，或独自享受片刻的轻松；阴雨天，热腾腾的牛奶红茶便成了驱寒暖胃的佳品。

无论政府会见外宾或企业接洽客户，还是新闻发布会或其他庆祝活动，茶都是必不可少的，而且通常会配上一些小糕点，或当地的小吃萨姆布色Sambuse，一种三角形、带馅儿的油炸食品。

2. 埃及茶文化

埃及是茶叶进口大国，无论朋友谈心还是社交集会都要饮茶。延续英国殖民地时的习惯，主要饮用红茶，只有邻近利比亚的西部地区少数人饮用绿茶。

埃及人喜欢热饮，一般不在红茶汤中加牛奶，而是加白糖，习惯上称为埃及糖茶，是招待客人的最佳饮料。糖茶是埃及每个家庭主妇的拿手好戏。将茶叶放入茶杯用沸水沏泡，倒出茶汤，除去茶渣，在杯子里再加上许多白糖，倒入茶汤让白糖溶化，调成又浓又甜的糖茶。或将茶叶放小金属壶内，添水加糖，小火慢煮，煮开后将茶汤倒入杯中品饮。

埃及人家庭待客一般要喝三轮茶。客人一到，行完见面礼落座后，主人奉上热腾腾的糖茶。每人要饮1~3次，少喝不行，多喝不限。通常使用晶莹剔透的玻璃器皿泡茶，红浓的茶水盛在透明小巧的玻璃杯中，好看又便于闻香。有时主人会给客人一杯清水，用于吃茶点小蛋糕时漱口。埃及人喝茶有忌讳，客人要再三向主人表示感谢才合乎礼节。客人若不喝茶水，或者留一些茶水在杯里，将预示主人的女儿找不到婆家。

大街上随时可见有人叫卖糖茶，手托一个圆形大托盘，上有一个或几个玻璃杯，盛着热气腾腾的红茶，旁边放一罐砂糖，卖茶人先问放多少勺糖，然后按要求放糖，用勺子搅拌均匀后奉上糖茶。

许多人家门前种有薄荷，有人习惯在饮茶时，采摘新鲜的薄荷叶放在杯里，加一两块方糖，冲泡成薄荷茶。

小孩子不许喝咖啡，但可以大量饮茶。茶给埃及人带来了欢乐和享受。

3. 摩洛哥茶文化

摩洛哥家家户户都饮茶，绿茶饮用量居非洲第一位，认为中国绿茶是世界上最好的茶，90%的茶叶来自中国。北部喜欢秀眉茶，中部喜欢眉茶，南部喜欢珠茶。卡萨布兰卡的国家糖茶办公室以中国绿茶"珍眉"命名。

摩洛哥人一日三餐不离茶，清晨一般要先喝完茶才吃早餐，午餐和晚餐也要喝煮好的清茶。家庭有客来敬茶的礼俗，社交场合用茶招待是传统的礼节，即使国家级宴会也通常以甜茶招待贵宾。在日常社交鸡尾酒会上，一般饭后须饮三道茶，三杯加白糖熬煮的甜茶，才算礼数周备。聚在一起喝茶时，必须是最德高望重的人为客人倒茶。

在摩洛哥任何地方都可以喝到薄荷茶。摩洛哥人泡茶待客的方式比较独特，先将茶叶放入一只大肚长嘴的银质或铜质茶壶里，冲入少量沸水，待茶叶刚刚泡开，便将水沥掉，洗去茶叶表面的灰尘，再将洗净擦干的薄荷叶叠好放进茶壶，上面压一大块糖，冲入开水泡几分钟，或放到炉子上加热几分钟后，把茶壶放回银托盘里，晃动茶壶使之充分融合，将茶汤倒入表面雕刻各式各样富有浓厚民族色彩花纹和图案的茶杯，一般倒至一半，用双手捧给客人。主客之间小杯品茶，通常配上松子等茶点，别有情趣。主人敬茶三杯，客人都喝完才合乎礼节。不喝茶被认为是不尊重主人。

摩洛哥的饮茶用具精美别致，具有非洲传统的文化和艺术特色，既作为茶具使用，又作为工艺品欣赏，经常当作礼品赠送。茶具通常由银质、锡质和不锈钢等不同材质制作。茶壶造型别致，浑圆丰满的壶身、小巧的壶盖、修长的壶嘴构成流畅优美的曲线。圆形托盘雕有花纹，糖罐香炉形，茶杯通常是色彩绚丽、花纹繁复的摩洛哥式玻璃茶杯。

（二）西非南非茶文化

西部非洲共有17个国家和地区，地处世界上最大的撒哈拉大沙漠境内或周围，不适合种茶，但是几乎人人嗜茶。

南部非洲包括15个国家和地区，马拉维、莫桑比克、津巴布韦、南非、赞比亚、马达加斯加、毛里求斯、留尼汪等地产茶。

毛里塔尼亚素有"沙漠之国"的称号。气候干旱炎热，居民大多信奉伊斯兰教，饮食以牛羊肉、骆驼奶为主，因此茶叶成为生活必需品，习惯饮用绿茶。有专门卖茶的小店，但人们通常喜欢去超市称取散装茶。早上、下午、睡前都要饮茶，要喝满满的3杯。客来敬茶是重要礼仪之一。如果家里有客人来，没有第一时间上茶是很不礼貌的，客人会误以为主人不重视自己。在传统习俗中，主人通常会煮茶，把小铜壶中水烧开，放入茶叶、白糖和新鲜薄荷叶熬煮。主客间饮"三巡茶"才算完成基本礼节。第一杯茶汤有少量薄荷很浓很苦，第二杯略有甜味的薄荷更多一些，最后一杯很甜且薄荷味重。现在没有这么多讲究，基本上根据个人需要，大多采用泡饮。都市里许多公司有工作人员专职泡茶，主客间边谈事边饮茶，往往持续几小时。

马里是非洲茶叶消费量最高的国家之一。1960年马里独立后就同中国建交，次年开始从中国进口绿茶。中国曾派有经验的专家去马里试种茶叶，一年就获得成功，三年后采第一批茶，总统凯塔品尝后认为茶叶质量上乘，并送了两筒给好友毛里塔尼亚总统达达赫。马里人通常是煮茶，茶壶里放上半壶茶叶，加水后用火煮。茶汤很浓，需放很多蔗糖和薄荷，喝三小杯即倒掉。马里人素以热情待客著称，请客人品茶是重要的社会交往活动内容。客人来访，主人多用茶水招待，热茶一壶，每人一杯，边饮边谈，其乐融融。马里的多贡族遇有过路的陌生人讨水喝，会热情迎进家门，沏一壶茶，端上一盘水果、一些点心，如贵宾般招待，客人越随意，吃喝越多，主人越高兴，如果客人怕添麻烦而谢绝招待，反而引起主人不高兴。

南非是非洲最早种植茶树的国家，也是世界产茶区的最南端。南非人非常喜欢饮茶，茶与咖啡同等重要，在开普敦街头，既有咖啡飘香，又可感受茶文化氛围。受英国茶文化影响，每天下午3：00休息时间，上班员工都关闭办公室，纷纷到休息室喝下午茶。实际上喝什么的都有，有的是红茶加一点牛奶和白糖，有的是清茶一杯，有的是咖啡，边喝边聊。

四、美洲和大洋洲茶文化

（一）美洲茶文化

美洲饮茶以美国最早，消费量也较大。其次是加拿大，为西半球著名的饮茶国家。过去，美洲只有阿根廷、巴西、秘鲁自产自销少量茶叶，其他国家都以饮用咖啡为主。现在，墨西哥、乌拉圭、智利和委内瑞拉也销售中国红茶。为了满足饮茶需要，美洲先后有哥伦比亚、美国、墨西哥、巴西、巴拉圭、秘鲁和阿根廷等国试栽中国茶树。

1. 美国茶文化

美国早期为荷兰管辖，由荷兰人传入中国茶叶。纽约人最先饮茶，17世纪中叶，荷属新阿姆斯特丹就已经有人饮茶。英属北美殖民地建立后，1674年新阿姆斯特丹改名为纽约。约在1690年，北美大陆第一个出售中国茶叶的波士顿茶叶市场建立。18世纪初，饮茶习惯开始传播各地。1712年，波士顿、纽约各地的药房都印有出售茶叶的广告，影响日益扩大。1720年后，北美正式进口茶叶。到美国独立战争爆发前夕，饮茶习惯已经遍及社会各阶层。

1773年，英国《茶叶税法》规定每磅茶叶征收3便士茶税，引起英国北美殖民地区强烈反对。12月16日，当东印度公司满载中国茶的船只到达波士顿港口时，殖民地人民把价值约18000英镑的342箱茶叶全部抛入海中，这就是美国历史上著名的"波士顿倾茶事件"，揭开了美国独立战争的序幕。1776年7月4日发表"独立宣言"，1783年9月3日英国在《凡尔赛条约》上承认了美利坚合众国。《波士顿倾茶》诗"以茶抗暴船中斗，茶党倾茶有志谋。星火点燃茶引起，因茶独立此开头。"高度评价波士顿倾茶事件的重要意义。

20世纪20年代，饮茶风俗更加普遍。大都市的社交界人士经常到高级旅馆的餐厅饮午后茶，其中有红茶、绿茶和乌龙茶，佐以糖、乳酪、柠檬。旅馆一般在午后3：00-6：00，晚间8：00-12：00供茶。全国沿海及内河汽船、远洋巨轮以及主要铁路线上的火车，在供应餐饭时候都供给茶饮。游览车大多供给午后4时茶。较大城市的办公室和工厂车间都有茶饮，许多商业部门都有午后茶的休息时间。大中城市都开设有各式茶室或茶园，茶馆提供一个充满东方格调的休息空间，逐渐融入美国人的生活，日益成为美国人聊天、会友、读书和聚会的理想场所。

美国饮茶有清饮与调饮两种方式，大多以袋泡红茶、冰茶为主，喜欢加柠檬、糖、冰块等。也喝鸡尾茶酒，特别是夏威夷有喝鸡尾茶酒的习惯。在鸡尾酒中，根据需要加入一定比例质量高的红茶汁就成了鸡尾茶酒，味更醇、香更高，能提神、可醒脑，因而受到欢迎。

美国生活节奏快，流行速溶茶与冰茶，即饮瓶装和罐装冰茶占茶零售最大份额，饮用方便省时。许多人一年四季都喝冰茶。有的自制冰茶，一般用袋泡茶或速溶茶泡于水中冷却，滤去茶渣，饮用时加入冰块、冰屑或刨冰，或把茶汁贮于冰箱内。随着认识到绿茶和白茶的健康功效，传统红茶销售有所下降，绿茶、白茶与精品红茶销售却在增长，有机茶的消费范围继续扩大。

美国茶叶消费方式日趋多样化。茶叶形态从散叶茶到袋泡茶，袋型既有方又有圆；从袋泡茶到速溶茶，包括类似速溶茶的冰茶冲剂；从速溶茶到现成茶饮料，和中国茶饮料一样随时可饮。多样化的消费方式使美国人饮茶简便易行，茶叶消费量节节攀升。美国不同民族、地区饮茶量不同，有些地区饮茶有季节性，如南部诸州冬季稍饮热茶，夏季则饮大量冰茶，酷暑时节到处都是饮冰室，后来在食谱上正式列入热茶和冰茶。大多数人早餐不饮茶，午餐时饮茶，也有些人早餐和午餐均饮茶。美国主妇喜欢在固定的茶几上摆设茶盘，款待客人品茶。

美国纽约大都会美术博物院悬挂有茶画，凯撒的《一杯茶》和派登的《茶叶》。美国国家卫生部和有关团体召开"茶与健康"的国际学术会议，举办中国茶文化周和中国茶文化研讨会。纽约成立了全美国际茶文化基金会，从事茶文化的宣传与中美茶业交流的协调与组织工作。许多著名大学举办中国茶专题讲座，有的进行茶叶保健作用的基础理论研究。美国茶叶界的行业组织，除了经常性广告宣传以外，多次组织"茶叶与健康"的科学研究和普及活动，使茶叶有益健康的观念日益为美国人所接受。

2. 加拿大茶文化

加拿大受英国殖民影响，习惯饮用传统英式下午茶，茶叶消费量很大。近年亚洲移民大量涌入加拿大，来自中国大陆、台湾省和香港的华人达80万人。随着对绿茶健康作用的认识提高，饮用红茶的习惯正在逐渐被绿茶、茉莉花茶、乌龙茶等特色茶改变。目前，加拿大已成为世界重要的茶叶消费市场。

加拿大有加式下午茶、枫糖茶、金橘茶等比较丰富的茶品，更多的人开始选择有机茶，保健观念较强，追求高品质茶叶。

加式下午茶通常都有名称作"tea caddy"的小推车，上面放有各种茶叶样品。点了想要的茶之后，泡茶者便取出相应密封罐子里的茶叶泡茶。先烫热陶制茶壶，放入一茶匙茶叶，然后冲入开水，大约相当于两杯的茶汤，冲泡5～8分钟。茶汤注入另一热茶壶以供饮用。通常加入糖和乳酪，很少单饮茶汤。主要都市的大旅馆和剧院都供给午后茶，冬季乡间村镇沿路都有应时而设的茶室、茶馆，夏季避暑胜地也有午后茶供应。许多百货商店备有茶室，以午后茶款待顾客招揽生意。铁路的餐车供给饮茶。航行汽船不供给茶饮，但旅客可以随时向服务员索要。加式下午茶的点心吃法和传统英式下午茶一样。

（二）大洋洲茶文化

大洋洲主要有澳大利亚、新西兰、巴布亚新几内亚、斐济、所罗门群岛、萨摩亚等地饮茶。其中，澳大利亚和新西兰接受大量移民，吸纳世界多民族文化，尤其是亚裔文化，构建了独具特色的茶文化。

1. 澳大利亚茶文化

澳大利亚是茶叶生产国兼进口消费国，是世界上民族最多的国家，茶文化因多民族文化而呈现包容性与多样性。

19世纪初从一些传教士和商船得到茶，澳大利亚人开始饮茶。其主体民族是英国人后裔，因此深受英国饮茶风习的影响，对发酵程度较重，茶味浓厚、刺激性强、汤色鲜艳的红碎茶情有独钟。调饮式，主要有牛奶红茶、柠檬红茶，一次性冲泡，常常加糖。19世纪末，澳大利亚兴起民族主义运动，随着非英语国家文化的渗透，最终接受了亚裔文化。

1901年，澳大利亚实行白澳政策，只允许白人移居，直到1972年才取消。虽然部分华人离开了，但是在亚裔文化的辐射下，澳大利亚也接受了中国的茶俗茶礼。1973年，澳大利亚与中国建交，由此掀起一股"中国热"。在悉尼，有唐人街、小广东、小上海等华人聚集区。在中式茶庄里，乌龙茶特别受欢迎，能享受到广东早茶一茶两盅的茶趣。在中式茶艺馆里，能品饮到中国大陆及港台地区的绿茶、花茶和特种茶。受中国茶文化影响，澳大利亚人以茶待客，称饮茶为yum cha，茶点为dim sum。

澳大利亚比较重视晚餐，以肉类为主，辅以蛋、奶、蔬菜，土豆是主要食物。饮茶具有消食解腻等功效，因而澳大利亚逐渐养成餐后饮茶的习惯，几乎遍及每个角落。澳大利亚喜欢方便快捷的饮茶方式，喜爱物美价廉的茶产品，袋泡茶消费占90%，立顿公司和泰特立公司的袋泡茶和品种丰富的早餐茶、果味茶、脱咖啡因茶等销量较好。在超市和连锁店的"东方食品系列"货架上，一般都能买到中国绿茶、乌龙茶、花茶和普洱。散装茶数量较少，主要用于华人开的茶馆与餐馆消费。

2. 新西兰茶文化

新西兰虽不产茶叶，但对茶叶情有独钟，饮茶历史悠久，每人的年平均消费量位居世界前列。喜欢方便快捷的饮茶方式，以红碎茶和中低档绿茶为主，尤其偏爱袋泡红茶，袋泡茶的市场份额占80%以上。

新西兰用餐以羊肉、鹿肉和牛肉为多，1840年成为英国殖民地以后，受到英国茶文化影响，饮茶补充营养又消解油腻，于是欧洲下午茶开始传播，习惯饮用红茶，喜欢加糖加奶，甚至加入甜酒、柠檬，汤色浓艳、刺激味强、滋味鲜爽的高品质红茶尤受欢迎。在柔软的沙滩上漫步后，品尝温馨的下午茶，感受大海的呼吸，是新西兰人的消闲乐事。新西兰首都威灵顿拥有无污染的优质水源，泡茶最佳。

新西兰视茶为生活必需品。重视晚餐，而晚餐被称为"茶多"。茶室星罗棋布，一般情况下，新西兰人选择在饮茶室内就餐。每餐都供应茶水，有牛奶红茶、柠檬红茶和甜红茶等多个品种，一般在用完餐后才供应。

新西兰人喝茶频率非常高，几乎不论什么时间都喝茶，上午、下午都有安排喝茶和休息的时间。家里来客人的时候，一般主人都会先敬上一杯茶表示客气。新西兰人每天饮茶次数在4~7次，分别为早茶、早餐茶、午餐茶、午后茶、下午茶、晚餐茶和晚茶。每次量非常大，在1~3杯。习惯早晨起床后就饮用一大杯茶，早饭时又饮茶一大杯，上午11：00左右为早茶时间。全国大多数的居民多在午餐时饮茶。午后4：00，家庭、旅馆、饭店、茶室及办公室，又有茶的供应。晚餐时饮茶者更多。

在新西兰多元文化中，西方文化为主流，亚洲文化是补充。1972年，新西兰与中国正式建交，市场上中国茶增多。定居在新西兰的华人众多，已经达到亚裔人口的三分之二，而且比较集中，有四万多人聚居在奥克兰市，多有饮茶习惯。新西兰人喜欢到中餐厅或中式茶艺馆享受丰盛的晚餐，尤其是在每个星期四发工资的日子。中式茶艺馆装潢雅致，茶桌上摆设精美的茶具，提供绿茶、红茶、乌龙茶、普洱茶等茶叶，各式各样的茶点多达几十种，随客人挑选。新西兰人也喜欢在中式茶艺馆享受美妙的下午茶时光，喝茶，品尝茶点，听音乐。

近年来，新西兰加强与中国的茶文化交流。例如，2009年，中国应邀参加奥克兰市、基督城等地举行的中国新年灯会节活动中，展示了长嘴壶茶艺，吸引了观众，新西兰总理也赞不绝口。

思考题

1. 中国茶文化经历了哪些发展阶段？形成了哪三个高峰？
2. 中国古代有哪些代表性茶书？
3. 中国茶文学有哪些代表性作品？
4. 中国茶事书画有哪些代表性作品？
5. 中国古代的饮茶方式有哪些？各有什么特点？
6. 当代中国茶文化研究有哪些主要成果？
7. 英国茶文化有什么特色？
8. 俄罗斯茶文化有哪些特征？
9. 美国茶文化有哪些表现？
10. 耶稣会士对茶文化传播有哪些贡献？

1 蔡荣章. 茶道基础篇［M］. 台北：武陵出版有限公司，2003.

2 蔡荣章. 茶道教室［M］. 台北：天下远见出版股份有限公司，2002.

3 蔡荣章. 茶道入门三篇［M］. 北京：中华书局，2006.

4 蔡荣章. 茶席·茶会［M］. 合肥：安徽教育出版社，2011.

5 蔡荣章. 现代茶道思想［M］. 台北：台湾商务印书馆，2013.

6 蔡荣章. 现代茶艺［M］. 6版. 台北：中视文化事业股份有限公司，1987.

7 蔡颖华. 茉莉花茶溯源［J］. 福建广播电视大学学报，2018（4）:93-96.

8 蔡镇楚，施兆鹏. 中国名家茶诗［M］. 北京：中国农业出版社，2003.

9 曾磊，张玉军，邹正. 茶多酚的功能特性及应用［J］. 郑州工程学院学报，2002（2）:90-94.

10 陈彬藩. 中国茶文化经典［M］. 北京：光明日报出版社，1999.

11 陈椽. 茶业通史［M］. 北京：农业出版社，1984.

12 陈椽. 茶叶分类的理论与实际［J］. 茶业通报，1979（1-2）:48-56.

13 陈文华. 茶艺·茶道·茶文化［J］. 农业考古，1999（4）:7-14.

14 陈文华. 论当前茶艺表演的一些问题［J］. 农业考古，2001（2）:10-25.

15 陈文华. 论中国茶道的形成历史及其主要特征与儒、释、道的关系［J］. 农业考古，2002（2）:46-65.

16 陈文华. 论中国茶艺及其在中国茶文化史上的地位［J］. 农业考古，2005（4）:85-92.

17 陈文华. 长江流域茶文化［M］. 武汉：湖北教育出版社，2005.

18 陈文华. 中国茶文化基础知识［M］. 北京：中国农业出版社，1999.

19 陈文华. 中国茶文化学［M］. 北京：中国农业出版社，2006.

20 陈宗懋. 中国茶经［M］. 上海：上海文化出版社，1992.

21 程本松. 霍山黄大茶品质下降的原因及改进措施［J］. 基层农技推广，2015（6）:70-72.

22 程启坤，杨招棣，姚国坤. 陆羽《茶经》解读与点校［M］. 上海：上海文化出版社，2004.

23 丁文. 茶乘［M］. 香港：天马图书有限公司，1999.

24 丁文. 大唐茶文化［M］. 香港：天马图书有限公司，1999.

25 丁以寿，章传政. 中华茶文化［M］. 北京：中华书局，2012.

26 丁以寿.《茶经》"《广雅》云"考辨［J］. 农业考古，2000（4）: 211-213.

27 丁以寿. 茶艺［M］. 北京：中国农业出版社，2014.

28 丁以寿. 工夫茶考［J］. 农业考古，2000（2）: 137-143.

29 丁以寿. 日本茶道草创与中日禅宗流派关系［J］. 农业考古，1997（2）:278-286.

30 丁以寿. 苏轼《叶嘉传》中的茶文化解析［J］. 茶业通报，2003（3-4）:140-142;189-191.

31 丁以寿. 饮茶与禅宗［J］. 农业考古，1995（4）:40-41.

32 丁以寿. 中国茶道发展史纲要［J］. 农业考古，1999（4）:20-25.

33 丁以寿. 中国茶道概念诠释［J］. 农业考古，2004（4）:97-102.

34 丁以寿. 中国茶道义解［J］.

农业考古, 1998（2）:20-22.

35 丁以寿. 中国茶文化［M］. 合肥：安徽教育出版社, 2011.

36 丁以寿. 中国茶文化概论［M］. 北京：科学出版社, 2018.

37 丁以寿. 中国茶艺概念诠释［J］. 农业考古, 2002（2）:139-144.

38 丁以寿. 中国饮茶法流变考［J］. 农业考古, 2003（2）:74-78.

39 丁以寿. 中国饮茶法源流考［J］. 农业考古, 1999（2）:120-125.

40 丁以寿. 中韩茶文化交流及比较［J］. 农业考古, 2002（4）:317-322.

41 丁以寿. 中华茶道［M］. 合肥：安徽教育出版社, 2007.

42 丁以寿. 中华茶艺［M］. 合肥：安徽教育出版社, 2008.

43 东君. 茶与仙药：论茶之从饮料至精神文化的演变过程［J］. 农业考古, 1995（2）:207-210.

44 范增平. 台湾茶文化论［M］. 台北：碧山岩出版社, 1992.

45 范增平. 台湾茶艺观［M］. 台北：万卷楼图书有限公司, 2003.

46 范增平. 中华茶艺学［M］. 北京：台海出版社, 2000.

47 方健. 中国茶书全集校正［M］. 郑州：中州古籍出版社, 2015.

48 傅铁虹.《茶经》中道家美学思想及影响初探［J］. 农业考古, 1992（2）:204-206.

49 顾维祺. 涌溪火青采制技术［J］. 茶业通报, 1982（3）:44-46.

50 关剑平. 茶与中国文化［M］. 北京：人民出版社, 2001.

51 关剑平. 世界茶文化［M］. 合肥：安徽教育出版社, 2011.

52 关剑平. 文化传播视野下的茶文化研究［M］. 北京：中国农业出版社, 2009.

53 郭孟良. 中国茶史［M］. 太原：山西古籍出版社, 2000.

54 韩金科. 法门寺唐代茶具与中国茶文化［J］. 农业考古, 1995（2）:149-151.

55 何昌祥. 从木兰化石论茶树起源和原产地［J］. 农业考古, 1997（2）:205-210.

56 胡文彬. 茶香四溢满红楼：《红楼梦》与中国茶文化［J］. 农业考古, 1994（4）:37-49.

57 胡长春. 道教与中国茶文化［J］. 农业考古, 2006（5）:210-213.

58 黄立人. 日本玉露茶的制法［J］. 茶业通报, 1983（2）:43-45.

59 黄志根. 中华茶文化［M］. 杭州：浙江大学出版社, 1999.

60 蒋文倩, 丁以寿. 1949—1966年中国茶叶贸易制度及其效应：以安徽省为例［J］. 湖南农业大学学报：社会科学版, 2012（3）:92-96.

61 静清和. 茶席窥美［M］. 北京：九州出版社, 2015.

62 静清和. 茶与茶器［M］. 北京：九州出版社, 2017.

63 寇丹. 鉴壶［M］. 杭州：浙江摄影出版社, 1996.

64 寇丹. 据于道, 依于佛, 尊于儒：关于《茶经》的文化内涵［J］. 农业考古, 1999（4）:209-210.

65 赖功欧. "中和"及儒家茶文化的化民成俗之道［J］. 农业考古, 1999（4）:30-42.

66 赖功欧. 茶道与禅宗的"平常心"［J］. 农业考古, 2003（2）:254-260.

67 赖功欧. 茶理玄思［M］. 北京：光明日报出版社, 2002.

68 赖功欧. 茶哲睿智［M］. 北京：光明日报出版社, 1999.

69 赖功欧. 儒家茶文化思想及其精神［J］. 农业考古, 1999（2）:18-24.

70 李斌城, 韩金科. 中华茶史：唐代卷［M］. 西安：陕西师范大学出版社, 2016.

71 李桂花. 中外驰名的宁红工夫茶［J］. 蚕桑茶叶通讯, 2008（6）:31-32.

72 李靓. 细话米砖［J］. 茶叶, 2014（4）:236-238.

73 李清亮. 黄大茶茶多糖对饲喂高脂日粮小鼠肠道菌群的调节作用［D］. 合肥：安徽农业大学, 2018.

74 李颖, 董玉惠, 张丽霞. 不同闷黄方式对山东黄大茶品质的影响［J］. 中国茶叶加工, 2015（3）:23-27.

75 梁子. 法门寺出土唐代宫廷茶器巡札［J］. 农业考古, 1992（2）:91-93.

76 梁子. 中国唐宋茶道［M］. 西安：陕西人民出版社, 1994.

77 廖建智. 明代茶文化艺术［M］. 台北：秀威资讯科技股份有限公司, 2007.

78 林玉如. 台湾茶艺现象观察［D］. 宜兰：佛光大学, 2011.

79 刘海文. 试述河北宣化下八里辽代壁画墓中的茶道图及茶具［J］. 农业考古, 1996（2）:210-215.

80 刘建军, 黄建安, 李美凤. 信阳毛尖与黄山毛峰及西湖龙井的香气成分分析［J］.

湖南农业大学学报：自然科学版，2016（6）:58-62.

81 刘勤晋．茶文化学［M］．2版．北京：中国农业出版社，2007.

82 刘伟．绿茶茶多酚胶囊联合化疗治疗晚期非小细胞肺癌的临床疗效观察［D］.北京：北京中医药大学，2012.

83 楼宇烈．茶禅一味道平常［M］//中国禅学：第三卷，北京：中华书局，2004.

84 马嘉善．中国茶道美学初探［J］．农业考古，2005（2）:53-57.

85 马守仁．茶道散论［J］．农业考古，2004（4）:103-104.

86 马守仁．茶艺美学漫谈［J］.农业考古，2005（4）:96-98.

87 马舒．漫话元代张可久的茶曲［J］．农业考古，1991（4）:173-174.

88 梅宇，李鑫．2018中国茉莉花茶产销形势分析报告［J］.茶世界，2018（10）:18-27.

89 欧阳勋．陆羽研究［M］．武汉：湖北人民出版社，1989.

90 朴宰日．茶多酚的辐射防护机理及对肿瘤放射治疗的效应［D］.杭州：浙江大学，2003.

91 钱时霖．《陆文学自传》真伪考辨［J］．农业考古，2000（2）:264-268.

92 钱时霖．我对"《茶经》765年完成初稿775年再度修改780年付梓"之说的异议［J］．农业考古，1999（4）:206-208.

93 钱时霖．再论陆羽在湖州写《茶经》[J].农业考古，2003（2）:220-227.

94 钱时霖．中国古代茶诗选注［M］.杭州：浙江古籍出版社，1989.

95 阮浩耕，沈冬梅，于良子．中国古代茶叶全书［M］.杭州：浙江摄影出版社，1999.

96 申雯，黄建安，李勤．茶叶主要活性成分的保健功能与作用机制研究进展［J］．茶叶通讯，2016（1）:8-13.

97 沈冬梅，黄纯艳，孙洪升．中华茶史：宋辽金元卷［M］．西安：陕西师范大学出版社，2016.

98 沈冬梅，张荷，李涓．茶馨艺文［M］．上海：上海人民出版社，2009,

99 沈冬梅．茶经校注［M］.北京：中国农业出版社，2006.

100 沈冬梅．茶与宋代社会生活［M］.北京：中国社会科学出版社，2007.

101 石磊，汤凤霞，何传波．茶叶贮藏保鲜技术研究进展［J］．食品与发酵科技，2011（3）:15-18.

102 史念书．茶叶的起源和传播［J］．中国农史，1982（2）:95-97.

103 宋伯胤．茶具［M］.上海文艺出版社，2002.

104 宋丽，丁以寿．陈椽茶叶分类理论［J］．茶业通报，2009，（03）:143-144.

105 宋雁，包汇慧，隋海霞．边销茶中氟暴露的评估［J］.毒理学杂志，2016（2）:118-121.

106 孙胜利．浅谈茯砖茶的加工发展历程［J］．中国茶叶加工，2018（1）:62-63.

107 孙志国，定光平，谢毅．羊楼洞砖茶的地理标志与文化遗产［J］．浙江农业科学，2012（10）:1474-1477.

108 陶德臣．中俄青（米）砖茶贸易论析［J］．中国社会经济史研究，2017（3）:8-21.

109 童启庆，寿英姿．生活茶艺［M］．北京：金盾出版社，2000.

110 童启庆．习茶［M］．杭州：浙江摄影出版社，1996.

111 屠幼英，乔德京．茶多酚十大养生功效［M］．杭州：浙江大学出版社，2014.

112 屠幼英．茶与健康［M］．西安：世界图书出版公司，2011.

113 屠幼英．茶与养生［M］.杭州：浙江大学出版社，2017.

114 宛晓春．茶叶生物化学［M］．3版．北京：中国农业出版社，2017.

115 宛晓春．中国茶谱［M］.北京：中国林业出版社，2007.

116 王冰泉，余悦．茶文化论［M］．北京：文化艺术出版社，1991.

117 王笛．茶馆：成都的公共生活和微观世界1900—1950［M］．北京：社会科学文献出版社，2010.

118 王家扬主编．茶的历史与文化——九0杭州国际茶文化研讨会论文选集［M］.杭州：浙江摄影出版社，1991.

119 王建平．茶具清雅［M］.北京：光明日报出版社，1999.

120 王玲．中国茶文化［M］.北京：中国书店，1992.

121 王平．谈中国茶文化中之道缘［M］//道教教义的现代阐释．北京：宗教文化出版社，2003.

122 王同和．茶叶鉴赏［M］.合肥：中国科学技术大学出版社，2008.

123 王旭烽．不夜之侯［M］.杭州：浙江文艺出版社，1998.

124 王旭烽. 南方有嘉木［M］. 杭州：浙江文艺出版社，1995.

125 王旭烽. 品饮中国［M］. 北京：中国农业出版社，2013.

126 王旭烽. 筑草为城［M］. 杭州：浙江文艺出版社，1999.

127 王岳飞，徐平. 茶文化与茶健康［M］. 北京：旅游教育出版社，2014.

128 文钟泳，梁萍. 横县茉莉花茶［J］. 中国质量与标准导报，2018（9）:68-71.

129 吴东生，朱修南. 万里茶道上的宁红茶［J］. 中国茶叶，2016（9）:35-36.

130 吴光荣. 茶具珍赏［M］. 杭州：浙江摄影出版社，2004.

131 吴觉农. 茶经述评［M］. 北京：农业出版社，1987.

132 吴智和. 明人饮茶生活文化［M］. 台北：明史研究小组，1996.

133 吴智和. 中国茶艺［M］. 台北：正中书局，1989.

134 夏涛. 制茶学［M］. 3版. 北京：中国农业出版社，2016.

135 夏涛. 中华茶史［M］. 合肥：安徽教育出版社，2008.

136 徐荣铨. 陆羽《茶经》和唐代茶文化［J］. 农业考古，1999（4）:203-205.

137 徐志明. 霍山黄大茶产业现状及发展对策［J］. 茶业通报，2012（1）:35-36.

138 许明华、许明显. 中国茶艺［M］. 台北：中国广播公司广播月刊社，1983.

139 扬之水. 两宋茶诗与茶事［J］. 文学遗产，2003（2）:69-80.

140 杨军国，陈泉宾，王秀萍. 多糖组成结构及其降血糖作用研究进展［J］. 福建农业学报，2014（12）:1260-1264.

141 杨普香，李文金，聂樟清. 安吉白茶茶多酚和氨基酸含量初探［J］. 蚕桑茶叶通讯，2007（5）:33-34.

142 姚国坤，胡小军. 中国古代茶具［M］. 上海：上海文化出版社，1999.

143 姚国坤，王存礼，程启坤. 中国茶文化［M］. 上海文化出版社，1991.

144 姚国坤. 茶文化概论［M］. 杭州：浙江摄影出版社，2004.

145 姚国坤. 惠及世界的一片神奇树叶［M］. 北京：中国农业出版社，2015.

146 游修龄. 茶叶杂感［J］. 农业考古，1995（4）:35-36.

147 于良子. 翰墨茗香［M］. 杭州：浙江摄影出版社，2003.

148 余悦. "茶禅一味"的三重境界［J］. 农业考古，2004（4）:211-215.

149 余悦. 禅林法语的智慧境界［J］. 农业考古，2001（4）:270-276.

150 余悦. 禅悦之风：佛教茶俗几个问题考辨［J］. 农业考古，1997（4）:96-103.

151 余悦. 儒释道和中国茶道精神［J］. 农业考古，2005（5）:115-129.

152 余悦. 中国茶文化当代历程和未来走向［J］. 农业考古，2005（4）:42-53.

153 余悦. 中国茶艺的美学品格［J］. 农业考古，2006（2）:87-99.

154 余悦. 中国茶韵［M］. 北京：中央民族大学出版社，2002.

155 张大椿. 西湖龙井茶［M］. 杭州：浙江科学技术出版社，1992.

156 张宏庸. 台湾茶艺发展史［M］. 台中：晨星出版有限公司，2002.

157 张灵枝，韩丽，欧惠算. 不同存贮时间寿眉的生化成分分析［J］. 中国茶叶加工，2016（4）:46-49.

158 赵驰. 明代徽州茶业发展研究［D］. 合肥：安徽农业大学，2010.

159 郑培凯，朱自振. 中国历代茶书汇编校注［M］. 香港：商务印书馆，2007.

160 中国茶叶股份有限公司，中华茶人联谊会. 中华茶叶五千年［M］. 北京：人民出版社，2001.

161 周坤，陈婵薇，韩新征. 黄小茶的历史、产销现状及感官品质［J］. 茶业通报，2015（4）:168 170.

162 周志刚. 陆羽年谱［J］. 农业考古，2003（2，4）:211-219;223-233.

163 朱乃良. 试析陆羽研究中几个有异议的问题［J］. 农业考古，2000（2）:252-254.

164 朱乃良. 唐代茶文化与陆羽《茶经》［J］. 农业考古，1995（2）:58-62.

165 朱乃良. 再谈陆羽研究中几个有异议的问题［J］. 农业考古，2003（2）:201-204.

166 朱世英，王镇恒，詹罗九. 中国茶文化大辞典［M］. 北京：汉语大辞典出版社，2002.

167 朱自振. 茶史初探［M］. 北京：中国农业出版社，1996.

168 庄晚芳. 中国茶史散论［M］. 北京：科学出版社，1988.

169 庄晚芳. 中国茶文化的发展和传播［J］. 中国农史，1984（2）:61-65.